国家出版基金资助项目

中外数学史研究丛书

Research on The Ancient Chinese Mathematics History——A Selection of Mathematics History

中国古代数学史研究——数学史选讲

● 钱克仁 钱永红 著

哈尔滨工业大学出版社

HARBIN INSTITUTE OF TECHNOLOGY PRESS

HITP

内容简介

在探索世间万物奥秘的漫长历程中,数学究竟是人类的发明还是宇宙的语言?对这个神奇的谜团,古往今来,中外数学家们从假说到验证,提供了人类思维最富原创力的认识途径,揭示出数学科学发生、发展的演进轨迹。作为益智的体操,数学思维为世人留下了精彩纷呈的历史。巧妙地运用这些史料,既可使数学教学变得生动有趣,又能激发创造性思辨的全方位展开。本书精选与中、小学数学教材关系密切的中、外数学史料,比较分析了古今数学家对同一数学课题的研究,阐幽发微,不仅弥补各国数学史书籍的缺陷,同时纠正以往西方数学史著作对中国古代数学成就的误解与偏见。这对我国大、中、小学数学教师的数学史教学,对专业和业余的数学史研究,具有积极的启迪作用和重要的参考价值。

图书在版编目(CIP)数据

中国古代数学史研究:数学史选讲/钱克仁,钱永红著. —哈尔滨:哈尔滨工业大学出版社,2021.3
ISBN 978 - 7 - 5603 - 9007 - 9

Ⅰ.①中⋯　Ⅱ.①钱⋯　②钱⋯　Ⅲ.①数学史—中国—古代　Ⅳ.①O112

中国版本图书馆 CIP 数据核字(2020)第 153566 号

策划编辑　刘培杰　张永芹
责任编辑　王勇钢
封面设计　孙茵艾
出版发行　哈尔滨工业大学出版社
社　　址　哈尔滨市南岗区复华四道街 10 号　邮编 150006
传　　真　0451—86414749
网　　址　http://hitpress.hit.edu.cn
印　　刷　辽宁新华印务有限公司
开　　本　720 mm×1 020 mm　1/16　印张 18.75　字数 337 千字
版　　次　2021 年 3 月第 1 版　2021 年 3 月第 1 次印刷
书　　号　ISBN 978 - 7 - 5603 - 9007 - 9
定　　价　58.00 元

近年来，越来越多的数学教育工作者已认识到在数学教育中增加数学史内容的重要性。一般的数学史料可以使数学教育内容变得更加生动有趣；中国古代数学的伟大成就可以激发和提高民族自豪感；数学发展史上的高潮及其成功的经验可以作为今后发展数学的借鉴，而低潮和失败的教训可以帮助我们今后少走一些弯路；历史上的数学思想和数学方法可以给今人以启示。一个数学工作者和数学教育工作者，如果不了解他所从事的数学工作的历史和现状，是很难在这个领域有所创造或引导他的学生走上正确的道路的。

钱克仁先生从事数学教育工作四十多年，长期受到他的父亲、著名数学史家钱宝琮教授的影响和熏陶；在教学工作中，他结合实际需要，经常开展数学史的讲授与研究。近年来，他把自己多年来的讲稿整理成册，名为《中国古代数学史研究——数学史选讲》。这是一件很有意义的工作。

钱先生的《中国古代数学史研究——数学史选讲》有下列几个特点：

(1)《中国古代数学史研究——数学史选讲》是从古代到近代数学产生前、后选择一些专题来讲述它们的历史，重点是介绍一些原著的内容及作者的主要成就，这对数学教师结合数学教育是十分方便的。

(2)在全部专题中，有中国的，有西方的，主要以其在数学史上的重要性及其成就的大小而言。这就克服一些西方数学史书籍中忽视中国，不提或少提中国古代数学成就的偏向，也避免在对待中国古代数学成就上盲目自大的弊病. 从《中国古代数学史研究——数学史选讲》中既可以看到中国古代数学的伟大成就,又可以了解整个数学发展的大概情况.

(3)在中国古代数学的专题中,十分重视介绍西方关于这个专题的工作;同样在西方数学的专题中,也不忘记中国古代数学家的有关工作. 这种比较对照的叙述,不仅有利于了解每一项工作在世界数学发展中的地位,同时也有利于了解中、西方数学的优点和缺点.

此外,从《中国古代数学史研究——数学史选讲》的对比论述中,人们自然会提出,在古代,中、西方数学为什么有这样、那样的差别,为什么中国古代偏重于计算,古希腊偏重于几何? 为什么在几何中古希腊如此重视公理化体系与图形性质的研究,而中国却不是这样? 为什么西方古代数学的繁荣时期出现在奴隶社会,而中国古代数学的繁荣时期出现在封建社会? 为什么近代数学产生于西方,而不是产生于中国? ……从这个角度来说,《中国古代数学史研究——数学史选讲》对启发人们进一步进行思考和研究也是很有帮助的.

我们相信,这一著作的出版,对准备在高等学校开设数学史课的教师、所有的中学数学教师以及数学史研究工作者和爱好者都是有一定参考价值的.

严敦杰

江苏师范学院(今苏州大学)数学系于 1981 年起设置数学史课程.这本《中国古代数学史研究——数学史选讲》就是为这门课程编写的.所选课题的重点是与中、小学数学教材联系较多的中国、外国的数学史料.内容大致可分三类:(1)简单介绍《算经十书》,特别是《九章算术》,欧几里得的《几何原本》等数学名著的内容;(2)对于圆周率、几何三大问题、二项定理、孙子定理、素数、高次方程等专题做了综合性的叙述;(3)简单介绍三角、解析几何、微积分各科的历史发展.

所谓综合性的叙述,是将历史上中、外数学家对同一课题的研究成果同时加以阐述,并进行一些比较.这样就避免了现有中、外数学史书籍里各讲一个方面的缺陷,并且指出外国数学史著作中对我国古代数学成就的误解.

《中国古代数学史研究——数学史选讲》,不是对数学史做全面的讲述.如果将数学发展的历史按民族来分(如中国数学史、希腊数学史等),或按科目来分(如算术史、几何史等),这都是可以的;但我认为对于多数读者来说,尤其是中、小学教师来说,不如采用专题选讲的方法更为实惠一些.我真诚希望《中国古代数学史研究——数学史选讲》的出版能实现这一心愿.

数学史这门课,我讲了六次(1981~1985),印过一些讲义,每次讲若干课题都适当地做了一些补充订正.江苏教育出版社多年前就要出版我这一讲稿.书稿集成以后,特请中国科学院自然科学史研究所梅荣照先生(副研究员)详细审阅全稿,梅先生提出了很宝贵的几十条意见. 我非常感激并对原稿做了改正和补充. 自然科学史研究所的著名数学史家严敦杰先生(研究员)看了拙作并为此稿写了序言. 对梅先生、严先生,我谨表示衷心的感谢.

希望读者对本书的内容提出批评和建议.

钱克仁
于苏州大学

目　　录

第一编
数学史选讲

第一讲 《算经十书》

钱宝琮(1892—1974)在《校点算经十书序》[①] 中说:"《算经十书》包括从汉初到唐末一千年中的数学名著,有着丰富多彩的内容,是了解中国古代数学必不可少的文献.在这一千年的时期里,我们的祖先发展了许多数学知识,创造了许多计算技能.有些光辉成就不仅当时在世界上是先进的,就是对现在的数学教学也还有一定的参考价值.""要发扬古代数学的伟大成就,明了数学发展的规律,首先必须将《算经十书》重加校勘,尽可能消灭一切以讹传讹的情况."

这里,把《算经十书》的内容做一些简要的介绍.

一、《周髀算经》

《周髀算经》原名《周髀》,不详作者名氏,成书于公元前100年左右.它是我国最古老的天文学著作,主要阐明盖天说和四分历法.盖天说是西汉时期天文学家的一种宇宙构造学说,认为天的形状像车子的顶盖,地在盖下,日、月、五星都在这"盖"上移动,它们的明、暗都是由于离人的远近所致.四分历法是一种用闰月来调节四时季候的阴历,用三百六十五日又四分之一日为一个回归年,十九年有七个闰月,一个平均朔望月为二十九日又九百四十分之四百九十九日.

《周髀》中的数学成就,主要的有:

1. 相当繁复的分数乘除 例如,"内衡周"714 000里,1里=300步,周天365$\frac{1}{4}$度,得到内衡周上1度的弧长是

$$714\ 000\ 里 \div 365\frac{1}{4} = 714\ 000\ 里 \times 4 \div 1\ 461$$

$$= 1\ 954\frac{1\ 206}{1\ 461}\ 里$$

$$= 1\ 954\ 里\ 247\frac{933}{1\ 461}\ 步$$

2. 计算太阳在正东西方向时离人远近,用到勾股定理 已知弦与勾求股.例如,已

---

① 钱宝琮《算经十书》(校点),中华书局,1963.

知天之中离周(地名)103 000里,夏至日道的半径是119 000里,问"周"地正东西方向太阳直射地方离开周的距离.得到

$$\sqrt{119\,000^2 - 103\,000^2} \text{ 之值约为 } 59\,598\frac{1}{2} \text{ 里}$$

《周髀》开始的叙述中,有讨论勾股测量的方法,举出"勾三股四弦五"的特例,从而有勾股定理的发现.书中所提二十四个节气的名称与汉武帝太初元年(前104)的三统历法的基本相同,所以《周髀》可以断定是汉朝人的著作.所谓周公、商高问答之辞,是作者伪托的话.

唐代规定《周髀》为十部算经之一,从而改为《周髀算经》.

传本《周髀算经》有赵君卿(即赵爽,3世纪)的注,有甄鸾(6世纪)的重述,还有李淳风(7世纪)的注释.赵爽有《勾股圆方图》一篇附在《周髀算经》首章的注中,并有四张弦图和一张并实图,对勾股定理、勾股弦的几个关系式以及二次方程解法都有了几何的证明.

赵君卿说:"勾股各自乘,并之,为弦实,开方除之,即弦."这是说,设 $a=$ 勾, $b=$ 股, $c=$ 弦,则有

$$a^2 + b^2 = c^2, c = \sqrt{a^2 + b^2}$$

赵君卿又说:"又可以勾股相乘为朱实二,倍之为朱实四,以勾股之差自相乘为中黄实.加差实,亦成弦实."

如图1

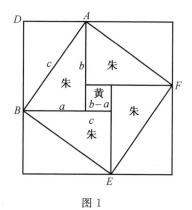

图 1

$$ab = 2\triangle ABC \text{(朱实二)}$$
$$2ab = 4\triangle ABC \text{(朱实四)}$$
$$(b-a)^2 = \text{中黄实(差实)}$$
$$2ab + (b-a)^2 = \text{正方形}$$
$$ABEF = c^2 \text{(弦实)}$$

就是 $a^2 + b^2 = c^2$.

赵君卿又得到过二次方程的求根公式,他说:"其倍弦为广袤合,而令勾股见者自乘为实,四实以减之,开其余,所得为差.以差减合,半其余为广.减广于弦,即所求也."设广 $=x_1$,袤 $=x_2$,$x_1 + x_2 = 2c$(倍弦),$x_1 \cdot x_2 = $实$= a^2$(勾自乘)或 b^2(股自乘)."四实以减之,开其余,所得为差",是说 $\sqrt{(2c)^2 - 4a^2} = x_2 - x_1$."以差减合,半其余为广", $\frac{1}{2}[(x_1 + x_2) - (x_2 - x_1)] = x_1 = $广,就是 $x_1 = \frac{1}{2}[2c - \sqrt{(2c)^2 - 4a^2}]$.显然,这就是二次方程 $x^2 - 2cx + a^2 = 0$ 的求根公式. $x_2 = 2c - x_1 = 2c - \frac{1}{2}[2c - \sqrt{(2c)^2 - 4a^2}] = \frac{1}{2}[2c + \sqrt{(2c)^2 - 4a^2}]$.减广于弦, $c - x_1 = \frac{x_2 - x_1}{2} = \frac{1}{2}\sqrt{(2c)^2 - 4a^2} = b$.

二、《九章算术》

《九章算术》共九卷,不详作者名氏.《九章算术》是一部现在有传本的、最古老的中国数学书,它的编纂年代大约是东汉初期(50—100)①.书中收集了二百四十六个应用问题和解法,分别隶属于下列九章,所以称为《九章算术》.

章	名 题	数	主要内容
一、	方 田	38	面积的计算,分数算法
二、	粟 米	46	粮食交易 —— 简单比例问题
三、	衰 分	20	配分比例问题
四、	少 广	24	开平方、开立方、球体积计算
五、	商 功	28	体积、容积的计算
六、	均 输	28	与运输、纳税有关的加权比例问题
七、	盈不足	20	盈亏类问题的解法,其他类型的难题也用盈不足术处理
八、	方 程	18	联立一次方程组解法,正负数
九、	勾 股	24	勾股定理的应用问题,勾股测量

各章内容,本书另有专篇做较深入的介绍.

16 世纪以前的中国数学书原则上遵守《九章算术》的体例,很多是应用问题解法的集成,后世的中国数学家结合当时社会的实际需要,引入新的数学概念和数学方法,超出了《九章算术》的范围,但也是在《九章算术》数学知识的基础上发展起来的.因此,可以说《九章算术》为后世的中国数学奠定了基础.《九章算术》的正文包括"题""答""术"三个部分."术"说明解题的思想和方法的大概内容,一般是不容易看懂的,因此,对《九章算术》做注释是很有价值的工作.

传本《九章算术》有魏、晋时代刘徽的注(263)②和唐李淳风(7 世纪)等的注释.刘徽把《九章算术》中的各种算法一一说明,并把它们在理论上进行归类,提纲契领地阐明所有能解的道理.另一方面,刘徽在注中又补充了新的解法,创立了准确的圆周率.唐李淳风等对刘徽注本做了一些解释.李淳风等在少广章开立圆术的注释中引述了南北朝祖暅(gèng)(6 世纪)的著作,介绍球体积公式的理论基础.祖暅与他父亲祖冲之(429—500)对于球体积的研究在他们的著作《缀术》失传以后,幸有李淳风等的征引而得以流传到现在.清嘉庆初年,李潢(? —1812)撰《九章算术细草图说》九卷,有校勘、有补图、有详草、有说明,发挥了刘徽注的原意.

三、《海岛算经》

《海岛算经》一卷原为刘徽《九章算术注》十卷的最后一卷.刘徽撰《重差》一章附于

---

① (50—100)表示公元 50 年到 100 年之间,下同.
② (263)表示公元 263 年,下同.

《九章算术》之后,他在《九章算术注原序》中说:"辄造重差,并为注解,以究古人之意,缀于勾股之下."《周髀算经》上卷有依据两个测望数据推算太阳"高、远"的方法.这种测量方法在地面为平面的假设下,理论上是正确的.由于地面不是平面,所以《周髀》所谓"日去地"的"高"和"日下"离测望地点的"远"是脱离实际的.但在地面上几里路以内,用两次测量的方法测量目的物的高和远还是正确的.因为推算高、远的公式中用着两个差数,所以这种测量方法称为"重差术".刘徽在汉人重差术的基础上,把它的应用加以推广,他说:"度高者重表,测深者累矩,孤离者三望,离而又旁求者四望.触类而长之,则虽幽遐诡伏,靡所不入."

唐朝初年选定十部算经时,《重差》一卷和《九章算术》分离,另本单行.因为它的第一题是测望海岛山峰,推算它的高、远的问题,从而《重差》被改称为《海岛算经》.

宋刻本的《海岛算经》早已失传.现在的《海岛算经》传本是由戴震从《永乐大典》中辑录出来的九个问题订成的,原书中题目的个数和次序,现已无法考查了.刘徽序中有"辄造重差,并为注解"的话,但《永乐大典》中的《海岛算经》只有李淳风等的注释,没有刘徽的自注,也没有刘徽的《九章重差图》.李淳风等的注释仅仅在每一条术文之下写出了用问题中的已知数据计算所求答案的演算步骤而没有将刘徽设题造术的理由注释出来.清李潢有《海岛算经细草图说》一卷,沈钦裴有《重差图说》一卷.两书都用相似形的对应边成比例说明刘徽术文的正确性,但"图"中添线过多,未必能符合刘徽造术的原意.因此,刘徽重差术的理论根据还是应做进一步的探讨.

《海岛算经》第一题:如图2:"今有望海岛(MP).立两表(CB,GF)齐高三丈,前后相去(GC)千步,令后表与前表参相直.从前表却行(AC)一百二十三步,人目着地,取望海岛峰,与表末参合.从后表却行(EG)一百二十七步,人目着地,取望岛峰,亦与表末参合.问岛高(MP)及去表(CM)各几何?答曰:岛高四里五十五步.去表一百二里一百五十步."

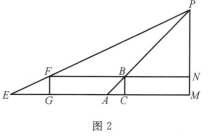

图2

当时,1里=300步,1步=6尺,所以1里=180丈.

已知:$CB=GF=3$丈$=5$步,$GC=1\,000$步,$AC=123$步,$EG=127$步.

求:岛高 MP 和去岛远 CM.

因 $\triangle EGF \backsim \triangle FNP$,得

$$NP \cdot EG = FN \cdot GF \tag{1}$$

因 $\triangle ABC \backsim \triangle BPN$,得

$$NP \cdot AC = BN \cdot CB \tag{2}$$

(1)(2)两式相减,得

$$NP(EG - AC) = GC \cdot CB$$

$$NP=\frac{GC\cdot CB}{EG-AC}\text{①} \tag{3}$$

得岛高

$$MP=\frac{GC\cdot CB}{EG-AC}+CB \tag{4}$$

前表去岛远

$$\begin{aligned}CM=BN&=\frac{AC\cdot NP}{CB}\\&=\frac{AC}{CB}\cdot\frac{GC\cdot CB}{EG-AC}\\&=\frac{GC\cdot AC}{EG-AC}\end{aligned} \tag{5}$$

所以刘徽的术文说:“以表高(CB)乘表间(GC)为实,相多($EG-AC$)为法,除之,所得加表高即岛高.求前表去岛远近者,以前表却行(AC)乘表间(GC)为实,相多($EG-AC$)为法,除之,得岛去表里数.”

答:岛高

$$MP=\frac{1\ 000\times5}{127-123}\text{步}+5\text{步}=1\ 255\text{步}=4\text{里}55\text{步}$$

前表去岛远

$$CM=\frac{1\ 000\times123}{127-123}\text{步}=30\ 750\text{步}=102\text{里}150\text{步}$$

吴文俊《〈海岛算经〉古证探源》(1981)认为刘徽《九章算术注》中许多证法是根据“出入相补”原理的.例如(图3),从长方形 $AEBD$ 与对角线 AB 上一点 C,可得

长方形 CD 的面积=长方形 CE 的面积

刘徽“重差术”的根据也可能是这种“出入相补”原理.《海岛算经》第一题可以解之如下:

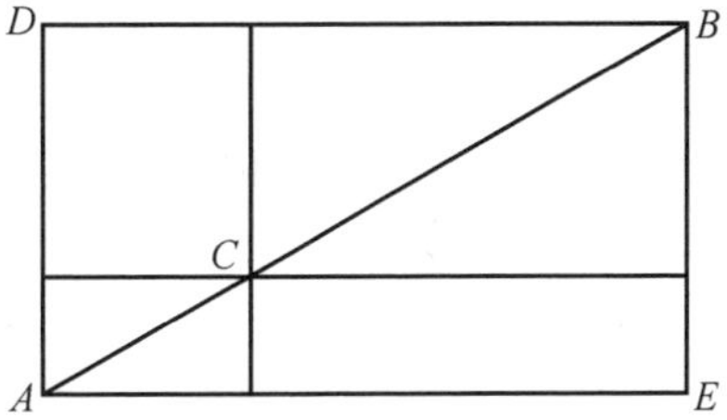

图 3

如图4,从长方形 EP 与对角线 EP 上一点 F,可得长方形 HR =长方形 GN,即

$$HF\cdot NP=FG\cdot GM \tag{6}$$

从长方形 AP 与对角线 AP 上一点 B,可得

长方形 DK =长方形 CN

① 式(3)中$\frac{GC}{EG-AC}$是两个差数之比,所以称为重差术.

即

$$DB \cdot NP = BC \cdot CM \qquad (7)$$

(6)(7)两式相减

$$NP \cdot (HF - DB) = BC \cdot (GM - CM)$$

即

$$NP \cdot (EG - AC) = BC \cdot GC$$

同样得到前述的(3)(4)(5)诸式.

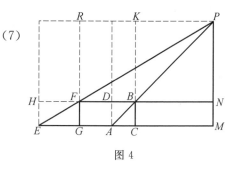

图 4

四、《孙子算经》

《孙子算经》三卷是 400 年前后的书[①],不详作者的名字.《孙子算经》卷上首先叙述竹筹记数的纵横相间制:"凡算之法,先识其位. 一纵十横,百立千僵,千十相望,万百相当";然后讲筹算的乘除法则. 卷中举例说明筹算分数算法和筹算开平方法. 这些都是考证筹算法的好资料. 卷中和卷下所选的应用问题大都切于民生日用,解题方法是浅近易晓的.

《孙子算经》卷下又选取了几个算术难题. 例如第 17 题"今有妇人河上荡杯",第 26 题"今有物不知其数",第 31 题"今有雉兔同笼",等等. 这些问题经过后来数学书的辗转援引,得到广泛的流传.

卷下第 26 题:"今有物不知其数. 三三数之剩二,五五数之剩三,七七数之剩二,问物几何?答曰:二十三." 这就是说,设

$$N \equiv 2(\bmod\ 3) \equiv 3(\bmod\ 5) \equiv 2(\bmod\ 7)$$

求最小的整数 N,答数是 23. 这是一个一次同余式组的有名问题.

五、《张邱建算经》

《张邱建算经》三卷,张邱建撰,是 5 世纪后半叶的作品.《张邱建算经》继承了《九章算术》的数学遗产,并且提供了很多推陈出新的创见,主要有下列几点:

1. 卷上第 10 题、第 11 题是最大公约数、最小公倍数的应用问题　第 10 题:"今有封山周栈三百二十五里. 甲、乙、丙三人同绕周栈行. 甲日行一百五十里,乙日行一百二十里,丙日行九十里. 问周行几何日相会?答曰:十日、六分日之五. 术曰:置甲、乙、丙行里数,求等数为法,以周栈里数为实,实如法而一." 等数就是 150,120,90 的最大公约数 30,

$$325 \div 30 = 10\frac{5}{6}.$$

2. 等差级数问题　卷上第 22 题:"今有女善织,日益功疾. 初日织五尺,今一月,日织九匹三丈. 问日益几何?答曰:五寸、二十九分寸之十五. 术曰:置今织尺数,一月日而一,

---

① 钱宝琮《算经十书》(校点)下册《孙子算经提要》.

所得,倍之,又倍初日尺数,减之,余为实.以一月日数初一日减之,余为法,实如法得一."这里,1 月 $=30$ 日,$n=30$,初日织 5 尺 $=a_1$,今一月,日织 9 匹 3 丈 $=390$ 尺 $=a_n$(1 匹 $=4$ 丈,1 丈 $=10$ 尺).术文是说

$$d=\left(\frac{2a_n}{n}-2a_1\right)\div(n-1)$$
$$=16 \text{ 尺} \div 29 = 5\frac{15}{29} \text{ 寸}$$

卷上第 23 题:"今有女不善织,日减功迟.初日织五尺,末日织一尺,今三十日织讫.问织几何?答曰:二匹一丈.术曰:并初、末日织尺数,半之,余以乘织讫日数,即得."这就是已知首项 $a=5$ 尺,末项 $=1$ 尺,项数 $n=30$ 日,求得总数

$$S=[(a+1)\div 2]\times n \text{ 尺}=(6\div 2)\times 30 \text{ 尺}$$
$$=90 \text{ 尺}=2 \text{ 匹 } 1 \text{ 丈}$$

3. 不定方程组 —— 百鸡问题　卷下最后一题:"今有鸡翁一,直钱五;鸡母一,直钱三;鸡雏三,直钱一,凡百钱买鸡百只.问鸡翁、母、雏各几何.答曰:鸡翁四,直钱二十;鸡母十八,直钱五十四;鸡雏七十八,直钱二十六.又答:鸡翁八,直钱四十;鸡母十一,直钱三十三;鸡雏八十一,直钱二十七.又答:鸡翁十二,直钱六十;鸡母四,直钱十二;鸡雏八十四,直钱二十八.术曰:鸡翁每增四,鸡母每减七,鸡雏每益三,即得."

原来的"术文"太简略,没有说明整个问题的解法.

设 x,y,z 为鸡翁、鸡母、鸡雏的只数.根据题意,有下列两个方程

$$x+y+z=100 \tag{1}$$
$$5x+3y+\frac{1}{3}z=100 \tag{2}$$

用 3 乘式(2),减去式(1),得

$$14x+8y=200$$

即

$$7x+4y=100 \tag{3}$$

又

$$z=100-x-y \tag{4}$$

由式(3),$4y$ 和 100 都是 4 的倍数,所以 x 显然能被 4 整除.令 $x=4t$,代入(3)(4)两式,得 $y=25-7t,z=75+3t$.因 y 不能是负数,$t=1,2,3$.本题三组答案都是正确的,但术文仅有十五个字,只说明整数解中参数 t 的三个系数而没有指出整个问题的解法.

六、《夏侯阳算经》

《张邱建算经》序中提到过夏侯阳的著作,所以《夏侯阳算经》的著作年代应在《张邱建算经》之前.唐初(656)立于学官的《夏侯阳算经》不幸在宋初失传了.现有传本的《夏侯阳算经》三卷是一部中唐时代的实用算术书,因为这部书的第一节有"夏侯阳曰,夫算之法,约省为善"等语,北宋元丰七年(1084)刻印《算经十书》时,就误认它是真的《夏侯

阳算经》了.据考证,这部书的作者很可能是8世纪的韩延.

韩延算术,即现传本的《夏侯阳算经》,是在唐代宗时期(762—779)写成的.其中还有许多唐代的制度、法令、官吏名称等.它们是研究历史的好材料.

韩延算术在数学上值得提出的有下列两点:

1. 有很多乘除速算的例题 古人作乘法要用算筹布置乘数于上层、下层,乘积列于中层;作除法,列"实"(被除数)于中层,"法"(除数)于下层,除得的商列在上层.韩延算术提出了许多在一个横列里演算乘除的例子."课租庸调"章里,"求有闰年每丁布二端二丈二尺五寸法:置丁数七而七之,退一等,折半".1端=5丈,2丈2尺5寸=0.45端.设丁数为a,$a×2.45=a×7×7÷10÷2$.用两次7乘,退一等(用10除),折半(用2除)代替了用2.45乘的三位乘法.卷下第19题,"今有绢二千四百五十四匹,每匹直钱一贯七百文.问计钱几何.答曰,四千一百七十一贯八百文.术曰:先置绢数,七添之,退位一等,即得."就是说,先列算筹表示绢匹数的十倍,添上绢匹数的七倍,再用10除,就得钱数(1贯=1 000文).

2. 推广了十进小数的应用 古代钱币用制钱1文为最低单位.计算所得的结果有奇零时借用分、厘、毫、丝等长度单位名称表示文以下的十进小数.韩延算术卷下第11题,解答时将绢一千五百二十五匹三丈七尺五寸化为一五二五匹九三七五.一匹为四丈,3丈7尺5寸=0.937 5匹.对于匹以下四位数码,不再另立十进单位的名称,这和现在的十进小数记法更为接近.

七、《五曹算经》《五经算术》《数术记遗》

《五曹算经》《五经算术》《数术记遗》三书的作者都是北周(6世纪)的甄鸾.

《五曹算经》是一部为地方行政人员所写的应用算术书.全书分为五卷,用田曹、兵曹、集曹、仓曹、金曹五个项目为标题.所有六十七个问题的解法都很浅近,数字计算都有意地避免分数,只要掌握了整数的加、减、乘、除就可解答问题了.

田曹卷:田地面积的量法,除沿用《九章算术》方田章中的一些面积公式之外,列入一些不准确的面积公式.例如,第14题,"今有四不等田,东三十五步,西四十五步,南二十五步,北十五步.问为田几何? 答曰:三亩,奇八十步,术曰:并东西得八十步,半之得四十步.又并南北得四十步,半之得二十步.二位相乘得八百步.此亩法除之,即得."1亩=240(方)步.就是说:面积$=\dfrac{东+西}{2}×\dfrac{南+北}{2}$.这样所得的面积,显然太大.

兵曹卷:兵队的给养问题.

集曹卷:类似《九章算术》粟米章的问题.

仓曹卷:粮食的征收、运输和储藏问题.

金曹卷:有关丝、绢、钱币等物的简单比例问题.

《五经算术》二卷是将《尚书》《诗经》《周易》《周官》《礼记》《论语》等经籍古注中有关数字计算的叙述加以解释,但有些解释不免穿凿附会.此书在数学上可说贡献不大,对经学研究有多少帮助,恐也成问题.

《数术记遗》一卷,卷首题"汉徐岳撰,北周汉中郡守前司马臣甄鸾注".书中引用佛经词汇等不合后汉末年的史实,因此不是徐岳的原著,此书可能是甄鸾依托伪造而自己注释的作品.值得一提的有下述两点.

1. 大数进法　在秦以前早有万、亿、兆、经、垓等名目,都是十进的,就是说,十万为亿,十亿为兆,等等.汉以后,改从万进,即万万为亿,万亿为兆,等等.《数术记遗》说,"黄帝为法,数有十等,及其用也乃有三焉.十等者,亿、兆、京、垓、秭、壤、沟、涧、正、载.三等者谓上、中、下也.其下数者十十变之,若言十万曰亿,十亿曰兆,十兆曰京也.中数者万万变之,若言万万曰亿,万万亿曰兆,万万兆曰京也.上数者数穷则变,若言万万曰亿,亿亿曰兆,兆兆曰京也."如果"下数十十变之"是十进制,那么"中数万万变之"应是万进制,即万万曰亿,万亿曰兆,万兆曰京.书中的例子却是"万万曰亿,万万亿曰兆……"都是万万进制的.实际上,直到宋元时代,数学家多用《数术记遗》的中数法记录大数,用的是万进制.

2. 十三种算法　《数术记遗》列举了十四种不同的算法.第一种"积算",就是当时人一般用的筹算法.最后一种"计数"是心算.其他十二种是太乙算、两仪算、三方算、五行算、八卦算、九宫算、运筹算、了知算、成数算、把头算、龟算和珠算.这些算法中或用少数着色的珠,由珠的位置表示各位数字,或用少数特制的筹,由筹的方向表示各位数字.当时的人熟悉的算筹记数要同时使用很多算筹,布置各位数字时又有纵横相间的规则.甄鸾提出各种办法来简化记数方法,他的用意是好的,但怎样应用到具体的计算中去,恐是有问题的.关于"珠算"倒是值得一提的,甄鸾注"刻板为三分,其上、下二分停游珠,中间一分以定算位.位各五珠,上一珠与下四珠色别.其上别色之珠当五,其下四珠,珠各当一."这样,用珠来代替算筹是可以表示任何多位数字的.元明时代的珠算盘与甄鸾"珠算"的关系如何,值得进一步研究.

八、《缀术》

祖冲之和他的儿子祖暅的著作《缀术》是唐初立于学官的算经之一.《缀术》中的问题解法比较深奥,唐朝的算学学生要花费四年的工夫去研究它.此书早已失传,北宋元丰七年(1084)所刻的算经中就没有《缀术》一书了.

因为《缀术》的失传,祖氏父子在数学方面的成就,人们知道的不多.根据后代人征引的资料,我们知道祖冲之父子在求圆周率、球体积等方面有重大的贡献.

1. 圆周率

《隋书·律历志》论备数节说:"宋末,南徐州从事使祖冲之更开密法.以圆径一亿为丈,圆周盈数三丈一尺四寸一分五厘九毫二秒七忽,朒数三丈一尺四寸一分五厘九毫二秒六忽,正数在盈朒二限之间.密率圆径一百一十三,圆周三百五十五.约率圆径七,周二十二."

这里,宋是指南北朝的宋(420—479).从这记载中,可知祖冲之的圆周率(用 π 来记)

$$3.141\ 592\ 6 < \pi < 3.141\ 592\ 7$$

以及圆周率的两个近似分数:22/7,355/113.

2. 球体积

《九章算术》少广章第24题开立圆术李淳风等注释中,有"祖暅之开立圆术曰:以二乘积开方除之,即立圆径.……"约四百字,大概是祖暅《缀术》书中的一节.现在解释如下:

刘徽通过具体分析,已知球体积是外切牟合方盖体积的 $\frac{\pi}{4}$,但不知牟合方盖体积的计算.祖暅取整个牟合方盖的八分之一,如图5中的 $C-OAEB$.设 $OP=z$,过 P 作平面 $PQRS$ 与平面 $OAEB$ 平行.正方形 $PQRS$ 的面积是牟合盖的一个水平剖面面积的四分之一.因 $OS=OQ=OA=r=$ 球半径,所以 $PS=PQ=\sqrt{r^2-z^2}$.正方形 $PQRS$ 的面积是 r^2-z^2,所以牟合方盖的水平剖面面积是 $4r^2-4z^2$.其中 $4r^2$ 是一个常量,就是内切球直径的平方 D^2,$4z^2$ 是一个变量:

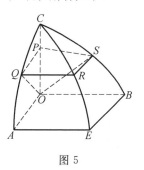

图5

$z=0$ 时,$4z^2=0$;$z=\frac{D}{2}$ 时,$4z^2=D^2$.牟合方盖的任何一个水平剖面的面积既然是两个面积 D^2 和 $4z^2$ 的差,牟合方盖的体积也可以理解为两个立体体积的差.这两个立体是:(1)水平剖面面积为 D^2,高为 D 的正立方体;(2)两个正方锥组成的立体,正方锥的底面面积为 D^2,高为 $\frac{D}{2}$.两个正方锥的体积是 $2\times\frac{1}{3}D^2\times\frac{D}{2}=\frac{1}{3}D^3$,所以牟合方盖的体积是

$$D^3-\frac{1}{3}D^3=\frac{2}{3}D^3$$

从而得球体积为

$$V=\frac{\pi}{4}\times\frac{2}{3}D^3=\frac{\pi}{6}D^3=\frac{4}{3}\pi r^3$$

用祖冲之的圆周"约率",$\pi=\frac{22}{7}$,即得 $V=\frac{11}{21}D^3$.

九、《缉古算经》

《缉古算术》一卷是7世纪初王孝通撰著并自己注释的数学名著.此书在唐高宗显庆元年(656)立于学官后,被称为《缉古算经》.

《缉古算经》共列二十个问题.第1题是历法的问题.已知某年十一月初一日合朔的时刻,已知夜半时日所在赤道径度,求夜半时月所在赤道经度.

第2题到第6题、第8题是土木工程中的土方体积问题,其中要根据工程的具体情况计算体积和长、宽、高的尺寸,或者要从已知的某一部分工程的体积,反求这一部分的长、宽、高的尺寸.王孝通在他的《上缉古算术表》中说:"伏寻商功篇有平地役工受袤之术.至上宽下狭,前高后卑,正经之内阙而不论."因此,他"昼思夜想"得"于平地之余,续狭邪之法".例如第3题的筑堤问题,东头堤身低,西头堤身高,要从东头起筑一定数量的土方,求这一段堤工的长度.这个长度解决了工程上逐段验收中的一个问题.从已知的体积返求一条边线的长度,需要列出一个三次方程,开带从立方得出所求的长度.《缀术》失传以后,《缉古算经》是中国开带从立方现存的最古老的书.

第 7 题、第 9 题到第 14 题是具有一定容量的仓房和地窖的问题.这些仓房和地窖的大小也须依照题示数据用三次方程来解答.

第 15 题到第 20 题是勾股问题.第 15 题到第 18 题中所给的两个数据:一个是勾股(或勾弦,或股弦)的相乘积,另一个是勾弦(或股弦)的差.解这种勾股形要用到三次方程.第 19 题:已知勾,已知股弦相乘积求股.第 20 题:已知股,已知勾弦相乘积,求勾.解这两题要用到四次方程.这种四次方程里仅含未知数的二次项和四次项,所以可以先开带从平方得到一个正根,再开平方得到所求的股或勾.

《缉古算径》原文不易看懂,解题方法用文字叙述,也很简略.这里,我们摘要介绍书中的两题如下:

第 2 题的前半部分:筑一个底为长方形的棱台观象台(图 6).

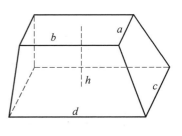

已知:体积 $V = 1\,740$,台高 $h = a + 11$,下宽 $c = a + 2$,上长 $b = a + 3$,下长 $d = b + 4$.

求:a, b, c, d.

设上长 $a = x$,则
$$h = x + 11, c = x + 2, b = x + 3,$$
$$d = (x + 3) + 4 = x + 7$$

图 6

代入《九章算术》商功章刍童公式
$$V = \frac{1}{6}\big[(2b + d)a + (2d + b)c\big]h$$

得
$$1\,740 = \frac{1}{6}\big[(2x + 6 + x + 7)x + (2x + 14 + x + 3)(x + 2)\big](x + 11)$$

化简,得三次方程
$$3x^3 + 51x^2 + 215x = 5\,033$$

开带从立方,得上长 $x = 7$,再求出 b, c, d.

第 15 题,已知勾股相乘积 $ab = 706\frac{1}{50}$,弦多于勾 $c - a = 36\frac{9}{10}$,求勾 a,股 b,弦 c.王孝通的解法如下:

因为
$$\frac{(ab)^2}{2(c - a)} = a^2 \cdot \frac{c + a}{2} = a^2\left(a + \frac{c - a}{2}\right)$$

所以得关于 a 的三次方程
$$a^3 + \frac{c - a}{2} \cdot a^2 = \frac{(ab)^2}{2(c - a)}$$

开带从立方,得 a 值,加上 $c-a$ 即得 c 值,用 a 除 ab,即得 b 值.

十、《算经十书》

唐高宗显庆元年(656)在国子监内设算学馆,置博士、助教,指导学生学习数学,规定《周髀算经》《九章算术》《孙子算经》《五曹算经》《夏侯阳算经》《张邱建算经》《海岛算经》《五经算术》《缀术》《缉古算经》十部算书为课本.因而后世有《算经十书》之称.

宋神宗元丰七年(1084)秘书省刻了九部算经,因为《缀术》已失传,缺了一部;又因为找不到《夏侯阳算经》的真本,用唐代宗大历年间(766—779)韩延所撰的实用算术书充当《夏侯阳算经》之名刻出.

北宋元丰刻本的算经有南宋宁宗嘉定六年(1213)鲍澣之的翻刻本.鲍澣之发现了《数术记遗》一书,认为它是唐代算学用书之一,把这书和《周髀》《九章》等算经同时付印.因此,又凑成了十部书.

明《永乐大典》(1403—1407)中兼收各种数学书.《永乐大典》已经散佚,所收唐代以前的数学书究竟有多少,难以详考.

清初,北宋元丰刻本的各种算经全部亡逸.南宋鲍澣之刻本也仅存《周髀算经》《孙子算经》《张邱建算经》《五曹算经》《缉古算经》《夏侯阳算经》六部书的孤本和残存的《九章算术》五卷.常熟汲古阁主人毛晋(1599—1659)请人影摹得这七种书的抄本.

清乾隆三十七年(1772)开四库全书馆,访得毛氏的影宋抄本七种,又从《永乐大典》中录出《九章算术》《海岛算经》《五经算术》三种,经过戴震(1724—1777)的校订,作为《四库全书》所录的底本.与此同时,曲阜孔继涵依据戴震的校定稿印行"微波榭"本《算经十书》.微波榭本《算经十书》流传很广,此后《算经十书》又有很多翻刻本.

钱宝琮认为"必须将《算经十书》重加校勘,尽可能消灭一切以讹传讹的情况".他从1920年起花了几十年时间对《周髀》《九章》《海岛》《孙子》《张邱建》《五曹》《五经算》《缉古》以及《数术记遗》和韩延的《夏侯阳算经》十书做了严谨的研究和考证,写出了一千多条校勘意见.1963年中华书局印行了钱宝琮校点的《算经十书》.

第二讲　中国古代的筹算、记数法和整数四则运算

　　我国古代使用竹筹记数,并且运用竹筹来做加、减、乘、除等数字计算工作;正像我国现在用算盘里的算珠来记数,拨动算珠来计算一样.在 1 世纪的《汉书·律历志》里说的竹筹的长短、直径分别约合今天的 14 厘米和 0.23 厘米.《世说新语》里说晋朝的王戎(235—306)"每自执牙筹,尽夜算计 ……",就是用象牙做的算筹.在 7 世纪的《隋书·律历志》里说的竹筹,长约 8.85 厘米,宽约 0.59 厘米.计算用的算筹逐渐改得短小,运用时比较方便.《新唐书》李靖传上记载唐代的行政官吏和工程人员在腰带常系着一个装算筹的口袋.

　　古代算筹的功用大致和后世的算盘珠相仿.对于五以下的数,用几根筹就表示几;对于 6,7,8,9 四个数,用一根筹放在上边表示五,余下的数,每一根筹表示一.表示数字的算筹有纵横两种方式:

表示一个多位数,像现在用数码记数一样,把各位的数码从左到右横列起来,但它的各位数码的筹式要纵横相间,不能全用纵式的或横式的.规定:个位数码用纵式表示,十位数码用横式表示;百位、万位用纵式,千位、十万位用横式.例如 6 728,用算筹表示出来是 ⊥ ⊤ = ⫴.数字中某一位上的数码为零的时候,如 6 708,用算筹表示出来是 ⊥ ⊤　⫴,在十位上就空着不放算筹 86 021 表为 ⫴ ⊥ = |,在百位上就不放算筹,10 340 表为| ≡ ⪦,在千位和个位上都不放算筹.由于布置算筹时一定要"纵横相间"的,因此这个数字中有没有数码为零是很容易辨别的.4 世纪的《孙子算经》上说:"凡算之法,先识其位.一纵十横,百立千僵.千、十相望,万、百相当."当时的《夏侯阳算经》说得更清楚,"一纵十横,百立千僵.千、十相望,万、百相当.满六以上,五在上方.六不积算,五不单张."这种用纵横相间规定的算筹记数法一直沿用至宋元时期.

　　算筹记数法是古人在生产实践中创造出来的一种方法.用极简单的竹筹,纵横排列,就可以表示任何自然数.虽然没有表示空位的符号 0,但确实能够实行"位值制"(principle of local value)的记数法,为加、减、乘、除的运算建立起良好的条件.我国古代数学在数字计算方面有优越的成就,应当归功于遵守位值制的算筹记数法.

　　古代的筹算术经过长时期的发展过程而演变为现在流行的珠算术.这两种算术所用

的工具虽然不同,但都利用位值制记数,加、减法和乘法的运算程序是相同的.

筹算的加法和减法在历来的数学书里都没有记载.但是在两数相乘的时候,将部分乘积合并起来,就用到了加法;在做除法的时候,将部分乘积从被除数中减去,就用到了减法.因此,从筹算术的乘、除法中可以了解筹算术的加、减法则.筹算术的加、减法都是从左边到右边逐位相加或相减的.同一位的两数相加,和数在十以上的,就在左边的数位上增添一.同一位的两数相减,被减数小于减数时,就在左边的数位上取用一筹.这些都是和珠算术的加、减法一样的,但是没有筹算术的加、减法的口诀.

筹算术的乘、除法都是要用乘法口诀(乘法表)的.现在的乘法表是从"一一得一"起到"九九八十一"止,共四十五句.古代的乘法口诀是从"九九八十一"起的,它的顺序和现在的相反.由于口诀的开始两字是"九九",所以古人就用"九九"作为乘法口诀的简称.

现在介绍《孙子算经》和《夏侯阳算经》里所讲的筹算乘、除法则.两数相乘时,先用算筹布置一数在上面,一数在下面,古代没有被乘数和乘数的名称.先将下数向左边移动,使下数的末一位数和上数的第一位数相齐.用上数的第一位数乘下数的各位数,从左边到右边,用算筹布置逐步乘得的数在上、下两数算筹的中间,并且将后得的乘积依次加进前所已得的乘积中去.在求得了这个部分乘积之后,将上数的第一位拿掉,并且将下数向右边移过一位.再用上数的第二位数乘下数的各位数,并入中间已得的数.这样,继续下去,直到上数的各位数一个一个地拿掉,中间所得的数就是两数的乘积了.

例如 48×67,先布置算筹如图1,下数末位数 Π 和上数第一位数 $\equiv$ 相齐.

用上数第一位数 $\equiv$ 乘下数第一位数 $\perp$,呼"四六二十四",将 $=$ $\parallel\parallel\parallel$(2 400)放在上、下数的中间,再用 $\equiv$ 乘下数第二位数 Π,呼"四七二十八",将 $=$ Π(280)并入已得的 Π,得 $=$ T $\underline{\underline{}}$(2 680),如图2,拿掉上数第一位 $\equiv$,将下数向右边移一位,如图3.

用上数 Π 乘下数的各位数,先得"六八四十八"(480),并入中间的 $=$ $\perp$ $\underline{\underline{}}$,得 $\equiv$ $\parallel$ $\perp$(3 160),再得"七八五十六"(56),并入中间的 $\equiv$ $\parallel$ $\perp$,得 $\equiv$ $\parallel$ $\top$(3 216).这时,上数、下数都拿掉,只剩下中间的 3 216,就是所求的 48×67 的乘积,如图4.

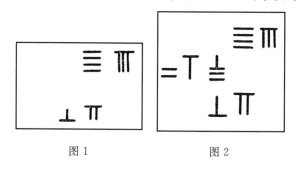

图1　　　　　　　　　　图2

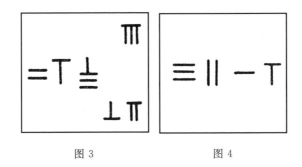

图 3   图 4

在古代筹算术里,称被除数为"实",称除数为"法"."实"中有等于"法"的数,所得是一;"实"中有几个"法",所得就是几,所得的结果称为"商".用除数除被除数称为"实如法而一".筹算除法的演算步骤和乘法相反.用算筹布置"实"数于中间,"法"数在下,将求得的"商"布置于"实"数之上.先将"法"的首位数放在"实"的首位数的下边,商量好应得的商数的首位数.如果"实"的首位数的数码不够大,将"法"数向右边移一位,再考虑"商"的首位数的数码.用"商"的首位数乘"法"数的各位数,从左边到右边,随即在"实"数里减去每次乘得的数.乘好、减好以后,将"法"数向右边移一位,再商量商数的第二位数码.用"商"的第二位数依次乘"法"数的各位,从"实"数里减去每次乘得的数.这样,直到"实"数减完时,就得到所求的商数."实"数减不尽时,就是有余数.

例如 3 216÷67,先用算筹布置"实"〓‖一丅,"法"⊥〧,如图5.因为"实"的首位数3小于"法"的首位数6,将"法"向右边移一位,如图6.商量得"商"数的首位数〓,放在"实"的十位数的上方,用〓乘"法"的首位数⊥,"四六二十四",从"实"数里减 2 400,余〧一丅,如图7;再用〓乘"法"的第二位〧,"四七二十八",从"实"数里减去280,余‖‖‖〓丅,将"法"数向右边移一位,如图8,商量得"商"数的第二位〧,放在"实"数的个位数的上方.用〧乘"法"的首位⊥,"六八四十八",从"实"数里减去480,余〓丅,如图9.用〧乘"法"的第二位,"七八五十六",从"实"数里减去56,减尽,就得到"商"〓〧,如图10.

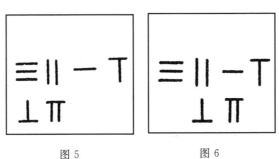

图 5   图 6

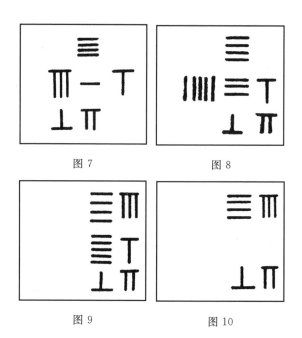

图 7　　　　　　　　　　图 8

图 9　　　　　　　　　　图 10

又如 3 219 ÷ 67,那么最后所得的筹式,如图 11,这时就得到商数 48,余数 3,或者说"实三千二百十九,如法六十七而一,得四十八又六十七分之三".

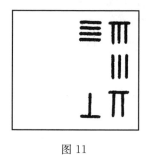

图 11

第三讲　　印度数码和西方算法

埃及、巴比伦、希腊、罗马、印度等国家在很古的时期都有记数的符号,但都是用不同的符号表示一、十和一百……,不像我们今天可以用同一个 1 在不同的数位上表示一、十和一百…….换言之,这些古代国家当时的记数法都不像中国的算筹记数法那样采用位值制原则.

例如,2 世纪古希腊人用字母表示数字,如下:

α β γ δ ε ς ζ η θ ι κ λ μ υ ξ ο
1 2 3 4 5 6 7 8 9 10 20 30 40 50 60 70

π ϙ ρ σ τ υ φ χ ω T) ͵α ͵β
80 90 100 200 300 400 500 600 700 900 1 000 2 000

　　　　　　　　　　　β　　　γ
　͵γ　　　M　　　M　　　M　　　等等
3 000 等等 10 000 20 000 30 000

1 000 以后,α,β,γ,… 又重复了,但是在它们的左下方记上一个小的"撇",M 的系数(即它上连着 β,γ,…)有时是写在"M"的前面的.一个数的上方常要画一条横线的,以免有人把数字当成某个文字了.这样,43 678 就写如 δ$\overline{\mathrm{M͵γχοη}}$.于此可以看出希腊人是没有"零"号的.

再看公元前 3 世纪的印度数字:

1　2　3　4　5　6　7　8　9　10　20　30　40　50　60

值得注意的是,最初三个整数的写法都与中国的一样;10 与 10 的倍数 20,30,40,100 等都用独立的符号表示的,而只要有了这样的符号,位值制的算术就是不能存在的.大约在 6 世纪中叶,随着印度数学的发展,印度人才创造了位值制数码,从而建立了他们的土盘算术.现代算术中用的位值制数码是印度人创造的.英国人李约瑟(Joseph Needham)说:"在西方后来所习见的'印度数字'的背后,位值制早已在中国存在了两千年."

6 世纪的印度人在铺满沙土的盘上,利用位值制数码做计算工作.印度人的加、减法都是从左边第一位数做起的;两数相乘时,把其中一数的位置逐步向右移动求得部分乘积,随即并入前所已得的数中;做除法时也把除数的位置向右移动,在被除数里逐步减去部分乘积,等等;所有的四则计算步骤,原则上都是与中国筹算法一致的.因此,古代印度的土盘算术很可能是受到了中国筹算术的影响.对于乘法,印度人还创造了与现代算术相似的形式,这是中国筹算乘法所没有的,我们在后面要谈到它.

现在先谈零的问题.遵从位值制的中国筹算术和印度的土盘算术,都是不用纸笔的,都没有表示空位的符号.唐朝初年,印度人瞿昙悉达任职太史监,曾于开元六年(718)翻译印度的九执历法.在他编辑的《开元占经》一百二十卷中,第一百零四卷是《天竺九执历经》,其中介绍印度的位值数码,原文如下:

"算字法样　一字　　二字　　三字　　四字　　五字　　六字

□　　　□　　　□　　　□　　　□　　　□

七字　　八字　　九字　　点"

□　　　□　　　□　　　□

右天竺算法用上面九个字乘除,其字皆一举 □ 而成.九数至十,进入前位.每空位处恒安一点,有间咸记,无由辄错,运算便眼."

"一举 □ 而成"当是这些数码字每一个都曲屈连续可以一笔写成."每空位处恒安一点"是说遇有零处用一个点来表示.

在印度格拉(Gwalier)的一块876年的碑石上,碑文中有50和270字样,说明印度人此时已有用 ○ 表示零的迹象.

13世纪40年代,李冶在河北,秦九韶在浙江,两人各自著书,详草都用数码并且都用"○"表示数字的空位.例如:

减法 1 470 000 − 64 464 = 1 405 536 表示为

这个"○"是不是就是印度人的"0"的传入结果呢?严敦杰认为《唐书》《宋史》中所录各家历法都用"□"表示天文数据中的空位,后来为了书写方便,将这个 □ 形顺笔改作 ○ 形.这样,数字中间的 ○ 形便是一个表示"零"的符号了,这与印度数码中的"0"可以说是异途同归.

现在介绍印度人创立的乘法 ——"格子算".先画方格和对角线,如图1.将被乘数横写在上方,乘数竖写在右方.用"九九"口诀表,填写逐位的相乘积在相当的格子里,最后从右下角个位起,把斜行里的数码依次相并起来,所得的和数,便是乘积.例如 435 × 5 678 = 2 469 930,演草如图1.在程大位《算法统宗》(1592)中,这种格子算又称为"铺地锦".

后来,印度数码和位值制十进记数法传入阿拉伯的伊斯兰国家,又经这些伊斯兰国家传入欧洲.当然,在这种文化交流的过程中,各处都有各自独特的创造与吸收外来因素相结合的情况.经过几百年的演变,就有了现在通行的一套

---

① 南宋数码中的 4 作"╳";5 作"⊙"或"ᛐ";9 作"⊼"或"⊼".

图 1

$$1,2,3,4,5,6,7,8,9,0$$

印度数码,欧洲人也称它为印度阿拉伯数码或阿拉伯数码.

16 世纪末,意大利天主教士利玛窦(Matteo Ricci,1552—1610)来到中国,介绍西洋的笔算方法,印度阿拉伯数码再一次传入中国.[1]李之藻(1565—1630)向利玛窦学习西洋算法,编译《同文算指前编》二卷、《通篇》八卷于 1613 年出版.全书用九个数码一、二、三、四、五、六、七、八、九和"○"号来演算,没有采用 1,2,3,… 印度阿拉伯数码.17 世纪初年以后的三百年中,所有翻译西文科学书籍和学习西洋算法的中国人都仍用一、二、三、四、…… 这几个字作数码.清朝末年,西洋人在中国设立教会办的中、小学和大学.他们自编数学课本,在这种地办的中、小学里教学生,介绍他们自己应用的数码;从此以后,印度阿拉伯数码 1,2,3,…,9,0 逐渐地在全国范围通行起来.

下面,介绍一些利用印度阿拉伯数码的西方算法.

一、加法

意大利人普兰德(Maximus Planudes)1340 年的算式,如图 2,两数 5 687,2 343 的和是写在上方的,并且利用"弃九法"来检验.最右边的数字是同行数字"弃九"后的余数,因为 8＋3＝11,弃九后余 2,所以加法的结果是正确的[2].

荷兰人弗利司(Gemma Frisius)1540 年的逐位相加法,如图 3,他把最大的数定居最上方,目的是为了演算时各个"部分和"的位置不至于写错.

---

① 元朝至元四年(1267)伊斯兰天文学传入中国;明朝洪武十八年(1385)又有阿拉伯人的土盘算法传入.1956 年在陕西元代安西王府的旧址发掘出了五块铁板,上刻有印度数码的六阶幻方;1980 年上海博物馆清理浦东陆家嘴明墓时发现元代的印度数码的四阶幻方.在这个时期里,印度阿拉伯数码虽然一再传到中国,但都没有被采用.

② 5＋6＋8＋7＝26,26÷9 余 8;2＋3＋4＋3＝12,12÷9 余 3;8＋3＝11,11÷9 余 2;而 8＋0＋3＋0＝11,11÷9 余 2.

<table>
<tr><td>8030</td><td>2</td></tr>
<tr><td>5687</td><td>8</td></tr>
<tr><td>2343</td><td>3</td></tr>
</table>

图 2

```
    9 2 7 9
    3 8 9
    4 7 9
        2 7
        2 2
        9
    9
  1 0 1 4 7
```

图 3

二、减法

减法的"借位"问题的处理,有许多方法,择要地介绍如下:

(1)被借去"1"的那位数码的旁边注上一个点,沙伏耐(Savonne)1563 年的算草如图 4.

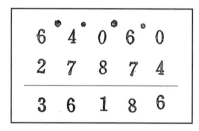

图 4

(2)被借去某一数位上的"1"加进减数的位数后再减. 布基(Borghi)1484 年的算草如图 5,布基说,"14 减 8,得 6;15 减 8,得 7;13 减 10,得 3;6 减 3,得 3".

(3)利用加法口诀,例如图 6 由 243 减去 87,计算:"7 和 6 是 13;9 和 5 是 14;1 和 1 是 2",或者"7 和 6 是 13;8 和 5 是 13;0 和 1 是 1". 这是 16 世纪布丢(Buteo,1559)提出的方法,但是直到 19 世纪才被重视起来. 这个方法又称奥地利方法,因为德国学者柯科克(Kuckuck)在 1874 年的著作里说是从奥地利的书籍里学到的.

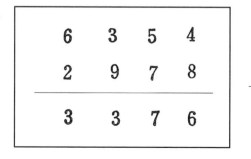

图 6

图 5

三、乘法

(1) 帕奇欧里(Pacioli)在 1494 年的著作里的棋盘法(图 7).

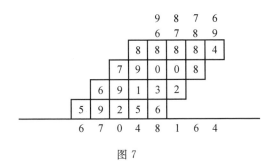

图 7

(2) 意大利特雷维索(Treviso)1478 年出版的《特雷维索算术》中有两种"格子算"的形式,934 乘 314 得 293 276,图 8.

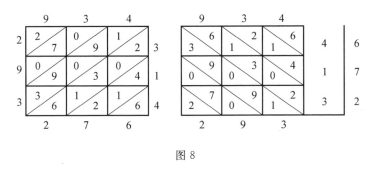

图 8

四、除法

16 世纪到 18 世纪末,西方通行所谓除法的"帆船法"[1],算法和中国筹算类似,不过筹算是随乘随减,且是在不断改变的,而帆船法则是把笔算的每一步骤都记录下来的.现在看例子.

_____

① 因为整个的演草图形像一只船.

$$114\ 400 \div 26 = 4\ 400$$

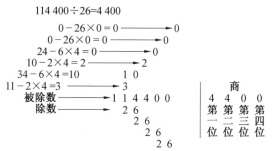

① 在 1556 年墨西哥出版的书上,这个例题简写成下列形式:

```
        0 0
        1 2
      0 3 0 0
1 1 4 4 0 0   | 4 4 0 0
2 6 6 6 6
    2 2 2
```

② 17 世纪,欧洲人又用来自伊斯兰国家的除法,它的算法亦是与中国筹算相似的,但是采取"表格式"的形式.例如 1 729 除以 12,得商 144,余 1,其式如下:

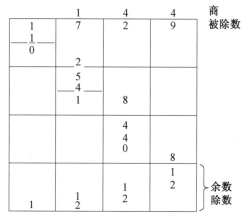

普兰德的除法,亦是来自伊斯兰国家的,步骤与上述表格式类似,与今天我们使用的仍不完全相同.例如:

```
2 5 ) 6 2 5 ( 2 5
      4
    ─────
      2 2
      1 0
    ─────
    1 2 5
    1 0 0
    ─────
      2 5
      2 5
```

现代的长除法算草,第一次出现在 1491 年佛洛仑斯印刷的卡兰德利(Calandri)的算术书上.问题是:用 83 除 53 497.原式如下:

被除数　　53497　　除数 83

```
                    5 3 4 9 7      —— 83
商          0 0 6 4 4      45
                              ——
                              83

            5 3 4
            4 9 8              |8 3
            ————
              3 6 9
              3 3 2
              ————
                3 7 7
                3 3 2
                ————
                  4 5
                    0          45
                              ——
                              83
```

即得商 644,余数 45.

第四讲 《九章算术》内容简介

我国古代春秋(前770—前476)、战国(前475—前221)时期社会生产力逐渐提高,促进了数学知识和计算技能的发展.当时各诸侯王国的统治阶级要按亩收税,必须有测量土地、计算面积的方法;要储备粮食,必须有计算仓库容积的方法;要修建渠道、治河堤防和进行其他土木工事,必须计算工程人工;要修订一个适合农业生产的历法,必须运用有关的天文数据进行计算.因此,那时的人民已经掌握了相当丰富的、由生产实践中产生的数学知识和计算技能.

公元前1世纪的一本天文学著作《周髀》,是讲盖天说和四分历法的.在《周髀》里有相当繁杂的数字计算,并且引用了勾股定理.唐代(618—907)在规定国子监(相当于国立大学)"算学"(数学系)课程时,认为《周髀》是一份宝贵的数学遗产,将它列为十部算经之一,从此改称《周髀算经》.我们现在有《周髀算经》的传本.

《九章算术》是一部现在有传本的、最古老的中国数学书,它的编纂时代大约是1世纪的东汉初期,我们不知道它的作者的姓名.《九章算术》中收集了二百四十六个应用问题和各个问题的解法,分别隶属于方田、粟米、衰分、少广、商功、均输、盈不足、方程、句股等九章.16世纪以前的中国数学书很多是应用问题解法的集成,原则上遵守《九章算术》的体例.后世的中国数学家结合当时社会的实际需要,引入新的数学概念和数学方法,超出了《九章算术》的范围,但也是在《九章算术》数学知识的基础上发展起来的.因此可以说,《九章算术》为后世的中国数学著作奠定了基础.《九章算术》对世界数学的发展有着重要的贡献.现在小学、中学数学课程中的分数四则、比例、面积和体积、开平方、开立方、正负数、一次方程组、二次方程、勾股定理、各种应用问题的解法等内容在《九章算术》的各章里都有了相当详备的论述和研究.

传本《九章算术》有魏、晋时的刘徽注(263)和唐初李淳风等(约656)的注释.刘徽是我国古代杰出的数学家,他为《九章算术》做注解,又自撰《重差》一卷附于《九章算术》九卷之后.唐初以后《重差》一卷改名《海岛算经》与《九章算术》九卷分为二书,流传至今.刘徽在《九章算术注序》中说:"事类相推,各有攸归.故枝条虽分而同本干者,知发其一端而已."就是说,各种问题的解法在理论上属于一类的,应该使它们归于一类,提纲挈领地阐明所以能解的原理.这是钻研数学的至理名言.又说:"又所析理以辞,解体用图,庶亦约而能周,通而不黩,览者思过半矣."这是说,问题的解法的理论分析要用明确的语言表达出来,空间形体的具体分解要用几何图形显示出来.这样,才能做到既简又明,启发读者的思考.刘徽在他的"九章算术注"中,不但整理了各种解题方法的思想系统,提高了《九章算术》的学术水平,他自己还创立了许多新方法,开辟了数学发展的道路.例如,在关于圆周率与圆面积、关于圆锥体积和球体积、关于十进分数、关于解方程组等方面都有他的伟大贡献.

李淳风等人对刘徽注本《九章算术》做了一些解释,一些补注.对于少广章开立圆术、李淳风等的注释引了祖暅的研究成果,介绍了球体积公式的理论基础.祖冲之父子的著作《缀术》失传以后,他们关于球体积的研究,幸有李淳风等人的引述而能流传到现在.

下面,我们简单地介绍《九章算术》各章的主要内容.

一、方田

方田章讲田亩面积的计算和有关分数的计算方法.

方田"术曰:广从步数相乘得积步".这里,"方田"是长方形的田,或是一切长方形的面积."广"是长方形的底,"从"读如"纵",是长方形的高."步"是长度的单位,也可借用作面积的单位(应该是"方步").这样,这个"术文"就是说:长方形的面积等于底乘高.

三角形的田称为圭田.圭田"术曰:半广以乘正从"."正从"指与底边垂直的高.刘徽"注":"半广者,以盈补虚为直田(长方形田)也.亦可以半正从以乘广".在图 1 里,$EF = \frac{1}{2}BC$,三角形 ABC 的面积等于长方形 $EFGH$ 的面积,等于 $\frac{1}{2}BC \times AD$.在图 2 里,$BH = \frac{1}{2}AD$,三角形 ABC 的面积等于长方形 $BCGH$ 的

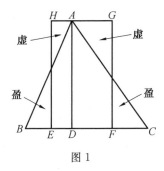

图 1

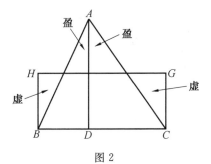

图 2

面积,等于 $\frac{1}{2}AD \times BC$.

直角梯形的田称为"邪田".邪田"术曰:并两斜而半之以乘正从."在图 3 里,$AE = \frac{1}{2}(AB + DC)$,邪田 $ABCD$ 的面积等于长方形 $AEFD$ 的面积,等于 $\frac{1}{2}(AB + DC) \cdot AD$.

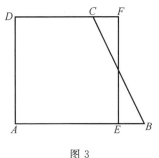

图 3

一般的梯形田称为"箕田",可以看作两个邪田合成的田.在图 4 里,当上、下底为 a,b,高为 h 时,面积等于 $\frac{1}{2}(a+b)h$.

圆田"术曰:半周半径相乘得积步".理论上是正确的,但是《九章算术》用"径一周三"作周、径的比率,就是取 $\pi = 3$,得出的圆面积是不精密的,依照刘徽的"注",圆面积是半径平方的 $\dfrac{157}{50}$ 倍;依照李淳风的"注",圆面积是半径平方的 $\dfrac{22}{7}$ 倍.

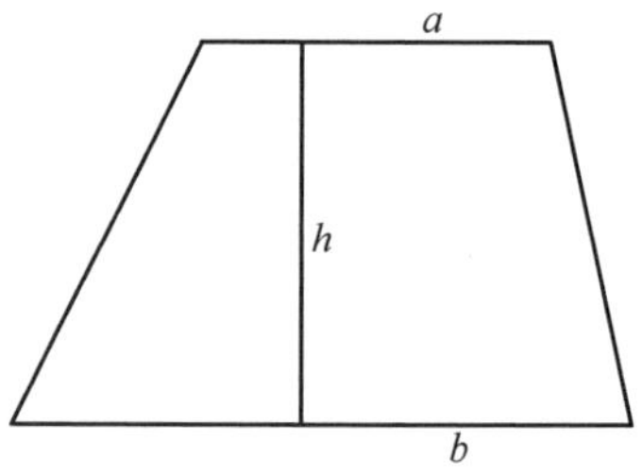

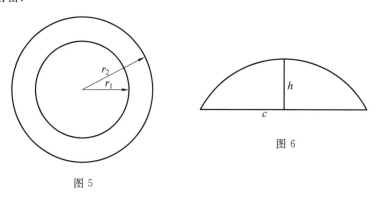

图 4

环形的田称"环田".环田"术曰:并中外周而半之,以径乘之为积步"."径"是中周、外周间的最短距离,也是中、外周半径的差.设 r_1,r_2 是环形的中周、外周的半径,则圆环形的面积是 $\pi r_2^2 - \pi r_1^2 = \dfrac{1}{2}(2\pi r_2 + 2\pi r_1)(r_2 - r_1)$,如图 5.

弓形的田称"弧田".弧田"术曰:以弦乘矢,矢又自乘,并之,二而一."设弓形的弦长为 c,矢高为 h,则弓形面积 $A = \dfrac{1}{2}(ch + h^2)$,如图 6.这是一个经验公式,得出面积的近似值不是很精密.

图 5

图 6

方田章里有许多说明分数运算的问题.

约分"术曰:可半者半之,不可半者副置分母、子之数,以少减多,更相减损,求其等也.以等数约之."这就是说,如果分子、分母都是偶数,可以折半的先把它们折半,不都是偶数的就先求出分子、分母的最大公约数.例如第 3 题:"又有九十一分之四十九,问约之得几何?"筹算如图 7.

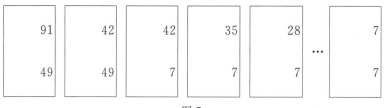

| 91 | 42 | 42 | 35 | 28 | ... | 7 |
| 49 | 49 | 7 | 7 | 7 | | 7 |

图 7

最后的 7 就是"等数".用 7 除分子、分母,原来的分数就可化简为十三分之七.这种"更相减损"的方法和古代希腊人辗转相除法理论是相同的.

分数加法称为"合分",分数减法称为"减分"."合分""减分"都需要通分使分母相同,然后加、减.方田章里用相加数或相减数的分母的乘积作为公分母的.例如:

第 7 题

$$\frac{1}{3} + \frac{2}{5} = \frac{5}{15} + \frac{6}{15} = \frac{11}{15}$$

第 9 题

$$\frac{1}{2} + \frac{2}{3} + \frac{3}{4} + \frac{4}{5}$$

$$= \frac{60}{120} + \frac{80}{120} + \frac{90}{120} + \frac{96}{120}$$

$$= \frac{326}{120} = 2\frac{86}{120} = 2\frac{43}{60}$$

第 10 题

$$\frac{8}{9} - \frac{1}{5} = \frac{40}{45} - \frac{9}{45} = \frac{31}{45}$$

"课分术"是比较分数的大小;"平分术"是求几个已知分数的平均值."课分""平分"也都是要先通分而后计算的.

分数相乘称为"乘分",用相乘分数的分子的乘积为分子,分母的乘积为分母.例如:

第 19 题

$$\frac{4}{7} \times \frac{3}{5} = \frac{12}{35}$$

第 20 题

$$\frac{7}{9} \times \frac{9}{11} = \frac{7}{11}$$

第 24 题

$$18\frac{5}{7} \times 23\frac{6}{11} = \frac{131}{7} \times \frac{259}{11}$$

$$= \frac{33\ 929}{77} = 440\frac{49}{77} = 440\frac{7}{11}$$

分数除法称为"经分",是用通分来计算的.例如,第 18 题

$$\left(6\frac{1}{3} + \frac{3}{4}\right) \div 3\frac{1}{3} = \left(\frac{19}{3} + \frac{3}{4}\right) \div \frac{10}{3}$$

$$= \frac{85}{12} \div \frac{40}{12} = \frac{85}{40} = 2\frac{1}{8}$$

刘徽注中又补充了另一个法则:将除数的分子、分母颠倒后与被除数相乘,例如

$$\frac{85}{12} \div \frac{10}{3} = \frac{85}{12} \times \frac{3}{10} = \frac{85}{40}$$

《九章算术》是世界上最早系统地叙述分数运算的著作.在欧洲古代数学里,对于分数,或者采用埃及人的单分数的记法,或者采用巴比伦人的六十分制的记法,乘、除法演算都是很麻烦的.现代算术里的分数算法,是 15 世纪开始在欧洲各国通行起来的,当时

的数学家多说这种算法起源于印度而由阿拉伯人介绍到欧洲. 但是印度数学中有很多部分是承袭中国数学的,印度 7 世纪的婆罗笈多(Brahmagupta)和后世数学家的著作里,记录分数都写分子在分母之上,分数的加、减、乘、除法则都是与《九章算术》相同的. 印度算术传入阿拉伯,阿拉伯人在分子、分母之间添了一条横线,就得到了现在的分数记法.

二、粟米、衰分、均输

粟米、衰分、均输三章中有着许多不同类型的比例问题.

粟米章的开端,列举了各项粮食互换的比例,如下:

粟米之法:"粟率五十,粝米三十,粺米二十七,繫米二十四,御米二十一,…… 稻六十,敊六十三,飧九十,熟菽一百三半." 就是说,粟(谷子)五斗和粝米(糙米)三斗,粺米(九折的熟米)二斗七升,繫米(八折的熟米)二斗四升,等等,价格都是相等的. 粟米章里许多食粮的互换都是依此比率计算的.

粟米章第 1 题:"今有粟一斗欲为粝米,问得几何." 它的解法是:"以所有数乘所求率为实(被除数)以所有率为法(除数),实如法而一"(用法除实所得的商就是所求的数). 这一题内:粟 1 斗(10 升)是"所有数",50 为"所有率",30 为"所求率",依术得粝米 10 × 30 ÷ 50 = 6(升),就是所求数. 也就是

$$50 : 30 = 10 \text{ 升} : x$$

所有率(粟率):所求率(粝米率)=所有数(有粟数):所求数

因此

$$所求数 = \frac{所有数 \times 所求率}{所有率}$$

这种方法,称为"今有术". 刘徽注说,"此都术也. …… 因物成率,审辩名分,平其偏颇,齐其参差,则终无不归于此术也." 实际上,属于现在所谓比例类型的问题都是可以依照"今有术"解决的. 主要的环节是分析问题中已给的数字,哪个是所有数,哪个是所求率,哪个是所有率,经过一乘一除就可得出所求的数来.

衰分章第 10 题:"今有丝一斤价值二百四十(钱). 今有钱一千三百二十八,问得丝几何." 这里,1 328 钱为所有数,丝 1 斤为所求率,240 钱为所有率,所以可以得丝

$$1\ 328 \times 1 \div 240 = 5 \frac{8}{15} \text{(斤)}$$

即 5 斤 8 两 12 $\frac{4}{5}$ 铢(1 斤 = 16 两,1 两 = 24 铢).

衰分章第 17 题:"今有生丝三十斤,干之耗三斤十二两. 今有干丝十二斤,问生丝几何." 以干丝 12 斤为所有数,30 × 16 = 480 两为所求率,3 斤 12 两 = 60 两,以 480 − 60 = 420 两为所有率,所以求得原来生丝 12 × 480 ÷ 420 = 13 $\frac{5}{7}$(斤),即 13 斤 11 两 10 $\frac{2}{7}$ 铢.

"衰分"有定量分配的意思,"衰"读如崔. 衰分就是现在的比例分配法. 衰分"术曰:各置列衰(所配的比率),副并(得所配比率的和)为法,以所分乘未并者各自为实,实如

法而一.”刘徽注说,“列衰各为所有率,副并(所得的和)为所有率,所分为所有数.”用"今有术"计算,就可以得到所求数,衰分章第2题:"今有牛、马、羊食人苗,苗主责之粟五斗,羊主曰,我羊食半马(所食),马主曰,我马食半牛(所食),今欲衰偿之,问各几何.”依照羊主人、马主人的话,牛、马、羊所食粟相互的比率是 $4:2:1$,就用 $4,2,1$ 为所求率,$4+2+1=7$ 为所有率,粟50升为所有数.用"今有术"演算,牛主人应偿 $\frac{4 \times 50}{7}=28\frac{4}{7}$(升),马主人应偿 $\frac{2 \times 50}{7}=14\frac{2}{7}$(升),羊主人应偿 $\frac{1 \times 50}{7}=7\frac{1}{7}$(升).

均输章第5题:"今有粟七斗,三人分舂之,一人为粝米,一人为粺米,一人为糳米,令米数等.问取粟为米各几何.""术曰:列置粝米三十,粺米二十七,糳米二十四而返衰之.""令米数等"这是说三人中舂粝米的人应该少拿些粟米,舂糳米的人应该多拿些粟米,各以 $\frac{1}{30},\frac{1}{27},\frac{1}{24}$ 或 $\frac{1}{10},\frac{1}{9},\frac{1}{8}$ 为列衰.根据粟米章首所列各种粮食互换比例,按照"衰分术",舂粝米的人应该拿粟米 $7 \times \frac{1}{10} \div \left(\frac{1}{10}+\frac{1}{9}+\frac{1}{8}\right)=2\frac{10}{121}$(斗),舂成粝米 $2\frac{10}{121} \times 30 \div 50 = 1\frac{151}{605}$(斗);舂粺米的人应该拿粟米 $7 \times \frac{1}{9} \div \left(\frac{1}{10}+\frac{1}{9}+\frac{1}{8}\right)=2\frac{38}{121}$(斗),舂成粺米 $2\frac{38}{121} \times 27 \div 50 = 1\frac{151}{605}$(斗);舂糳米的人应该拿粟米 $7 \times \frac{1}{8} \div \left(\frac{1}{10}+\frac{1}{9}+\frac{1}{8}\right)= 2\frac{73}{121}$(斗),舂成糳米 $2\frac{73}{121} \times 24 \div 50 = 1\frac{151}{605}$(斗).

汉武帝太初元年(前104)以后,施行均输法.均输法是征收实物(谷子)地租的法律.各县谷价不同,输送谷子到指定收税地点的运费也不同,需要用衰分法计算各县人民应缴纳的谷子数量,使他们的劳力和费用相等.衰分法所取用的"列衰"是与各县的"户"数成正比的,而与每斗谷子的价钱加上运费成反比的.均输章第1,3,4题都是向各县征收谷子数量的问题.第2题是求五个县应征徭役的人数问题,所求的徭役人数是与各县人口数成正比的,而与徭役的日数(包括行路日数在内)成反比的,也用衰分法来计算.

在《九章算术》之后,古代印度数学书中的所谓"三率法"的(也称"三数法则")就是《九章算术》中的"今有术".值得注意的是,在汉文和梵文这两种语言中,表示分子的专门术语是相同的,"实"和 phala 的意义都是果实;表示分母的"法"和 pramāna 也都表示标准的长度的度量单位;梵文的 icchā 表示"希望"或"要求",这个字在三率法中的地位相当于汉文的"所求率".印度人按照一定的次序列出三率,第一率和第三率必须是同类的数量.用第二率、第三率相乘,以第一率除,便得所求的数.可见印度的三率法和中国的今有术是一致的,但是印度人强调三率的先后次序.

印度的三率法传入阿拉伯,再由阿拉伯人传到西欧各国,仍旧保持三率法的名称.欧洲人称它 regula trium,the rule of three,但是不再用各率的专名了,而写成像下面的形式

$$12 \text{ 码} —— 20 \text{ 先令} —— 6 \text{ 码}$$

欧洲商人十分重视这种算法,称它为"金法",表示三率法是各种算法中最宝贵的算法.在

16 世纪以后,三率法也叫作"比例".

三、少广

　　少广章叙述开整平方和开整立方的演算步骤.后来的数学家推广"少广"章的方法,能够开"带从平方"、开"带从立方",这样就可求出高次方程的正根,而"开方"一词在中国古代数学书里已有求方程正根的意思.

　　少广章第 12 题:"今有积五万五千二百二十五(方)步,问为方几何."开方"术曰:置积为实.借一算,步之,超一等.议所得,以一乘所借一算为法而除.除已,倍法为定法.其复除,折法而下.复置借算步之如初.以复议一乘之,所得副,以加定法,以除.以所得副从定法.复除,折下如前."现在用阿拉伯数码代替算筹,依术开方如下:布置 55 225("实",被开方数),取一算筹(借一算)放在"实"的个位下边,如图 8.这个筹式用代数符号表达出来,就是方程

$$x^2 = 55\,225$$

　　将这个"借算"向左移动,每次移过两位(超一等),移二次,停在"实"数万位之下,如图 9,这样,"借算"所表示的数不是 x^2 而是 $10\,000x_1^2$,原方程变为

$$10\,000x_1^2 = 55\,225$$

实	5 5 2 2 5
法	
借算	1

图 8

议得	2
实	5 5 2 2 5
法	
借算	1

图 9

　　议得 x_1 大于 2 而小于 3,就在"实"的百位之上,放算筹 2,表示平方根的第一位数码.

　　用议得的 2 乘 10 000 得 20 000,用算筹放在"实"数之下,"借算"之上,叫作"法".再用议得的 2 乘"法"得 40 000,从"实"中减去,余 15 225,如图 10.

　　把"法"数加倍,向右边移一位,变为 4 000,叫作"定法".把"借算"向右边移二位,变为 100,如图 11.这个筹式相当于方程

$$100x_2^2 + 4\,000x_2 = 15\,225$$

议得	2
实	1 5 2 2 5
法	2
借算	1

图 10

议得	2
实	1 5 2 2 5
定法	4
借算	1

图 11

　　议得 x_2 大于 3 而小于 4,就以 3 为平方根的第二位数码,放在"实"的十位的上面.用 3 乘 100 得 300,另外放在"定法"的右边,用 300 加进定法得 4 300.用 3 乘 4 300,得 12 900,从"实"中减去,余 2 325,如图 12.

再用另外放的 300 加进 4 300,得 4 600,向右边移一位,变为 460,这是求平方根第三位数码的"定法".把"借算"向右边移二位变为 1,如图 13.这个筹式相当于方程

$$x_3^2 + 460x_3 = 2\,325$$

议得	2 3
实	2 3 2 5
定法	4 3 3
借算	1

图 12

议得	2 3
实	2 3 2 5
定法	4 6
借算	1

图 13

议得平方根的个位数 $x_3 = 5$.用 5 乘"借算"1 得 5,加进 460,得 465.用 5 乘 465 得 2 325,从"实"中减去,没有余数,如图 14.于是得到 55 225 的平方根 235.

议得	2 3 5
实	
定法	4 6 5
借算	1

图 14

刘徽"注"阐明了上述开平方步骤的合理性.他用一个正方形的面积表示被开方数.设想正方形的一边为 $100a+10b+c$,a,b,c 是小于 10 的正整数.把正方形划分为七个部分,如图 15.黄甲代表 $10\,000a^2$,黄乙代表 $100b^2$,黄丙代表 c^2.两个朱幂是以 $100a$ 为长,$10b$ 为宽的长方形.两个青幂是以 $100a+10b$ 为长,c 为宽的长方形.两个朱幂和一个黄乙合起来的面积是 $(200a+10b)10b=(2\,000a+100b)b$.括号里的 $2\,000a$ 就是开方术里的第一个"定法".两个青幂和一个黄丙合起来的面积是 $(200a+20b+c)c$,括号里的 $200a+20b$ 就是开方术里的第二个"定法".黄甲+(两个朱幂+黄乙)+(两个青幂+黄丙)是原来正方形的面积,而 $10\,000a^2+(2\,000a+100b)b+(200a+20b+c)c$ 也确实等于 $(100a+10b+c)$ 的平方.

如果被开方数不是一个整数的平方,少广章原术说:"若开之不尽者为不可开,当以面命之."设 $A=a^2+r$,$r>0$."以面命之"就是说平方根的奇零分数是用 a 为分母,r 为分子的分数,就是 $\sqrt{A}=a+\dfrac{r}{a}$,这当然是不合理的.刘徽认为把 $a+\dfrac{r}{a}$ 平方起来,与 A 相差很大.他认为若是 $\sqrt{A}=a+\dfrac{r}{2a}$,分母 $2a$ 嫌小;若是 $\sqrt{A}=a+\dfrac{r}{2a+1}$,分母 $2a+1$ 嫌大.因此,刘徽提出把开方法继续下去,求出平方根的十进小数部分,得到平方根的精密度可以随意提高的近似值.这当然是最合理的.

被开方数是一个分数时,少广章有两种方法:

(1) $\sqrt{\dfrac{A}{B}}=\dfrac{\sqrt{A}}{\sqrt{B}}$;

(2) $\sqrt{\dfrac{A}{B}}=\dfrac{\sqrt{AB}}{B}$.

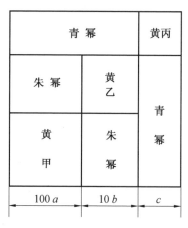

图 15

分母 B 开得尽时用式(1),开不尽时用式(2).

少广章开立方"术曰:置积为实.借一算,步之,超二等.议所得,以再乘所借一算为法,而除之.除已,三之为完法.复除,折而下.以三乘所得数置中行.复借一算置下行.步之,中超一,下超二位.复置议,以一乘中,再乘下,皆副,以加定法.以定法除.除已,倍下、并中从定法.复除,折下如前."

例如,少广章第 19 题,求 1 860 867 的立方根.就是求方程 $x^3 = 1\,860\,867$ 的正根.先布置算筹 1 860 867 为"实"."实"数下面保留两个空层,置"借算"1 于最下层.把这个"借算"1 从个位上移到千位上(超二等),再移到百万位上,如图 16.这个筹式相当于方程

$$1\,000\,000x_1^3 = 1\,860\,867$$

议得 $1 < x < 2$,置立方根的第一位数码 1 于"实"的百位的上面.以 1 乘 1 000 000 得 1 000 000,放在借算之上,称为"中行".再以 1 乘"中行"得 1 000 000,放在"中行"之上、"实"之下,称为"法".用 1 乘"法",得 1 000 000,从"实"内减去,余 860 867,如图 17.

```
实        1 8 6 0 8 6 7
法
中行
借算      1
```

图 16

```
议得                    1
实              8 6 0 8 6 7
法          1
中行        1
借算        1
```

图 17

用 3 乘"法"得 3 000 000,向右移一位,得 300 000 作为"定法".用 3 乘"中行",得 3 000 000,向右移二位,得 30 000.把"借算"向右移过三位,作 1 000.如图 18.这个筹式表示减根后的方程

$$1\,000x_2^3 + 30\,000x_2^2 + 300\,000x_2 = 860\,867$$

$$10x_2 = x - 100$$

再次议得 $x_2 > 2$.把立方根的第二位数码 2 放在"实"的十位的上面.用 2 乘"中行"得 60 000,另外放在"法"的右边.用 2 的平方乘"借算"得 4 000,另外放在"中行"的右边.再把这两个数加进"定法"得 364 000,作为"法".用 2 乘"法",得 728 000,从"实"860 867

内减去,余 132 867,如图 19.

议得			1			
实		8 6 0 8 6 7				
定法		3				
中行			3			
借算			1			

图 18

议得			1 2			
实		1 3 2 8 6 7				
定法		3 6 4			6	
中行			3			4
借算			1			

图 19

用 2 乘另外放的下面的数 4 000,得 8 000;用 1 乘另外放的上面的数 60 000,得 60 000;把这两个数加进"定法"364 000,得 432 000,向右边移一位,作 43 200,作为"定法".用 3×2 乘"借算"得 6 000,加进中行 30 000,得 36 000,向右边移二位作 360.把"借算"向右边移三位,回复到个位上,如图 20.这个筹式表示减根后的方程

$$x_3^3 + 360x_3^2 + 43\,200x_3 = 132\,867$$

$$x_3 = x - 120$$

再议得立方根的末位数码 $x_3 = 3$.把这个 3 放在"实"的个位的上面.用 3 乘"中行"360,得 1 080,用 3 的平方乘"借算"1 得 9,把这两个数加进"定法".43 200,得 44 289,作为"法".用 3 乘"法"44 289,得 132 867,从"实"中减去,恰好减尽,如图 21.这样,就得 1 860 867 的立方根 123.

议得			1 2			
实		1 3 2 8 6 7				
定法		4 3 2			6	
中行			3 6			8
借算				1		

图 20

议得			1 2 3		
实					
法		4 4 2 8 9			
中行			3 6		
借算				1	

图 21

刘徽用立体图形来说明这种开立方术是合理的.他在解释图 18 的筹式时,用立方体(图 22)的前面右上角的小立方体表示借算 $1\,000x_2^3 = (10x_2)^3$,称为"隅";用前上、右上和前右的三条正方柱体表示"中行"的 $3 \times 100 \times (10x_2)^2$,称为"廉";用前面、上面、右面的三块正方柱体表示"法"的 $3 \times 100^2 \times 10x_2$,称为"方".这七个立体的体积加起来就是从原来的立方体体积 1 860 867 减去 100^3 所余的 860 867.把这七个立体拆开来放平,它们的厚薄相等,都是 $10x_2$,所以可以合并成以 $10x_2$ 为高,以 $3 \times 100^2 + 3 \times 100 \times 10x_2 + (10x_2)^2$ 为底面积的柱体.因为

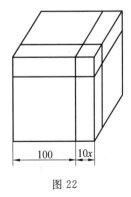

图 22

3×100^2 是底面积的主要部分,用它去除 860 867,可以得到 $10x_2$ 的近似值,所以 3×100^2 称为定法.议定立方根的首二位是 120 后,余下来的体积是 1 860 867 $- 120^3 = 132\,867$.这

余下的体积 132 867 也可看作一个"隅",三条"廉",三块"方"拼起来的立体.三块"方"的底面积是 $3 \times 120^2 = 43\ 200$,这是求立方根第三位数码的定法.这样,求得立方根第三位数码 3,从而得到的立方根是 123.

4 世纪希腊人泰恩(Theon)利用关系式 $(a+b)^2 = a^2 + 2ab + b^2$ 叙述了开平方的法则,但是他用的是六十进制的数字,所以计算比我国的繁杂.

1340 年普兰德求 $\sqrt{235}$ 时得出估计的平方根 15 以后,就令 $\sqrt{235} = 15 + \dfrac{235 - 225}{30} = 15\dfrac{1}{3}$,这就相当于 $\sqrt{a^2 + r} = a + \dfrac{r}{2a}$.

1546 年卡泰诺(Cataneo)的开平方法如下左,后来演变成如下右:

```
5 4 7 5 6 (234
4                    首位的倍数  4          2  3  4
―――                                    ――――――――――
1 4                  首二位的倍数 46        5'4 7'5 6
1 2                                       4
―――                          2×20=40 | 1  4  7
  2 7                               3
    9                              43 | 1  2  9
  ―――――                    43×20=460 | 1  8  5  6
  1 8 5                             4 | 1  8  5  6
  1 8 4                            ―――――――――――――
  ―――――                            464          0
    1 6
    1 6
    ―――
      0
```

1559 年布丢列出了一张数的立方表,他用公式

$$\sqrt[3]{a^3 + r} = a + \frac{r}{3a^2 + 3a}$$

求出立方根的近似值. 17 世纪的欧洲数学家开始用立方体分解成小块方柱体的方法,得出开立方的详细算法.仍用 $\sqrt[3]{1\ 860\ 867}$ 为例,立式如下:

```
                               1  2  3
                         ―――――――――――――――
                         1'8 6 0'8 6 7
                         1
  1²×300=300         |   8 6 0
  1×2×30=60
  2²=      4
  ―――――――――
       364         |   7 2 8
  12²×300=43 200   |   1 3 2 8 6 7
  12×3×30=1 080
  3²=        9
  ―――――――――――
      44 289       |   1 3 2 8 6 7
                   ―――――――――――――――
                                    0
```

四、商功

商功章收集的都是立体体积的问题.

商功章第 1 题:"今有穿地积一万尺,问为坚、壤各几何.""穿地"是挖土,"为壤"是堆起来的虚土,"为坚"是夯过的实土."术曰:穿地四,为壤五,为坚三",说明挖土、虚土、实土的体积的比率,这是结合工程实际的.在后面许多问题中还有按照季节每个工作日规定的土方数,用来计算某项工程的人工数量.

筑城墙、筑河堤、开沟渠等土方的计算,如果剖面都是相等的梯形,它的上、下底是 a

和 b,高或深是 h,工程一段的长是 l,那么这一段工程的土方是 $V=\frac{1}{2}(a+b)hl$.

正方形柱体叫"方保墙",设 a 为方边,h 为高,体积等于 a^2h.正圆柱体叫"圆保墙",设圆周是 p,则体积等于 $\frac{1}{12}p^2h$.这是圆周率取作 3 来计算的.实质上,这个公式相当于公式 $V=\pi r^2 h$.

"壍堵"(qiàn dǔ)是两个底面为直角三角形的正柱体.设底面直角三角形直角旁的两边是 a 和 b,壍堵的高是 h,它的体积是 $V=\frac{1}{2}abh$.

"阳马"是底面为长方形而有一棱与底面垂直的锥体.设底面长方形的两边为 a 和 b,阳马的高为 h,它的体积是 $V=\frac{1}{3}abh$.

"鳖臑"(biē nào)是底面为直角三角形而有一棱与底面垂直的锥体,它的体积是 $V=\frac{1}{6}abh$.

从刘徽的"注"中,明确这些体积公式是借助具体的模型给出证明的.把一个正立方体斜解开来,得到两个壍堵,如图 23.所以壍堵的体积是立方体体积的二分之一.再解开左边的壍堵,如图 24,得到一个阳马和一个鳖臑.阳马又可以对分为两个鳖臑.这三个鳖臑的体积是相等的.所以每个鳖臑的体积是立方体体积的六分之一,阳马的体积是立方体体积的三分之一.

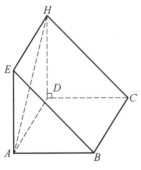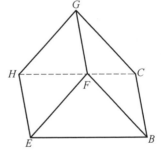

图 23

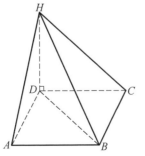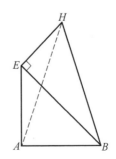

图 24

如果被分解的立体是一个长方柱体 $a \times b \times h$,同样可以分解成六个体积相等的鳖臑,每一个鳖臑的体积是 $\frac{1}{6}abh$. 两个鳖臑拼成一个阳马,体积是 $\frac{1}{3}abh$. 三个鳖臑拼成一个堑堵,体积是 $\frac{1}{2}abh$. 刘徽是用无限分割的方法证明这个推论的,这是他的创造①.

刘徽用了"同高的圆体与相应方体的体积之比等于它们的底面积之比"的假定,得到"圆锥""圆亭"的体积公式.

正方锥体叫"方锥",它的体积是 $\frac{1}{3}a^2h$. 正圆锥体叫"圆锥",它的体积是圆保墙的三分之一,即 $\frac{1}{36}p^2h$,相当于公式 $V = \frac{1}{3}\pi r^2 h$.

正方棱台体叫"方亭",如图 25. 设上方边为 a,下方边为 b,截高为 h,那么体积 $V = \frac{1}{3}(a^2 + b^2 + ab)h$. 方亭可以分解为一个正方柱体,四个堑堵和四个阳马. 所以体积

$$V = a^2h + 4 \times \frac{1}{2} \times \frac{b-a}{2}ah + 4 \times \frac{1}{3}\left(\frac{b-a}{2}\right)^2 h$$

$$= \frac{1}{3}\left[3a^2 + 3a(b-a) + (b-a)^2\right]h$$

$$= \frac{1}{3}(a^2 + b^2 + ab)h$$

从这又得内切圆亭的体积

$$V = \frac{1}{36}(p_1^2 + p_2^2 + p_1 p_2)h$$

式内 p_1, p_2 为上、下圆周的长,h 为截高. 这个公式相当于

$$V = \frac{1}{3}\pi(r_1^2 + r_2^2 + r_1 r_2)h$$

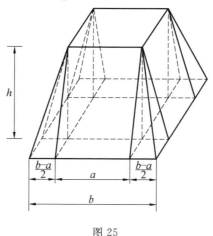

图 25

① 详见郭书春,刘徽的体积理论,科学史集刊(11),1984.

上、下底面都是长方形的棱台体叫"刍童". 设上、下底面为 $a_1 \times b_1$ 和 $a_2 \times b_2$, 截高为 h, 那么体积

$$V = \frac{1}{6}\left[(2a_1 + a_2)b_1 + (2a_2 + a_1)b_2\right]h$$

把刍童像方亭那样分解为一个长方柱体、四个堑堵和四个阳马, 如图 26

$$V = a_1 b_1 h + 2 \times \frac{1}{2}\left(\frac{b_2 - b_1}{2}\right)a_1 h + 2 \times \frac{1}{2}\left(\frac{a_2 - a_1}{2}\right)b_1 h +$$

$$4 \times \frac{1}{3}\left(\frac{b_2 - b_1}{2}\right)\left(\frac{a_2 - a_1}{2}\right)h$$

$$= \frac{1}{6}\left[6a_1 b_1 + 3(b_2 - b_1)a_1 + 3(a_2 - a_1)b_1 + 2(b_2 - b_1)(a_2 - a_1)\right]h$$

$$= \frac{1}{6}\left[(2a_1 + a_2)b_1 + (2a_2 + a_1)b_2\right]h$$

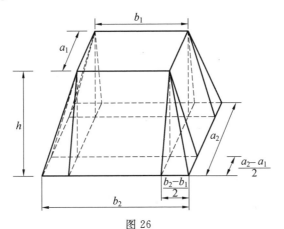

图 26

楔形体的三个侧面不是长方形而是梯形的叫作"羡除", 如图 27. 设一个梯形面的上、下广是 a, b, 高是 h, 其他两个梯形的公共边长 c, 边 c 到第一个梯形面的垂直距离是 l, 那么, 羡除的体积

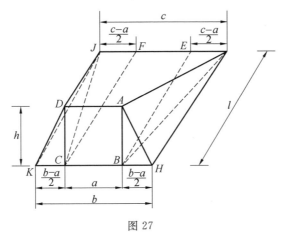

图 27

$$V = \frac{1}{6}(a+b+c)hl$$

把羡除分解成一个堑堵和四个鳖臑、堑堵 $ABCDFE$ 的体积是 $\frac{1}{2}ahl$,鳖臑 $ABGE$ 的体积是 $\frac{1}{6}\left(\frac{c-a}{2}\right)hl$, $ABHG$ 的体积是 $\frac{1}{6}\left(\frac{b-a}{2}\right)hl$. 所以

$$V = \frac{1}{2}ahl + 2 \times \frac{1}{6}\left(\frac{c-a}{2}\right)hl + 2 \times \frac{1}{6}\left(\frac{b-a}{2}\right)hl$$

$$= \left[\frac{1}{2}a + \frac{1}{6}(c-a) + \frac{1}{6}(b-a)\right]hl$$

$$= \frac{1}{6}(a+b+c)hl$$

五、盈不足

盈不足章第 1 题是:"今有(人)共买物,(每)人出八(钱)盈三(钱);(每)人出七(钱)不足四(钱),问人数、物价各几何." 盈不足术的原文是:"置所出率,盈、不足各居其下. 令维乘所出率,并以为实,并盈、不足为法.…… 置所出率,以少减多,余,以约法、实. 实为物价,法为人数.""维乘"就是交错相乘. 这第 1 题的算筹演算示意图如图 28.

所出率	8	7
盈、不足	3	4
维乘得	32	21
实	53	
法	7	

实 $= 8 \times 4 + 7 \times 3$
$= 32 + 21 = 53$
法 $= 3 + 4 = 7$
因为 $8 - 7 = 1$
所以 物价为 53 钱,
人数为 7.

图 28

设每人出钱 a_1,盈 b_1;每人出钱 a_2,不足 b_2; u 为人数, v 为物价;那么,按照术文可得下列二式

$$u = \frac{b_1 + b_2}{|a_1 - a_2|}, \quad v = \frac{a_2 b_1 + a_1 b_2}{|a_1 - a_2|}$$

刘徽"注"中说明如下

$$v = a_1 u - b_1$$
$$v = a_2 u + b_2$$

用 b_2 乘第一式,用 b_1 乘第二式,相加得

$$(b_2 + b_1)v = (b_2 a_1 + b_1 a_2)u$$

因而

$$\frac{v}{u} = \frac{b_2 a_1 + b_1 a_2}{b_2 + b_1}$$

又,二式相减,得

$$(a_1 - a_2)u - b_1 - b_2 = 0$$

所以

$$u = \frac{b_1 + b_2}{a_1 - a_2}$$

$$v = \frac{b_2 a_1 + b_1 a_2}{a_1 - a_2}$$

盈不足章中最初的四题里所设的盈数 b_1 和不足数 b_2 都是正数,这是正规的盈亏类问题.然后又有"两盈"一题($b_1 > 0, b_2 > 0$);"两不足"一题($b_1 < 0, b_2 < 0$);"盈适足"一题($b_1 > 0, b_2 = 0$);"不足适足"一题($b_1 = 0, b_2 < 0$).各题的解题术文分别做出了适当的修正.实际上,如果我们不规定 b_1, b_2 都是正数,那么这八个问题是可以一并处理,无须为后列的四题另列术文的.但亦于此可见,编写盈不足章问题的时候编写者还不知道利用负数的概念来简化解题的方法.

盈不足章的编写者认为一切算术问题都可以用盈不足术来解决,把盈不足术看成一种万能的算法.例如上述第1题:"人出八,盈三,人出七,不足四,"若问每人应平均出多少钱? 由盈不足术,可以算出代表物价的"实"和代表人数的"法".以"法"除"实"就得到每人平均应出的钱数

$$\frac{v}{u} = \frac{b_2 a_1 + b_1 a_2}{b_2 + b_1} = \frac{53}{7} = 7\frac{4}{7}$$

任何算术问题都有所求的答数.对于一个算术问题,我们任意假定一个数值作为它的答数,依题验算,如果算得的一个结果和题中表示这个结果的已知数相等,那么,我们所假定的数确实是问题的答数 —— 这是"猜"出来的.如果验算所得的结果和题中的已知数不相等,或者有余,或者不足,我们可以通过两次不同的假设,就把原来的问题改造成一个盈亏类的问题,用盈不足术就可解出所求的答数.

第13题:"今有醇酒一斗值钱五十,行酒一斗值钱一十.今将钱三十得酒二斗,问醇、行酒各得几何.""术曰:假令醇酒五升,行酒一斗五升,有余一十.令之醇酒二升,行酒一斗八升,不足二."就是说,假设醇有 5 升,那么行酒有 $20 - 5 = 15$ 升,共值钱 $5 \times 5 + 15 \times 1 = 40$,比题中的 30 钱多 10 钱.又假设醇酒有 2 升,那么行酒有 $20 - 2 = 18$ 升,共值钱 $2 \times 5 + 18 \times 1 = 28$,比30不足2钱.用盈不足术解题,得出醇酒有 $\frac{5 \times 2 + 2 \times 10}{2 + 10} = \frac{30}{12} = \frac{1}{2}$ 升,从而行酒有 $20 - 2\frac{1}{2} = 17\frac{1}{2}$ 升.

第15题:"今有漆三得油四,油四和漆五.今有漆三斗,欲令分以易油,还自和余漆,问出漆、得油,和漆各几何." 这是说:三升漆可以换得四升油,用四升油可以调和五升漆.现在要在三斗的漆中拿出一部分漆来去换油,用换得的油去调和三斗中余下的漆,问应该拿出多少漆,能换得多少油,能调和多少漆."术曰,假令出漆九升,不足六升;令之出漆一斗二升,有余二升." 这是说,如果在三斗漆中取出漆 9 升,那么余漆 21 升.9 升漆可换得油 12 升,12 升油可调和 15 升漆,就有 $21 - 15 = 6$ 升漆无油可和,就是"不足 6 升".如果 3 斗漆中取出漆 12 升,那么余漆 18 升,12 升漆可换得油 15 升,15 升油可调和 20 升

漆,就比余漆多 $20-18=2$ 升.用盈不足术,算得应该拿出漆 $\dfrac{a_1b_2+a_2b_1}{b_1+b_2}=$

$\dfrac{9\times2+12\times6}{2+6}=\dfrac{90}{8}=11\dfrac{1}{4}$(升).$11\dfrac{1}{4}$ 升漆可换得油 15 升,15 升油可调和漆 $18\dfrac{3}{4}$ 升.

用代数方法解题时,我们假设 x 为所求的数,依照题意列出一个方程 $f(x)=0$,解这个方程就得出 x 所代表的数量.古代人不知道怎样立方程,无法直接解题;但是对于一个 x 的任意值是会求出 $f(x)$ 的对应值的.因此,通过两次假设,算出 $f(a_1)=b_1$, $f(a_2)=-b_2$ 之后,就可用盈不足术得出

$$x=\frac{a_1b_2+a_2b_1}{b_1+b_2}=\frac{a_2f(a_1)-a_1f(a_2)}{f(a_1)-f(a_2)}$$

当 $f(x)=0$ 是一次方程时,解得的 x 值是正确的.当 $f(x)=0$ 不是一次方程时,右边所得的数值是 x 的一个近似值.设 $f(x)$ 是一个在区间 $a_1\leqslant x\leqslant a_2$ 上的单调连续函数, $f(a_1)=b_1$,$f(a_2)=-b_2$,正、负相反,那么,$f(x)=0$ 在 a_1,a_2 间的实根约等于

$$\frac{a_2f(a_1)-a_1f(a_2)}{f(a_1)-f(a_2)}=a_2+\frac{(a_2-a_1)f(a_2)}{f(a_1)-f(a_2)}$$

$$=a_1+\frac{(a_2-a_1)f(a_1)}{f(a_1)-f(a_2)}$$

这个公式所表示的 x 近似值是经过 (a_1,b_1) 和 $(a_2,-b_2)$ 的直线在 OX 轴上的截距,它和曲线 $y=f(x)$ 在 OX 轴上的截距相差很小的.这就是现在某些教科书中所称的"弦位法"和"假借法".它的本源就是中国的盈不足术.

盈不足术传到阿拉伯国家后,被称为"契丹算法",就是中国算法的意思.1202 年斐波那契(Fibonacci)的算术书里介绍这种算法时称它为 alchataym 还是"契丹算法"的意思,又称它为 regula augmenti et decrementi,就是"盈"和"不足"法则的意思.由于用盈不足术解题时要通过两次假设,所以在欧洲各国的算术书中后来都称它为"假借法"(regula falsi,reghel der valsches positien,rule of false position).16,17 世纪的时候,欧洲人的代数还没有发展到充分利用符号的阶段,这种万能的算法便长期地统治了他们的数学王国.详见钱宝琮《〈九章算术〉盈不足术流传欧洲考》(1927).

六、方程

方程章中的"方程"是指"联立的一次方程组".这一章里有十八个联立一次方程组的问题,其中有二元的八题,三元的六题,四元的二题,五元的一题,六元的但只有五个方程的不定方程组一题.

方程章的第 1 题是:"今有上禾三秉,中禾二秉,下禾一秉,实三十九斗;上禾二秉,中禾三秉,下禾一秉,实三十四斗;上禾一秉,中禾二秉,下禾三秉,实二十六斗.问上、中、下禾实一秉各几何.答曰:上禾一秉,九斗四分斗之一;中禾一秉,四斗四分斗之一;下禾一秉,二斗四分斗之三."

"禾"是黍米,一"秉"是一捆,"实"是打下来的黍米谷子."九斗四分斗之一"是九又

四分之一斗.秦汉时期一"斗"的容量大约相当于现代的二升.

设 x,y,z 依次为上、中、下禾各一秉的谷子的"斗"数,那么,可得方程组

$$3x+2y+z=39 \tag{1}$$
$$2x+3y+z=34 \tag{2}$$
$$x+2y+3z=26 \tag{3}$$

古时用算筹布置,得如图 29.各行由上到下列出的算筹表示 x,y,z 的系数和常数项.魏晋时代(3 世纪)刘徽的"注"说,"程,课程也.群物总杂各列有数,总言其实,令每行为率.二物者再程,三物者三程,皆如物数程之,并列为行,故谓之方程."这里,"行"就是一个等式,"令每行为率"就是按题意建立等式,此题有三行,即有三个等式."如物数程之",就是说,有几个未知数,须列出几个等式.这样,方程组各项未知数的系数和常数项用算筹布置时有如方阵,所以叫作"方程".

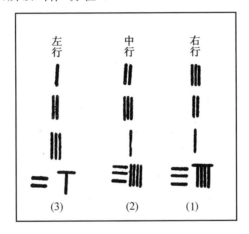

图 29

依照《九章算术》的方程术,此题演算如下:

以式(1)内 x 的系数 3 遍乘式(2)各项,得

$$6x+9y+3z=102 \tag{4}$$

从式(4)内"直除"式(1),也就是式(4)的各项减去式(1)的各对应项,这里要减两次,得

$$5y+z=24 \tag{5}$$

刘徽"注"解释了"直除"的正确性,他说,"举率以相减,不害余数之课也."就是说,从一个等式的两端,减去另一个等式的两端,所得的结果仍是相等的,也就是得到了原来方程组的同解方程组.

以式(1)内 x 的系数 3 遍乘式(3)各项,得

$$3x+6y+9z=78 \tag{6}$$

从式(6)内"直除"式(1),得

$$4y+8z=39 \tag{7}$$

用算筹来演算,得结果如图 30.

其次,以式(5)内 y 的系数 5 遍乘式(7)各项,得

$$20y + 40z = 195 \tag{8}$$

从式(8)内"直除"式(5),这里要减四次,得

$$36z = 99 \tag{9}$$

以 9 约式(9)的两端,得

$$4z = 11 \tag{10}$$

筹式如图 31.

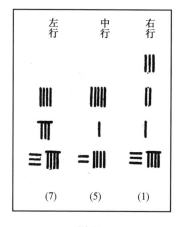

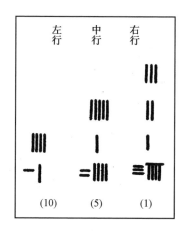

图 30　　　　　　　　　图 31

在图 31 里,左行的未知数项只剩一项,以 4 除 11,即得 $z = 2\frac{3}{4}$ 斗.

求 x 和 y,仍用"遍乘直除"的方法.式(10)内 z 的系数 4 遍乘式(5)各项,得

$$20y + 4z = 96$$

"直除"式(10),得

$$20y = 85$$

以 5 约两端,得

$$4y = 17 \tag{11}$$

以式(10)内 z 的系数 4 遍乘式(1),得

$$12x + 8y + 4z = 156$$

"直除"式(10),得

$$12x + 8y = 145$$

再"直除"式(11),这里要减二次,得

$$12x = 111$$

以 3 约两端,得

$$4x = 37 \tag{12}$$

筹式如图 32.从式(10),(11),(12)计算,得

$$x = 9\frac{1}{4}, y = 4\frac{1}{4}, z = 2\frac{3}{4}$$

如果我们把上述的四个筹算图式写成矩阵的形式,就是

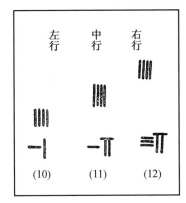

图 32

$$\begin{bmatrix} 1 & 2 & 3 \\ 2 & 3 & 2 \\ 3 & 1 & 1 \\ 26 & 34 & 39 \end{bmatrix}, \begin{bmatrix} 0 & 0 & 3 \\ 4 & 5 & 2 \\ 8 & 1 & 1 \\ 39 & 24 & 39 \end{bmatrix}, \begin{bmatrix} 0 & 0 & 3 \\ 0 & 5 & 2 \\ 4 & 1 & 1 \\ 11 & 24 & 39 \end{bmatrix}, \begin{bmatrix} 0 & 0 & 4 \\ 0 & 4 & 0 \\ 4 & 0 & 0 \\ 11 & 17 & 37 \end{bmatrix}$$

可见,利用"直除"法的方程术实际上就是一种关于矩阵的计算.

我们知道了《九章算术》里"直除"法的方程术,必然地会想到下面的两点:

(1)用"直除"法消元,可能有减数大于被减数的情况,这就有负数的出现;

(2)"方程"的每一行都是由"群物总杂"组成的等式,其中可能有相反意义的系数,因而引出正、负数的概念.

因此,《九章算术·方程》里提出了正、负数的不同表示法,以及正负数的加减法则.

第 3 题的刘徽"注"说,"今两算得失相反,要令正负以名之. 正算赤,负算黑. 否则以邪正为异." 就是说,用红色的算筹表示正数,用黑色的算筹表示负数. 否则,在布置算筹时用正列的算筹表示正数,用一筹斜放在算筹之上表示负数.

例如第 4 题:"今有上禾五秉,损实一斗一升,当下禾七秉. 上禾七秉,损实二斗五升,当下禾五秉. 问上、下禾实一秉各几何?

答曰:上禾一秉五升,下禾一秉二升.

术曰:如方程,置上禾五秉正,下禾七秉负,损实一斗一升正. …… 次置上禾七秉正,下禾五秉负,损实二斗五升正. 以正负术入之."

筹算图如图 33:

设 x,y 为上、下禾各一秉的实的升数,我们有方程组

$$5x - 7y = 11$$
$$7x - 5y = 25$$

图 33

《九章算术》正负术的原文是:"同名相除,异名相益. 正无入负之,负无入正之. 其异名相除,同名相益. 正无入正之,负无入正之. 其异名相除,同名相益. 正无入正之,负无入负之." 这是正、负数加、减法则的条文."同名""异名"就是现在所谓的同号、异号.

条文的前四句是讲正、负数减法的:

(1)"同名相除"是说,同号两数相减,那么绝对值的差是余数的绝对值.

设

$$a > b \geqslant 0, a = b + (a - b)$$

则

$$a - b = [b + (a - b)] - b = +(a - b)$$
$$(-a) - (-b) = [-b - (a - b)] - (-b) = -(a - b)$$

(2)"异名相益"是说,异号两数相减,那么绝对值之和是余数的绝对值,即

$$a - (-b) = a + b$$
$$(-a) - (+b) = -(a + b)$$

(3)"正无入负之"是说,减去的数是正数而大于被减数时,那么余数得负号.

设

$$b > a \geqslant 0, b = a + (b - a)$$

则

$$a - b = a - [a + (b - a)] = -(b - a)$$

在中间的式子里 a 和 a 对消,$+(b - a)$ 无可对消,改为负号.

(4)"负无入正之"是说,减去的数是负数而小于被减数时,那么余数得正号

$$-a - (-b) = -a - [-a - (b - a)] = +(b - a)$$

在中间的式子里,$-a$ 和 $-a$ 对消,$-(b - a)$ 无可对消,改为正号.

条文的后四句是讲正、负数加法的.

(5)"异名相除"是说,异号两数相加,那么和数的绝对值等于二绝对值的差.

当 $a > b \geqslant 0$ 时,$a + (-b) = [b + (a - b)] + (-b) = a - b$;

当 $b > a \geqslant 0$ 时,$(-a) + b = -a + [a + (b - a)] = b - a$.

(6)"同名相益"是说,同号两数相加 ,那么和数的绝对值等于二绝对值的和

$$a + b = a + b$$
$$(-a) + (-b) = -(a + b)$$

(7)"正无入正之"是说,异号两数相加,其中正数的绝对值较大时,那么,和数取正号.

当 $a > b \geqslant 0$ 时,$a + (-b) = a - b$.

(8)"负无入负之"是说,异号两数相加,其中负数的绝对值较大时,那么,和数取负号.

当 $b > a \geqslant 0$ 时,$a + (-b) = a + [-a - (b - a)] = -(b - a)$.

有了这"正、负术",即正、负数加减法则以后,任何一次方程组的问题都可用"直除"法解答了.

在"直除"法的基础上,刘徽注中创立了"互乘相消法".方程章第 7 题:"今有牛五、羊二,直金十两.牛二、羊五直金八两.问牛羊各直金几何?答曰:牛一,直金一两、二十一分两之十三,羊一,直金二十一分两之二十."术曰:如方程.(就是用算筹布置未知数的系

[]

数和常数项.)"假令为同齐,头位为牛,当相乘左右行定."设 x 为牛值,y 为羊值,立出方程组

$$5x + 2y = 10 \qquad （右行）$$
$$2x + 5y = 8 \qquad （左行）$$

更置右行

$$10x + 4y = 20$$

左行

$$10x + 25y = 40$$

"牛数等同,金多二十两者,羊差二十一使之然也."相减,"惟羊与直金之数见,可得而知也."就是相减得 $21y = 20$,从而求得羊值.如用同法消去 y,即得牛值.

第 9 题:"今有五雀、六燕,集称之衡,雀俱重,燕俱轻.一雀一燕交而处,衡适平.并燕雀重一斤.问燕、雀一枚各重几何?答曰:雀重一两、一十九分两之十三,燕重一两、一十九分两之五.""术曰:如方程,交易质之,各重八两."设雀重 x 两,燕重 y 两."并燕雀重一斤",1 斤 $= 16$ 两,即

$$5x + 6y = 16 \qquad\qquad (1)$$

"一雀一燕交而处,衡适平",就是用一雀与一燕交换,结果都是八两

$$4x + y = 5y + x(=8) \qquad\qquad (2)$$

由式(2),得

$$3x = 4y$$

即

$$3x - 4y = 0 \qquad\qquad (3)$$

由(1)与(3),用"互乘相消法"可得燕、雀的重.刘徽说:"三雀四燕重相当,雀率重四,燕率重三也."因此,这题也可用比例分配(衰分法)求解的.

方程章第 13 题"五家共井"问题是世界数学史中最早的不定方程问题.原文是:"今有五家共井,甲二绠不足,如乙一绠;乙三绠不足,如丙一绠;丙四绠不足,如丁一绠;丁五绠不足,如戊一绠;戊六绠不足,如甲一绠.如各得所不足一绠,皆逮.问井深、绠长各几何.答曰:井深七丈二尺一寸.甲绠长二丈六尺五寸,乙绠长一丈九尺一寸,丙绠长一丈四尺八寸,丁绠长一丈二尺九寸,戊绠长七尺六寸.术曰:如方程,以正负术入之."

"绠"是汲水用的绳子.设甲、乙、丙、丁、戊五家的绳子的长顺次为 x, y, z, u, v 寸,井深为 w 寸,就得下述方程

$$2x + y \qquad\qquad = w \qquad\qquad (1)$$
$$3y + z \qquad\quad = w \qquad\qquad (2)$$
$$4z + u \quad\; = w \qquad\qquad (3)$$
$$5u + v = w \qquad\qquad (4)$$
$$x \qquad\qquad + 6v = w \qquad\qquad (5)$$

六个未知数,但只有五个方程式.

用"互乘相消法",演算如下:

式(5)×2−(1)
$$-y \qquad +12v=w \tag{6}$$
式(6)×3+(2)
$$z \qquad +36v=4w \tag{7}$$
式(7)×4−(3)
$$-u+144v=15w \tag{8}$$
式(8)×5+(4)
$$721v=76w \tag{9}$$
得
$$w:v=721:76 \tag{10}$$
式$[(4)×721−(9)]÷5$,得
$$721u=129w \tag{11}$$
即
$$w:u=721:129 \tag{12}$$
式$[(3)×721−(11)]÷4$,得
$$721z=148w \tag{13}$$
即
$$w:z=721:148 \tag{14}$$
式$[(2)×721−(13)]÷3$,得
$$721y=191w \tag{15}$$
即
$$w:y=721:191 \tag{16}$$
式$[(1)×721−(15)]÷2$,得
$$721x=265w \tag{17}$$
得
$$w:x=721:265 \tag{18}$$

由式(10),(12),(14),(16),(18)得
$$w:x:y:z:u:v=721:265:191:148:129:76$$

刘徽察觉了这个题不能求出确切的答案,只能求出未知数之间的比率,所以说"举率以言之".

刘徽觉得"互乘相消法"演算相当复杂,他又另立"新术"."新术"是:"令左右行相减先去下实(常数项),又转去物位(未知量项),求其一行二物正负相借者易其相当之率. 又令二物与他行互相去取,转其二物相借之数即皆相当之率也. 各据二物相当之率对易其数,即各当之率也." 现在仍用"五家共井"一题为例,阐明刘徽的"新术".

由式(1)=(2),得
$$2x=2y+z \tag{19}$$
由式(2)=(3),得

$$3y = 3z + u \qquad (20)$$

由式(3)=(4),得

$$4z = 4u + v \qquad (21)$$

由式(4)=(5),得

$$5u = 5v + x \qquad (22)$$

由式(5)=(1),得

$$6v = x + y \qquad (23)$$

由式(19),(20),消去 y,得

$$6x = 9z + 2u \qquad (24)$$

由式(21),得

$$v = 4z - 4u$$

代入式(22),得

$$5u = 5(4z - 4u) + x$$

所以

$$x = 25u - 20z \qquad (25)$$

以式(25)代入(24),得

$$148u = 129z$$

即

$$\frac{u}{z} = \frac{129}{148} \qquad (26)$$

将式(26)代入(21),得

$$\frac{v}{z} = \frac{76}{148} \qquad (27)$$

将式(26)代入(20),得

$$\frac{y}{z} = \frac{191}{148} \qquad (28)$$

将式(28)代入(19),得

$$\frac{x}{z} = \frac{265}{148} \qquad (29)$$

将式(26)代入(8),得

$$\frac{w}{z} = \frac{721}{148} \qquad (30)$$

于是得

$$\frac{w}{z} : \frac{x}{z} : \frac{y}{z} : \frac{z}{z} : \frac{u}{z} : \frac{v}{z}$$

$$= \frac{721}{148} : \frac{265}{148} : \frac{191}{148} : \frac{148}{148} : \frac{129}{148} : \frac{76}{148}$$

这就是

$$w : x : y : z : u : v = 721 : 265 : 191 : 148 : 129 : 76$$

综上所述,可知《九章算术》方程章的内容是极为丰富的.“直除法”“互乘相消法”与现在中学代数教科书中的加、减消元法是相同的;“新术”相当于在已经求出一个未知数的答数后,用“代入法”求其他未知数的方法.方程章给出了正负数的加、减法则.对正负数的乘、除法则,虽然没有明文规定,但是在解题过程中必然会得出“同名相乘得正,异名相乘得负”的结论.所以,“方程”章标题下有“以御错糅(róu)正负”的一句话,就是说,方程章是处理正负数混杂的问题的.

现在,介绍一些国外数学家在研究正负数、方程组以及不定方程等方面的史料.

1. 关于正负数

3 世纪希腊人丢番图(Diophantus)的《算术》里第一次出现了负数,说方程 $4x+20=4$ 是荒谬的,因为由它得出 $x=-4$,足见丢番图对负数没有起码的认识.那时的希腊人是知道 $(a-b)^2$,$(a+b)(a-b)$ 的几何意义的,虽然不承认负数,但是知道 $(-b) \cdot (-b)$ 和 $(+b)(-b)$ 的运算结果的.

印度人婆罗笈多的著作(628)中明确提出正数和负数,亦有正负数的加减法则.英国学者李约瑟(Joseph Needham)说,“最早出现在中国(前 1 世纪)的负数,在印度直到梵藏(Brahmagupta)的时代才得到运算.”梵藏就是婆罗笈多.

850 年,阿拉伯人花拉子密(al-Khowarizmi)的著作里面才有正、负数.

意大利比萨(Pisa)城的利翁拿多(Leonardo,此人又名 Fibonacci,意即 Bonaccio 的儿子)1225 年的著作中处理一个盈亏问题时得到了负数解,他说负数解表示亏额.1484 年丘凯(Chuquet)的问题集里,给出一个方程的解是“$\tilde{m}.7.\frac{3}{11}$”和“$27.\frac{3}{11}$”就是 $-7\frac{3}{11}$ 和 $27\frac{3}{11}$.

卡丹(G. V Cardano)在《大法》(Ars Magna,1545)里承认方程的负数解,并且给出了正负数的运算法则.

德国人施蒂费尔(M. Stifel,1486—1567)1544 年明确指出负数小于零并且阐明了负数的意义.

意大利人邦别利(Bombelli)1572 年给出了正负数的运算法则,应用这些法则处理了 $(+15)+(-20)=-5$ 一类的问题.

由于韦达(Vieta,1540—1603)、哈里奥特(Harriot,1560—1621)、费马(Fermat,1601—1665)、笛卡儿(Descartes,1596—1650)、胡德(Hudde,1633—1704)等人的研究和影响,人们对负数有了完整的认识.只用一个文字,前面不附符号,代表正数或负数,这可能是胡德(1659)首创的.

2. 关于一次方程组和不定方程

在英国博物馆里保藏着公元前 2000 年的埃及数学著作,就是被称为林德抄本(Rhind Papyrus)的著作,其中有代数方程的问题.这些代数方程是用“假设法”解的;就是先对未知数假定一值,经过修正再得出真解.例如,林德抄本里的一题:“五个人分 100 个面包,五人所得数成等差数列,前面三人所得之和的七分之一等于后二人所得之和.”设各所得数为 $a+4d,a+3d,a+2d,a+d,a$,那么

$$3a + 9d = 7(2a + d)$$

$$d = 5\frac{1}{2}a$$

作者不给解释,就令差 d 等于 $5\frac{1}{2}$,于是 $a = 1$,从而得到 $23, 17\frac{1}{2}, 12, 6\frac{1}{2}, 1$. 这五数之和为 60,而 100 是 60 的 $1\frac{2}{3}$ 倍. 于是,各数乘以 $1\frac{2}{3}$,最后得到 $38\frac{1}{3}, 29\frac{1}{6}, 20, 10\frac{5}{6}$, $1\frac{2}{3}$.

又如,在柏林的抄本(Berlin Papyrus)里有一题:"两个正方形的面积之和为 100,一个正方形的边长为另一个正方形的边长的四分之三." 就是

$$x^2 + y^2 = 100, \quad y = \frac{3}{4}x$$

作者先令 $x = 1$,于是 $x^2 + y^2$ 等于 $\frac{25}{16}$,为了要使 $x^2 + y^2$ 等于 100, $\frac{25}{16}$ 必须乘以 64 即 8^2. 因此,x 的值是 1 的 8 倍,就是:x 等于 8.

5 世纪梅特多鲁斯(Metrodorus)编写的《希腊问题集》(Greek Anthology)里有简单的一元一次方程,有用消元法解的二元一次方程组,还有三元一次的方程组

$$x = y + \frac{1}{3}z, \quad y = z + \frac{1}{3}x, \quad z = 10 + \frac{1}{3}y$$

四元一次的方程组

$$x + y = 40, \quad x + z = 45, \quad x + u = 36, \quad x + y + z + u = 60$$

325 年希腊人亚姆利库(Iamblichus)引证了公元前 4 世纪塞马力达斯(Thymaridas)解多元一次方程组的方法. 方法原是用文字叙述的,实质上表示如下:设 $x, x_1, x_2, \cdots, x_{n-1}$ 是未知数,方程组

$$x + x_1 + x_2 + \cdots + x_{n-1} = s$$

$$x + x_1 = a_1$$

$$x + x_2 = a_2$$

$$\vdots$$

$$x + x_{n-1} = a_{n-1}$$

的解是

$$x = \frac{(a_1 + a_2 + \cdots + a_{n-1}) - s}{n - 2}$$

从而再可求出 $x_1, x_2, \cdots, x_{n-1}$ 诸值.

亚姆利库运用这个方法去解下述四个未知数、三个方程的不定方程组

$$x + y = a(z + u)$$

$$x + z = b(u + y)$$

$$x + u = c(y + z)$$

从这三个方程,得

$$x + y + z + u = (a+1)(z+u) = (b+1)(u+y) = (c+1)(y+z)$$

设 x, y, z, u 都是整数,那么 $x+y+z+u$ 必有因数 $a+1, b+1, c+1$. 设 L 是 $a+1$, $b+1, c+1$ 的最小公倍数,那么可置 $x+y+z+u=L$. 于是,由上述方程,可得

$$x + y = \frac{a}{a+1}L$$

$$x + z = \frac{b}{b+1}L$$

$$x + u = \frac{c}{c+1}L$$

$$x + y + z + u = L$$

这样,就可以运用塞马力达斯的方法解这个方程组. 因为未知数个数和方程的个数都是 $4, n-2$ 为 2,所以

$$x = \frac{L\left(\dfrac{a}{a+1} + \dfrac{b}{b+1} + \dfrac{c}{c+1}\right) - L}{2}$$

从而再可求出 y, z, u 诸值.

分子是整数,但也可能是奇数的;为了使 x 为整数,可置 $x+y+z+u=2L$. 亚姆利库说,当 $a=2, b=3, c=4$ 时,L 为 $3 \times 4 \times 5 = 60$,x 的表达式的分子是 $133-60$,即 73 乃一奇数. 他就用 $2L$ 或 120 代替 L,因此得 $x=73, y=7, z=17, u=23$.

亚姆利库还解了下列方程组

$$x + y = \frac{3}{2}(z+u)$$

$$x + z = \frac{4}{3}(u+y)$$

$$x + u = \frac{5}{4}(y+z)$$

由此得

$$x + y + z + u = \frac{3}{2}(z+u) = \frac{7}{3}(u+y) = \frac{9}{4}(y+z)$$

因此得

$$x + y + z + u = \frac{5}{3}(x+y) = \frac{7}{4}(x+z) = \frac{9}{5}(x+u)$$

此时,取 $5, 7, 9$ 的最小公倍数 315 为 L,置

$$x + y + z + u = L = 315$$

即

$$x + y = \frac{3}{5}L = 189$$

$$x + z = \frac{4}{7}L = 180$$

$$x + u = \frac{5}{9}L = 175$$

因此

$$x = \frac{544 - 315}{2} = \frac{229}{2}$$

因为, x 必须是整数,取 $2L$ 即 630 代替 L(即 315),结果得 $x = 229, y = 149, z = 131$, $u = 121$.

梅特多鲁斯的《希腊问题集》里有两个一次的不定方程(组),它们的解答是无限多组的正整数.一个问题是分苹果的问题:苹果数是 3 的倍数,苹果分为两堆,满足方程 $x - 3 = y$,其中 y 不小于 2.另一问题是关于三个方程、四个未知数的

$$x + y = x_1 + y_1$$
$$x = 2y_1$$
$$x_1 = 3y$$

它的一般解是 $x = 4k, y = k, x_1 = 3k, y_1 = 2k$. 在 275 年丢番图的著作里,上述方程是作为一个一般方程来解的.令 $x + y = x_1 + y_1 = 100$,得出 x, y, x_1, y_1 的确定的值.

在 12 世纪印度人婆什迦罗(Bhāskara)的著作中可知印度人是用颜色的名称"黑""蓝""黄""红"等表示不同的未知数的.他们把未知数的系数写在表示颜色的名称的缩写字的右边;遇到负项,就在系数的上方加注一个点子.例如

　　　　yā　5　　kā　8　　nī　7　　rū　90
　　　　yā　7　　kā　9　　nī　6　　rū　62

表示　　$5x + 8y + 7z + 90 = 7x + 9y + 6z + 62$

而　　　$\dfrac{kā\ i\ nī\ 1\ rū\ 28}{yā2}$

表示　　$-y + z + 28 = 2x$

1559 年布丢算术书中有多元一次方程组的系统的解法.书中用大写的字母表示未知数,例如他用

$$1A, \frac{1}{2}B, \frac{1}{2}C \quad [17$$

$$1B, \frac{1}{3}A, \frac{1}{3}C \quad [17$$

$$1C, \frac{1}{4}B, \frac{1}{4}A \quad [17$$

表示 $x + \dfrac{1}{2}y + \dfrac{1}{2}z = 17$ 等.分数系数化成整数以后,布丢的写法稍有改变,把表示加号的逗号改成了句号,变成

$$2A \cdot 1B \cdot 1C \quad [34$$
$$1A \cdot 3B \cdot 1C \quad [51$$
$$1A \cdot 1B \cdot 4C \quad [68$$

然后进行消元解题.

1590 年,韦达(1540—1603)用 $a, b, c, \cdots$ 表示未知数.

1637 年,笛卡儿用 $x, y, z, \cdots$ 表示未知数.

稍后，就有了用文字表示变量系数的多项式以及所谓文字方程．牛顿(lsaac Newton，1642—1727)1707 年的著作《综合算术》(*Arithmetica Universalis*) 中就有不少文字方程的问题．1728年，此书的英文第二版里有这样的问题："如果 a 只牛在时间 c 内吃完草地 b 的牧草，d 只牛在时间 f 内吃完牧场 e 的牧草；草的增长率是不变的；问多少牛在时间 h 内吃完牧场 g 的牧草？"

七、句股

勾股章有 24 个问题的解法．设勾股形直角旁的两边为勾 a 和股 b，斜边为弦 c，西汉时期的《周髀算经》里已有勾股定理：$a^2 + b^2 = c^2$．勾股章里就是根据勾股定理导出几个关于勾、股、弦的关系式用来解决日常生活中的几何问题，也有利用相似句股形对应边成比例的原理来解决一些测量问题的．

第 6 题："今有池方一丈，葭生其中央，出水一尺，引葭赴岸，适与岸齐．问水深葭长各几何．"

图 34，在句股形 ABC 内，已知 $a = 5$(尺)，$c - b = 1$(尺)．因为 $AD = AB$，所以有
$$[b + (c - b)]^2 = a^2 + b^2$$
由此，得
$$b = \frac{a^2 - (c - b)^2}{2(c - b)}$$
因此 $b = 12$(尺)，$c = 13$(尺)．

第 9 题："今有圆材埋在壁中不知大小．以锯锯之，深一寸，锯道长一尺，问径几何．"

图 35，在句股形 ABC 内，已知 $a = 5$(寸)，$c - b = 1$(寸)．利用恒等式 $c + b = \frac{a^2}{c - b}$，得出 $c + b = 25$ 寸，因此圆材的直径 $2c = 25 + 1 = 26$(寸)．

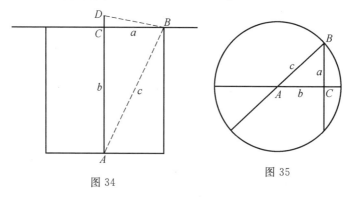

图 34   图 35

第 11 题："今有户，高多于广六尺八寸，两隅相去适一丈．问户高、广各几何．"

已知 $b - a = 68$(寸)，$c = 100$(寸)(图 36)．

因为
$$a^2 + b^2 = c^2, (b + a)^2 + (b - a)^2 = 2c^2$$

得

$$b+a=\sqrt{2c^2-(b-a)^2}=\sqrt{2\times100^2-68^2}$$
$$=\sqrt{15\ 376}=124$$

因而得 $b=96$(寸)$,a=28$(寸).

第 12 题:"今有户不知高、广,竿不知长短. 横之不出四尺,从之不出二尺,邪之适出. 问户高、广、邪各几何."

已知 $c-a=4$(尺)$,c-b=2$(尺). 因为

$$(c-a)(c-b)=c^2-ac-bc+ab$$
$$2(c-a)(c-b)=2c^2-2ac-2bc+2ab$$
$$=a^2+b^2+c^2-2ac-2bc+2ab$$
$$=(a+b-c)^2$$

所以

$$a+b-c=\sqrt{2(c-a)(c-b)}=4(尺)$$
$$a=6(尺),b=8(尺),c=10(尺)$$

第 17 题:"今有邑方二百步,各中开门. 出东门十五步有木,问出南门几何步而见木." 如图 37,已知 $AC=AD=100$ 步$,CB=15$ 步,求 DE.

由相似句股形,可知

$$DE=\frac{AC\times AD}{CB}=\frac{100\times100}{15}=666\frac{2}{3}(步)$$

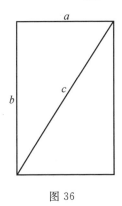

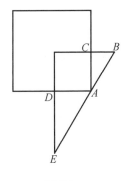

图 36   图 37

第 23 题:"有山居木西,不知其高. 山去木五十三里,木高九丈五尺. 人立木东三里,望木末适与山峰斜平. 人目高七尺,问山高几何." 如图 38,已知 $RB=53$(里)$,EB=95$(尺)$,ED=CA=3$(里)$,DA=7$(尺). 求 TP.

因为

$$CB=95-7=88(尺)$$

所以

$$TP=RP+EB$$

$$= \frac{CB \times RB}{CA} + EB$$

$$= \frac{88 \times 53}{3} + 95 = 1\ 649\ \frac{2}{3}(尺)$$

第20题:"今有邑方不知大小,各中开门,出北门二十步有木,出南门十四步,折西行一千七百七十五步见木,问邑方几何."

如图39,已知 $CB = 20$(步), $FE = 14$(步), $ED = 1\ 775$(步),求 FC.

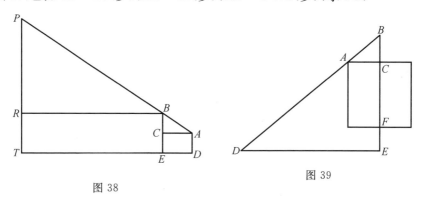

图38   图39

因

$$CB \cdot ED = CA \cdot EB$$

$$= \frac{1}{2}FC(FE + FC + CB)$$

所以

$$FC(14 + FC + 20) = 2 \times 20 \times 1\ 775$$

设 $FC = x$(步),就有方程

$$x^2 + 34x = 71\ 000$$

式内 x 的系数34称为"从法",常数项71 000是"实".解这样的二次方程称为"带从开方法".一般可以按少广章"开方术"中求平方根的第二位或第三位数码时的方法,求得 $x^2 + 34x = 71\ 000$ 的正根 $x = 250$,因此得"邑方"$x = 250$(步).筹算布置可如表1.

表1

议得			2	2
实	71 000	71 000	71 000	24 200
法			20 000	40 000
从法	34	3 400	3 400	3 400
借算	1	10 000	10 000	10 000
议得	2	2	25	25
实	24 200	24 200	1 700	
法	4 000　5	4 500　5	4 500　5	4 500
从法	340	340	340	340
借算	100	100	100	100

说明

$$71\ 000 - 200^2 - 200 \times 34 = 24\ 200$$
$$24\ 200 - (2 \times 200 + 50) \times 50 = 1\ 700$$
$$1\ 700 - 34 \times 50 = 0$$

第 14 题:"今有二人同所立. 甲行率七,乙行率三. 乙东行甲南行十步而邪东北与乙会. 问甲乙行各几何.

答曰:乙东行一十步半,甲邪行一十四步半及之.

术曰:令七自乘,三亦自乘,并而半之,以为甲邪行率. 邪行率减于七自乘,余为南行率. 以三乘七为乙东行率. "

这就是说(图 40):

甲邪行率

$$\frac{7^2 + 3^2}{2} = 29$$

甲南行率

$$7^2 - \frac{7^2 + 3^2}{2} = 20$$

乙东行率

$$3 \times 7 = 21$$

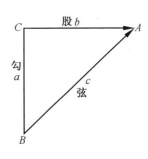

图 40

故得

$$a : b : c = 20 : 21 : 29$$

术曰:"置南行十步,以甲邪率乘之,副置十步,以乙东行率乘之,各自为实. 实如南行率而一,各得行数. " 这是说

$$甲邪行步数 = (29 \times 10) \div 20 = 14\frac{1}{2}$$

$$乙东行步数 = (21 \times 10) \div 20 = 10\frac{1}{2}$$

刘徽注说:"此以南行为句,东行为股,邪行为弦. 股率三,句弦并率七. 欲知弦率者,当以股自乘为幂,如并而一,所得为句弦差. 加差于并而半之为弦. 以弦减差,余为句. 如是或有分,当通而约之乃定. 术以句弦并率为分母 ……. "

这是已知 $\dfrac{b}{a+c} = \dfrac{3}{7}$,求 $a : b : c$ 的问题.

设

$$\frac{b}{a+c} = \frac{3}{7} = \frac{m}{n}$$

则

$$b = km, a + c = kn$$

因为

$$c - a = \frac{b^2}{a+c} = \frac{k^2 m^2}{kn} = k \cdot \frac{m^2}{n}$$

得

$$c = \frac{1}{2}\left[(a+c)+(c-a)\right]$$

$$= \frac{1}{2}\left[kn + k\cdot\frac{m^2}{n}\right]$$

$$= \frac{k}{n}\left[\frac{n^2+m^2}{2}\right]$$

$$a = c-(c-a)$$

$$= \frac{k}{n}\left[\frac{n^2+m^2}{2}\right]-k\cdot\frac{m^2}{n}$$

$$= \frac{k}{n}\cdot\frac{n^2-m^2}{2}$$

所以

$$a:b:c = \frac{k}{n}\cdot\frac{n^2-m^2}{2}:km:\frac{k}{n}\cdot\frac{n^2+m^2}{2}$$

即

$$a:b:c = \frac{n^2-m^2}{2}:n\cdot m:\frac{n^2+m^2}{2} \qquad (1)$$

令 $m=3,n=7$,就得

$$a:b:c = \frac{7^2-3^2}{2}:3\times7:\frac{7^2+3^2}{2}$$

$$= 20:21:29$$

这就是说,若 $a^2+b^2=c^2$,则 a,b,c 之比有如式(1).这是在《九章算术》中,我国古人研究句股数的成果.

关于二次方程 $x^2+ax+b=0$ 公式解的来历,我们附录下述一些资料:

印度婆罗笈多(628)对方程

$$x^2-10x=-9$$

给出过一个方法.他说常数项(-9)乘1(二次项的系数),加上一次项系数之半的平方,即$(-5)^2$,得16,开平方得4,减去一次项系数之半,得9,用二次项系数1除之,即得未知数为9.也就是

$$x = \frac{\sqrt{-9\times1+(-5)^2}-(-5)}{1} = 9$$

印度婆什迦罗(1150—?)引述锡列哈拉(Sridhara,1025—?)的方法如下:将二次项系数的四倍遍乘方程各项,然后两边加上一次项系数的平方,然后开方,从此得方程的根.例如,对方程

$$ax^2+bx=c$$

先得

$$4a\cdot ax^2+4a\cdot bx=4a\cdot c$$

再得

$$4a\cdot ax^2+4a\cdot bx+b^2=b^2+4a\cdot c$$

开方

$$2ax + b = \sqrt{b^2 + 4ac}$$

得

$$x = \frac{1}{2a}\left[\sqrt{b^2 + 4ac} - b\right]$$

负根是不考虑的.

　　阿拉伯人花拉子密对方程 $x^2 + px = q$ 有两种解法. 对 $x^2 + 10x = 39$，他作一正方形，如图 41：

　　无阴影的部分是 $x^2 + px$，它等于 q，这里就是 39.

　　四个阴影部分是 $4 \cdot \left(\frac{1}{4}p\right)^2 = \frac{1}{4}p^2$，这里就是 25.

　　整个正方形就是 $25 + 39 = 64$.

　　可得

$$x + \frac{1}{2}p = 8, x + 5 = 8$$

所以

$$x = 3$$

　　他的第二种方法，更近于现代的形式，如图 42，无阴影的部分是 $x^2 + px$，加上 $\left(\frac{1}{2}p\right)^2$，即得

$$x^2 + px + \frac{1}{4}p^2 = \frac{1}{4}p^2 + q$$

于是

$$\left(x + \frac{1}{2}p\right)^2 = \frac{1}{4}p^2 + q$$

得

$$x = \sqrt{\frac{1}{4}p^2 + q} - \frac{1}{2}p$$

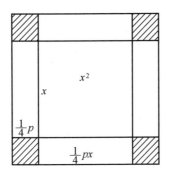
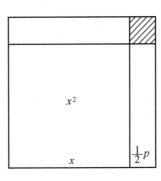

图 41　　　　　　　　图 42

对方程
$$x^2 + ax + b = 0$$
法国人韦达设 $x = u + z$,得
$$u^2 + (2z + a)u + (z^2 + az + b) = 0$$
令 $2z + a = 0$,$z = -\dfrac{1}{2}a$,则得
$$u^2 - \frac{1}{4}(a^2 - 4b) = 0$$
$$u = \pm \frac{1}{2}\sqrt{a^2 - 4b}$$
故
$$x = u + z = -\frac{1}{2}a \pm \frac{1}{2}\sqrt{a^2 - 4b}$$
英国人西尔维斯特(J. J. Sylvester,1814—1897)利用行列式的方法(1840):设
$$x^2 + px + q = 0$$
设
$$x = u + z$$
则
$$x^2 = (u + z)x$$
得
$$x^3 + px^2 + \quad qx \quad = 0$$
$$x^2 - (u + z)x = 0$$
$$x^3 - (u + z)x^2 = 0$$
由此
$$\begin{vmatrix} 1 & p & q \\ 0 & 1 & -(u + z) \\ 1 & -(u + z) & 0 \end{vmatrix} = 0$$
展开
$$-p(u + z) - (u + z)^2 - q = 0$$
得
$$u^2 + (2z + p)u + (z^2 + pz + q) = 0$$
令
$$2z + p = 0$$
得
$$u = \pm \frac{1}{2}\sqrt{p^2 - 4q}$$
$$x = -\frac{p}{2} \pm \frac{1}{2}\sqrt{p^2 - 4q}$$

第五讲　　欧几里得和他的《原本》

公元前 7 世纪,埃及与希腊之间有频繁的商业往来,当然亦就兴起了文化的交流.许多希腊学者像泰利斯(Thales,公元前 7 世纪)、毕达哥拉斯(Pythagoras,公元前 6 世纪)、德谟克利特(Democritus,公元前 5 世纪)、柏拉图(Plato,公元前 4 世纪)、欧多克斯(Eudoxus,公元前 4 世纪)等都去过埃及,希腊人从其他古代民族学得了许多学问,特别是从埃及人那里学得了初等几何学,但这并不使我们减弱对希腊文明的景仰心理.希腊人研究了埃及的几何学,但把几何学导往另一种方向.柏拉图曾说,"我们希腊人学到了什么,就把它改进并且完善了."埃及人是把几何学作为解决实用问题的工具的,希腊人则要发掘事实的原因,着眼于理论性的探讨.

在欧几里得(Euclid,公元前 4 世纪)以前的希腊几何学的史料,已不可得到了,泰利斯和毕达哥拉斯都没有留下著作.比较完整的这个时期的希腊几何学史是亚里士多德(Aristotle,前 384— 前 322)的学生欧德姆斯(Eudemus,公元前 335)写的,但这本书亦已失传了.5 世纪的普罗克斯(Proclus,410—485)在他对欧几里得书的评注中有欧德姆斯书的摘要,这个摘要到现在还是存在的,世称"欧德姆斯摘要".

欧几里得大约生于公元前 365 年,他的《原本》(Elements)大约是在公元前 330 年到 320 年之间写的.普罗克斯说,欧几里得比柏拉图年轻些而年长于埃拉托逊(Eratosthenes)和阿基米德(Archimedes),阿基米德曾在著作中提到过欧几里得.欧几里得属于柏拉图学派,他把前人在几何学方面的成果集纳在他的《原本》等著作里.欧几里得的治学态度是严谨的,但他对于有志于学的人是和善可亲的.当时的皇帝多勒梅(Ptolemy)曾问欧几里得是否有更容易的方法学习《原本》,欧几里得坚决地回答道,"学习几何学是没有皇家的道路的."还有一个小故事说,某个年轻人向欧几里得学几何学,学了第一个定理后,问道,"学这些东西,我将得到些什么呢?"欧几里得就对他的仆人说,"给这年轻人三个小钱去,因为他是一定要从学的东西里面得到好处的."

欧几里得把前人的几何学成果进行了整理,编著了一些数学书.他编著《原本》的功绩在于:精选了公理,安排了定理的顺序,自己给出了一些定理的证明以及较严谨地推敲了一些证明.欧几里得《原本》的原稿早已失传了,现存的是 4 世纪末的泰恩的《原本》修订本,还有 18 世纪在梵蒂冈图书馆发现的一个 10 世纪的《原本》的希腊文手抄本,这个手抄本的内容倒是比泰恩修订本的更早些的.因此一些科学史家研究《原本》时主要是依据梵蒂冈手抄本的内容.

欧几里得《原本》全书共十三卷,主要内容如下:

卷 Ⅰ	三角形,垂直线,平行线,矩形的面积,勾股定理.
卷 Ⅱ	面积的变换,用几何法解代数问题.
卷 Ⅲ	圆,弦,切线.
卷 Ⅳ	多边形与圆,正多边形的做法.
卷 Ⅴ	比例.
卷 Ⅵ	相似形.
卷 Ⅶ	数论,数的分类:偶数、奇数、平面数、立体数、完全数等,数的比例理论.
卷 Ⅷ	连比例,几何数列.
卷 Ⅸ	数论,包括证明质数的个数是无限的.
卷 Ⅹ	不可公度量.
卷 Ⅺ	立体几何学:直线与平面,平行六面体的体积.
卷 Ⅻ	穷竭法,证明圆面积之比等于其直径的平方之比,柱、锥、台、球的体积.
卷 ⅩⅢ	正多面体.

欧几里得编写《原本》的目的,我们是不清楚的.

有人说,它是给数学家看的专著,另一说是给学生读的课本,普罗克斯认为它是以课本为主的. 除了肯定《原本》是一本较完整的著作之外,作为给初学者的课本而言,《原本》则有下述一些缺点:(1)定义与公设中有不够明显的假设,特别是平行公设;(2)证明时只用综合法,不用分析法,初学者不易明白为什么要采用那样的证法;(3)作图只限于作直线和圆,因此只许用直尺与圆规作图;(4)一些一般性的定理只给出了特殊情况的证明;(5)重叠法用得过多;(6)一些分类不够完全;(7)内容有许多重复(卷 Ⅶ,Ⅷ,Ⅸ 关于数的理论重复了关于量的理论,卷 ⅩⅢ 与卷 Ⅱ,Ⅳ 亦有重复),所以冗长、累赘. 尽管如此,由于《原本》研究了空间的基本的量的性质,定理安排得好,层次分明,证明严谨,所以它作为初学几何学的课本在欧洲通行了达两千年之久.

欧几里得除编著《原本》以外,另有两本著作:(1)《参考书》(The Data),这是在《原本》的基础上进一步研究几何学的一本问题集,有 95 个问题;(2)《图形的分割》(On divisions of figures)研究将图形分割后成比例的问题,共有 36 个问题.

欧几里得之后,有人将关于正多面体的研究列为《原本》的卷 ⅩⅣ,ⅩⅤ,因此《原本》又有十五卷之说.

意大利人利玛窦(Matteo Ricci,1552—1610)1582 年来中国传教. 1600 年利玛窦第二次到北京后,先后与徐光启(1562—1633)、李之藻(1565—1630)共译了《几何原本》、《同文算指》等书. 这是欧洲数学传入中国的开始. 最早的《几何原本》中文译本是根据德国数学家克拉维斯(C. Clavius,1537—1612)注的欧几里得《原本》译得的,书的开端题为"利玛窦口译,徐光启笔受",全书共十五卷,当时他们只译了前面的六卷. 徐光启在"几何原本杂议"中对《原本》给予高度的评价,他说,"此书有四不必:不必疑,不必揣,不必试,不必改. 有四不可得:欲脱之不可得,欲驳之不可得,欲减之不可得,欲前后更置之不可得. 有三至三能:似至晦,实至明,故能以其明明他物之至晦;似至繁,实至简,故能以其简简他物之至繁;似至难,实至易,故能以其易易他物之至难. 易生于简,简生于明,综其妙在明而已." 又说,"此书为益,能令学理者祛其浮气,练其精心,学事者资其定法,发其巧思,故举世无一人不当学."清代许多数学家都学过徐译的《几何原本》并且亦有许多这方面的著述.

鸦片战争后,英国人伟烈亚力(Alexander Wylie,1815—1887)于 1847 年到上海. 1852 年起李善兰(1811—1882)与伟烈亚力共译《几何原本》的后九卷,1856 年译完.这后九卷是根据英国人巴罗(Isaac Barrow,1630—1677)1660 年的英译本译出来的.李善兰用一、二、三、四、五、六、七、八、九、〇 为数码;用甲、乙、丙、丁、戊、己、庚、辛、壬、癸(十干)、子、丑、寅、卯、辰、巳、午、未、申、酉、戌、亥(十二支),天、地、人、物(四元)依照顺序代替原本中的二十六个英文字母,并且各加"口"旁,如呷、叿等字代替大写的英文字母.

我们现在把研究图形的数学称为"几何学".这个名词是从 17 世纪徐光启称欧几里得的《原本》为《几何原本》开始的."几何"二字在汉语里就是"多少"的意思.我国古代数学书中,差不多每个问题之末总有"问……几何?"一语,也可以说"问几何"之学就是数学.欧几里得的《原本》原是一本数学书,其中有形有数;徐光启将此书称为《几何原本》亦未尝不可.徐只译了《原本》的前六卷,未及其余,而在这六卷中,卷一到卷四是讨论直线形和圆的,卷六论相似形,卷五论比例(可以看作是为卷六作准备的),因此徐译的六卷虽然题名为《几何原本》,但是这六卷的主要内容却是论图形的.从徐光启到李善兰的二百多年里,我国学者在学习徐译的《几何原本》的过程中,就给几何二字赋予一种新的解释,认为研究几何就是研究图形之学.直到 19 世纪李译的后九卷出书以后,才知道欧几里得《原本》并不是一本专讲图形的数学书,但新意义的几何学一词的应用已成为习惯了.

第六讲 欧几里得《原本》
十三卷内容简介

现在根据英国科学史家希思(T. L. Heath,1861—1940)的欧几里得《原本》十三卷 (*The Thirteen Books of Euclid's Elements*,1956 年重印本)简要地介绍欧氏《原本》的 内容.定义、定理的编号也是按照希思的来的.

一、《原本》中的定义、公设和公理

《原本》的卷 Ⅰ 是从定义、公设、公理开始的.摘要如下:

定义

1. 点是不可分的.

2. 线有长无宽.

这个"线"字是包括曲线在内的.

3. 线的界是点.

这个定义说明线的长度是有限的.

4. 直线是这样的线,它对于它的任何点来说都是同样地放置着的.

由定义 3,可知欧几里得的直线就是现在所称的线段.

5. 面只有长和宽.

6. 面的界是线.

这个定义说明面是一个有界的图形.

7. 平面是这样的面,它对于它的任何直线来说都是同样地放置着的.

15. 圆是由线组成的平面图形,从图形中的一点引到它的一切直线都是相等的.

16. 上述的点称为圆的中心.

17. 圆的直径是通过圆心而两端止于圆周的任何直线,这种直线将圆平分.

23. 平行直线是这样的直线,它们是在同一平面内的,将它们双方无限地延长而不会 相交.

接着,欧几里得列出五个公设和五个公理.

公设

1. 可从一点到任何一点引一条直线.

2.每条直线可以无限延长.

3.以任意点为中心可作半径为任意长的圆.

4.凡直角都相等.

5.如果一条直线与两条直线相交,在同侧的两个内角之和小于两直角,那么无限地延长这两条直线,它们必在这一侧相交.

这条公设是欧几里得自己列入的,世称"欧几里得第五公设"或"平行公设".许多希腊人和后代的人觉得这条公设的内容不明显,因而反对把它列为公设.许多人想去证明它,但是都失败了,结果产生了"非欧几里得几何学".

公理

1.等于同量的量相等.

2.等量加等量,其和相等.

3.等量减等量,其差相等.

4.能迭合的量,彼此相等.

5.全体大于部分.

公理4是重叠法证明的基础.3世纪的帕普斯(Pappus)和其后一些人觉得欧几里得的公理有不足之处,曾加进了若干公理.

二、《原本》的卷 Ⅰ 到卷 Ⅳ

卷 Ⅰ 到卷 Ⅳ 是讨论直线形与圆的基本性质的.

卷 Ⅰ 中的48个命题,可分为三组.命题1~26是第一组,主要是讲三角形(不用平行线)的,讲到垂直线(11,12),相交两直线(16),邻角、补角(13,14),全等三角形(4,8,26).命题27~32是第二组,讲平行线的理论.第三组是命题33~48,借助面积讲平行四边形、三角形、正方形、勾股定理等有关的定理.

现在看几个值得注意的定理.

命题 4 两个三角形是全等的,如果一个三角形的两边和它们的夹角与另一三角形的相应部分相等.

证明是将一个三角形放到另一个三角形上面,看出它们是重合的.

命题 5 等腰三角形的底角相等.

欧几里得的证法是不同于一些课本的,他没有用到顶角的角分线.欧几里得把 AB 延长到 F,把 AC 延长到 G,使 $BF = CG$.于是 $\triangle AFC \cong \triangle AGB$.因此 $FC = GB$,$\angle ACF = \angle ABG$,$\angle 3 = \angle 4$.因此 $\triangle CBF \cong \triangle BCG$.$\angle 5 = \angle 6$,所以 $\angle 1 = \angle 2$.(图1)

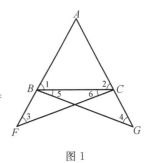
图1

命题 27 一直线与两直线相交,如果所成的内错角相等,那么两直线彼此平行.

证明是利用"三角形的外角大于不相邻的内角"(命题16),运用反证法得到的. 这个定理确立了通过已知点至少有一直线与已知直线平行的存在性.

命题 29 如果一直线与平行的两直线相交,那么所成的内错角相等,同位角相等,同旁内角之和为二直角.

证明 设

$$\angle 1 \neq \angle 2, \angle 1 < \angle 2$$

则 $\angle 2 + \angle 4 > \angle 1 + \angle 4$,于是

$$\angle 1 + \angle 4 \text{ 小于二直角}$$

(图 2)由平行公设,已知直线 AB 与 CD 必然相交,但由假设,它们是平行的.

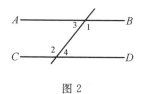

图 2

命题 47 在直角三角形里,对着直角的边上的正方形等于夹着直角的两边上的两个正方形的和.

这就是勾股定理(毕达哥拉斯定理).用面积来证.

如图 3,$\triangle ABD \cong \triangle FBC$.

矩形 $BL = 2\triangle ABD$.

矩形 $GB = 2\triangle FBC$.

因此,矩形 $CL = $ 正方形 GB.

同理,矩形 $CL = $ 正方形 AK.

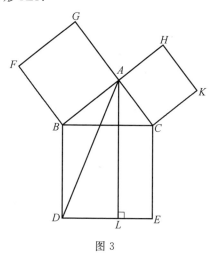

图 3

命题 48 在三角形内,如果一边上的正方形等于其他两边上的正方形之和,那么其他两边所夹的角必为直角.

这是勾股定理的逆命题.《原本》的证法如下：

作 AC 的垂直线 AD，且 $AD=AB$. 由假设 $AB^2+AC^2=BC^2$，再由 $\mathrm{Rt}\triangle ADC$，有

$$AD^2+AC^2=DC^2$$

因为 $AB=AD$，所以 $BC^2=DC^2$，因此 $DC=BC$. $\triangle ABC\cong\triangle ADC$（SSS），所以，$\angle CAB$ 必为直角.（图4）

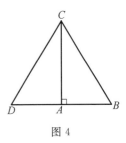

图 4

卷Ⅱ是卷Ⅰ第三组命题的继续，讲到面积的变换，对平行四边形，一般只讲它的特殊的情况 —— 矩形. 卷Ⅱ中有大量的"代数形式"的几何命题.（图5）开始的 10 个命题相当于下列的代数恒等式：

1. $a(b+c+d+\cdots)=ab+ac+ad+\cdots$；

2. $(a+b)a+(a+b)b=(a+b)^2$；

3. $(a+b)a=ab+a^2$；

4. $(a+b)^2=a^2+b^2+2ab$；

5. $ab+\left\{\dfrac{1}{2}(a+b)-b\right\}^2=\left\{\dfrac{1}{2}(a+b)\right\}^2$ 或 $(\alpha+\beta)(\alpha-\beta)+\beta^2=\alpha^2$；

6. $(2a+b)b+a^2=(a+b)^2$ 或 $(\alpha+\beta)(\beta-\alpha)+a^2=\beta^2$；

7. $(a+b)^2+a^2=2(a+b)a+b^2$ 或 $\alpha^2+\beta^2=2\alpha\beta+(\alpha-\beta)^2$；

8. $4(a+b)a+b^2=\{(a+b)+a\}^2$ 或 $4\alpha\beta+(\alpha-\beta)^2=(\alpha+\beta)^2$；

9. $a^2+b^2=2\left[\left\{\dfrac{1}{2}(a+b)\right\}^2+\left\{\dfrac{1}{2}(a+b)-b\right\}^2\right]$ 或 $(\alpha+\beta)^2+(\alpha-\beta)^2=2(\alpha^2+\beta^2)$；

10. $(2a+b)^2+b^2=2\{a^2+(a+b)^2\}$ 或 $(\alpha+\beta)^2+(\beta-\alpha)^2=2\{\alpha^2+\beta^2\}$.

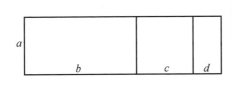

图 5

命题 1 设有两直线，其中的一直线任意分成若干线段，那么各线段与另一直线所成的矩形之和等于原来两直线所成的矩形.

命题 4 任意分一直线为两个线段，那么这直线上面的正方形等于两线段上的正方形之和加上两线段所成矩形的两倍.

命题 11 将已知直线段分成两段，使它的全长与一段所成的矩形等于另一段上的正方形.

设已知直线段 AB，要在 AB 上求一点 H，使 $AB\cdot BH=AH\cdot AH$. 欧几里得的做法，如图6，作正方形 $ABDC$. 设 E 为 AC 的中点. 连 BE，延长 CA 到 F，使 $EF=EB$. 作正方形 $AFGH$. 那么，AB 上的点 H，即为所求.

用面积来证,设

$$AB = x + y, AE = \frac{1}{2}(x+y), BE = EF = x + \frac{1}{2}(x+y)$$

$$BE^2 = AB^2 + AE^2$$

$$\left\{x + \frac{1}{2}(x+y)\right\}^2 = (x+y)^2 + \left\{\frac{1}{2}(x+y)\right\}^2$$

由此,得 $x^2 = (x+y)y$,即

$$AB \cdot BH = AH \cdot AH$$

从 $AB \cdot BH = AH \cdot AH$,即得 $AB:AH = AH:BH$,就是说将已知直线 AB 分成"中末比".有人把这种分法称为"黄金分割".史密斯(D. E. Smith)《数学史》第二卷上说,黄金分割一词直到 19 世纪才通行起来.

将长为 a 的直线 AB 分为 x 与 $a-x$ 两段,这个命题相当于

$$a(a-x) = x^2$$

或

$$x^2 + ax = a^2$$

因此,我们得到解这个二次方程的几何解法.

卷 Ⅱ 中命题 5、命题 6 相当于解二次方程 $ax - x^2 = b^2$, $ax + x^2 = b$(参见 T. L. Heath, *Greek Mathematics* Vol. 1,(1921),152).

命题 14 作一正方形使与已知直线形的面积相等.

已知的直线形可以是任意的多边形.如果是一个矩形 $ABEF$,欧几里得的方法如下:

如图 7,延长 AB 到 C,使 $BC = BE$.用 AC 为直径作圆.在 B 处作直径的垂线 DB,那么 DB 就是所求正方形的一边.

欧几里得用面积来证的.因为 $AD^2 = a^2 + x^2$, $CD^2 = b^2 + x^2$, $AC^2 = AD^2 + CD^2$,即得 $(a+b)^2 = (a^2 + x^2) + (b^2 + x^2)$,由此得 $x^2 = ab$.

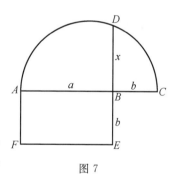

图 7

这个定理提供了解方程 $x^2 = ab$ 或求 ab 平方根的方法.

卷 Ⅲ 是关于圆的几何学.开始有一些定义,37 个命题亦可分为几类.命题 1～15 讲圆心、弦、直径以及两圆的相交、相切;命题 16～19 讲切线;命题 20～34 讲割线;命题 35～37 讲圆幂.值得注意的是:

命题 16 在圆的直径的端点所作直径的垂线必在圆外,不能有其他的直线插在这垂线与圆之间,而且半圆的角大于锐角,其余的角小于任意锐角.

这个定理的妙处在于欧几里得考虑到了切线 TA 与弧 ACE 之间的区域(图8),他不

但说明了在这个区域里再没有通过 A 的直线;而且说了由 TA 与弧 ACE 所成的角①小于由直线所成的任意锐角;但是他没有说这个角的量数为零②.

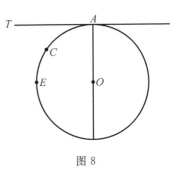

图 8

卷 Ⅳ 的 16 个命题讲圆的内接、外切直线形.在一些定义之后,命题 1 讲在圆内作已知长度(短于直径)的弦的做法.命题 2,3 讲作圆的内接、外切三角形与已知三角形是等角的.命题 4,5 讲作已知三角形的外接、内切圆.命题 6～9,关于正方形的同样的问题.命题 10 是一个重要的命题,即作一个顶点在圆心,底角为顶角两倍的等腰三角形.这是要将圆半径分割成中末比后,取长的一段为弦来完成的.命题 11～14 讲圆的内接、外切正五边形的做法.命题 15 讲正六边形的做法,并提出正六边形的边长等于它外接圆的半径.命题 16 讲圆内接正十五边形的做法.据说这个命题是由天文学提起的,因为当时认为黄赤交角(地球赤道的平面与地球绕日轨道的平面的交角)差不多是 24°,即 360° 的十五分一.

三、《原本》的卷 Ⅴ:比例的理论

卷 Ⅴ 专讲新的比例理论,适用于可公度的量和不可公度的量,适用于各种各样的量(直线、面积、体积、数、时间等等).这些是在欧多克斯工作的基础上进行的.用比例理论把几何学置于坚实的基础之上可算是希腊数学首屈一指的发现.欧多克斯的详细理论已不可知了,但大家认为《原本》中对比例理论进行系统的安排和证明是欧几里得的功绩.

《原本》虽说是注重定义的,但何谓量,却没有给出定义.现在看卷 Ⅴ 中的定义.

定义 1 小的量能量尽大的量时,小的量称为大的量的部分.

这里"部分"是指因数,例如 3 为 6 的部分,而 4 不是 6 的部分.

定义 2 大的量能被小的量量尽时,大的量称为小的量的倍数.

这里倍数指整倍数.

定义 3 比是两个同类量的大小之间的一种关系.

这个定义是模糊的,可能是为了说明比的概念和完备性而列入的.

定义 4 可比的两个量,如果一个量的倍数大于另一个量,那么说这两个量彼此之间构成了比.

这个定义是说两个量 a 与 b:(1)a,b 是同类的量;(2) 有整数 n(包括 1),$na > b$,或有整数 m(包括 1),$mb > a$;(3) 两个量 a 与 b 中不能有无穷小、无穷大的量.

定义 5 第一量与第二量,第三量与第四量有相同的比,如果作第一量、第三量的任意的同倍数,作第二量、第四量的任意的同倍数,从前两个量的倍数小于、等于、大于的关

---

① 希腊人称这个"角"为"角状的角"(hornlike),因为它像牛、羊等动物的角.
② 按目前关于两条曲线所成的角的定义来说,这个角的量数为零.

系,便有后两个量的倍数之间的相应的关系.

这个定义是说有 a,b,c,d 四个量,m,n 是任意的整数,如果

$$\frac{a}{b} = \frac{c}{d}$$

那么,我们有:对 $ma < nb$ 必有 $mc < nd$;

对 $ma = nb$ 必有 $mc = nd$;

对 $ma > nb$ 必有 $mc > nd$.

定义 6　有等比的量称为成比例的量.

定义 7　如果第一量的倍数大于第二量的倍数,而第三量的倍数不大于第四量的倍数,那么第一、第二量之比大于第三、第四量之比.

这个定义是说,如果有一个 m,一个 n,使 $ma > nb$,但 $mc \leqslant nd$,那么 $\frac{a}{b} > \frac{c}{d}$. 因此,对于一个不可公度的比 $\frac{a}{b}$,可将它置于两个比之间,即一个比大于 $\frac{a}{b}$,另一个比小于 $\frac{a}{b}$.

定义 8　一个比例至少有三项.

这里指 $\frac{a}{b} = \frac{b}{c}$.

定义 9　三个量成连比例时,第一量与第三量之比称为第一量与第二量的二重比.

这是说,若 $\frac{a}{b} = \frac{b}{c}$,那么 $\frac{a}{c} = \frac{a^2}{b^2}$. 因为 $a = \frac{b^2}{c}$,$\frac{a}{c} = \frac{b^2}{c^2} = \frac{a^2}{b^2}$.

定义 10　四个量成连比时,第一量与第四量之比称为第一量与第二量的三重比. 依此类推.

这是说,若 $\frac{a}{b} = \frac{b}{c} = \frac{c}{d}$,那么 $\frac{a}{d} = \frac{a^3}{b^3}$. 因为 $\frac{a}{d} = \frac{b^2}{cd} = \left(\frac{b^2}{c^2}\right) \cdot \left(\frac{c}{d}\right) = \frac{a^3}{b^3}$.

定义 11 至定义 18　定义了对应的量、交比、反比、合比、分比、合分比,等等.

在定义之后,卷 V 有关于量、量的比的 25 个定理. 用现代的代数式来说,用 m,n,p 表示整数,a,b,c 表示量,那么,定理的形式如下:

命题 1　$ma + mb + mc + \cdots = m(a+b+c+\cdots)$.

命题 4　若 $\frac{a}{b} = \frac{c}{d}$,则 $\frac{ma}{nb} = \frac{mc}{nd}$.

命题 11　若 $\frac{a}{b} = \frac{c}{d}$ 且 $\frac{c}{d} = \frac{e}{f}$,则

$$\frac{a}{b} = \frac{a+c+e}{b+d+f}$$

命题 17　若 $\frac{a}{b} = \frac{c}{d}$,则 $\frac{a-b}{b} = \frac{c-d}{d}$.

命题 18　若 $\frac{a}{b} = \frac{c}{d}$,则 $\frac{a+b}{b} = \frac{c+d}{d}$.

有些命题似是卷 II 中命题的重复,但卷 II 的命题只谈线段的问题,而卷 V 的命题则涉及各种的量,古希腊人是不谈无理数的,他们用的几何方法避免涉及无理数.但这种

几何方法是不处理各种不可公度量的比和比例的. 由一般的量的理论出发的卷 V 弥补了这种缺陷. 这样,卷 V 就使关于量的希腊几何有了坚实的基础. 那么,这种量的理论是否已准备了实数(当然,包括无理数的)的逻辑基础呢? 现在,把欧几里得关于量的比看作数,将不可公度量之比看作无理数,可公度量之比看作有理数. 那么,这种数之间至少要有加法和乘法的,但是在欧几里得书中,当 a,b,c,d 为量的时候,找不到 $\left(\dfrac{a}{b}\right)+\left(\dfrac{c}{d}\right)$ 的意义. 所以欧几里得只是把比看作比例的组成部分而并不是具有一般意义的. 欧几里得没有关于有理数的概念,也没有在有理数的基础上建立起无理数的理论来. 无理数的理论一般要到 18,19 世纪才严谨地在几何的基础上处理连续量时才建立起来.

四、《原本》的卷 Ⅵ:相似图形

卷 Ⅵ 讲相似图形,在一些定义之后有 33 个定理. 欧几里得在证明中用了卷 Ⅴ 中的比例理论,对可公度量和不可公度量不是分别处理的. 这里择要介绍几个定理,可以看出某些代数问题的几何说明.

命题 1　等高的三角形(平行四边形)面积之比等于它们底长的比.

这里,比例的四个量中,两个是线段,两个是面积.

命题 2　三角形中,平行于底的直线分其他两边成比例线段.

命题 3　三角形内角分角线分对边所成线段之比等于角的两边之比.

命题 5　设两三角形的边成比例,则对应边所对的角相等.

命题 12　已知三直线,求作第四直线与它们成比例.

命题 13　作已知二直线的比例中项.

做法是熟知的. 从代数观点看,即已知 a 与 b,可求 $\sqrt{ab}$.(图 9)

命题 19　相似三角形面积之比等于它们对应边之比的平方.

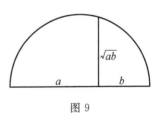

图 9

命题 27　在直线段上作一个平行四边形,在直线段的余下部分作与原来平行四边形相似的平行四边形,那么在直线段半长上的平行四边形面积最大.

现在我们用矩形来解释这个定理,并且申述它的代数意义.

如图 10,在直线段 AB 的半长 AC 上作矩形 $ACDM$,在 AB 上取一点 K,在 AB 的余下部分 KB 上作矩形 $KBHF$,矩形 $KBHF$ 与 $ACDM$ 相似. 定理说,矩形 $AKFG$ 当 $AK = AC$ 时面积最大. 设 $AC = \dfrac{1}{2}AB = b$,$CD = c$ 令 $KF = x$,则 $KB = \dfrac{bx}{c}$. $AK = 2b - KB = 2b - \dfrac{bx}{c}$. 设矩形 $AKFG$ 的面积为 S,则

$$S = KF \cdot AK = x\left(2b - \dfrac{bx}{c}\right)$$

定理说

$$S \leqslant ACDM = bc$$

事实上,二次方程 $S = x\left(2b - \dfrac{bx}{c}\right)$ 有实根时,它的判别式不小于零,即 $4b^2 - 4 \cdot \dfrac{b}{c} \cdot S \geqslant 0$,由此,得 $S \leqslant bc$.

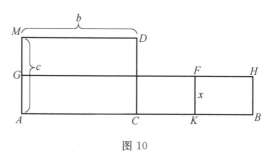

图 10

命题 31 直角三角形中,对着直角的边上图形的面积等于夹着直角的两边上的相似图形面积的和.

这个定理是勾股定理的扩充.

五、《原本》的卷 Ⅶ、卷 Ⅷ、卷 Ⅸ:数的理论

卷 Ⅶ、Ⅷ、Ⅸ 是《原本》研究算术的部分,讨论整数的性质和整数的比.在这三卷中,欧几里得以线段代表数,以矩形面积代表二数的乘积,但在讨论中,并不依赖于几何学;叙述和证明都是用文字语句来进行的.

现在看几条卷 Ⅶ 中的定义、定理.

定义 11 只能被单位量尽(除尽)的数称素数①.

定义 12 互为素数的数是这样的数,只有单位是它们的公共量数.

定义 13 能被单位以外的数量尽的数称为合数.

定义 16 两数相乘所得的数称为平面,它的边长是原来的两数.

定义 17 三数相乘所得的数称为立体,它的边长是原来的三个数.

定义 22 完全数是这样的数,它等于它的部分(因数)的和.

命题 1 与 2 讲求两个数的最大公度(除数)的方法.欧几里得是这样叙述的:设 A,B 是两个数,$B < A$.从 A 连续地减去 B,直到余数 C 小于 B 时为止.然后从 B 连续地减去 C,直到余数小于 C 时为止.如此进行.如果 A 与 B 是互素的,那么最后的余数是 1,这个 1 是 A,B 的最大公度.如果 A 与 B 不是互素的,那么最后得到的某数,它能除尽前面一个余数的,这个最后的某数就是 A,B 的最大公度.这种步骤今日称为欧几里得算法.

值得注意的是:所谓欧几里得算法,按欧氏原意来说,是辗转的连续相减,但一般数

---

① 素数(prime number),有的书上称为质数.

学史著作里多说成是辗转相除. 而辗转的连续相减的步骤却与我国《九章算术》中所说的"更相减损"以求等数(最大公约数)之法完全相同,这可说是不谋而合.

命题 30 如有素数能除尽两数相乘的乘积,那么这个素数能除尽原来两数中的一数.

命题 31 合数可被某个素数除尽.

欧几里得的证明如下:设 A 为合数,则 A 能被某一个数 B 除尽. 若 B 非素数则为合数, B 能被某一个数 C 除尽, C 能除尽 A. 若 C 非素数,则为合数,等等. 欧几里得说:"如果这样继续下去,定能找到某个素数,这个素数能除尽它前面的一数,因此亦能除尽 A. 如果找不到这个素数,那么 A 可被无限多个数除尽,除数是越来越小的,但这是不可能的." 显然,欧几里得认为整数[①]的集合是有一个最小的数的.

卷 Ⅷ 着重的讨论了几何数列. 对欧几里得来说,一组数成连比例,即 $\dfrac{a}{b}=\dfrac{b}{c}=\dfrac{c}{d}=\dfrac{d}{e}=\cdots$,那么 $a,b,c,d,e,\cdots$ 是成几何数列的,因为任何一项与它后面一项的比是一个常数.

卷 Ⅸ 还是研究数的理论,有关于平方数、立方数、平面数、立体数的定理,还有许多关于连比例的定理. 下列几个定理是值得一提的.

命题 14 如果一个数是能被几个素数除尽的最小的数,那么除了这几个素数之外,再也没有其他的素数能够除尽那个数了.

这就是说,如果 a 是素数 $p,q,\cdots$ 的乘积,那么这种将 a 分解成素数的方法是唯一的.

命题 20 有素数大于任何已知的素数.

这就是说,素数的个数是无限的. 欧几里得假设素数的个数是有限的,例如 p_1, $p_2,\cdots,p_n$ 中的任一数,于是得到第 $n+1$ 个素数. 另一方面,如果新的数 $p_1 \cdot p_2 \cdot \cdots \cdot p_n+1$ 是个合数,那么它必能被某个素数除尽,但那个素数必不是 $p_1,p_2,\cdots,p_n$ 中的任一个,因为将它们中任何一个去除时都有余数 1;因此,必有另一个素数能除尽 $p_1 p_2 \cdots p_n+1$ 了. 这样,就得到了第 $n+1$ 个素数. 就是说,素数的个数不是有限的.

命题 35 讲求成几何数列的 n 项之和.

解法亦是极好的. 设有 $n+1$ 个数 $a_1,a_2,a_3,\cdots,a_n,a_{n+1}$ 成几何数列,欧几里得说,有

$$\frac{a_{n+1}}{a_n}=\frac{a_n}{a_{n-1}}=\cdots=\frac{a_2}{a_1}$$

由分比定理

$$\frac{a_{n+1}-a_n}{a_n}=\frac{a_n-a_{n-1}}{a_{n-1}}=\cdots=\frac{a_2-a_1}{a_1}$$

再做前项之和与后项之和的比,得

$$\frac{a_{n+1}-a_1}{a_n+a_{n-1}+\cdots+a_1}=\frac{a_2-a_1}{a_1}$$

---

① 这里的整数是指正整数.

由此,得

$$S_n = a_1 + a_2 + \cdots + a_n$$

$$= \frac{a_{n+1} - a_1}{\frac{a_2 - a_1}{a_1}} = \frac{\frac{a_{n+1}}{a_1} - 1}{\frac{a_2}{a_1} - 1} = \frac{\left(\frac{a_2}{a_1}\right)^n - 1}{\frac{a_2}{a_1} - 1}$$

命题 36 是一个关于完全数的著名定理. 即, 如果几何数列之和

$$1 + 2 + 2^2 + \cdots + 2^{n-1}$$

是一个素数, 那么这个和与末项的乘积, 即

$$(1 + 2 + 2^2 + \cdots + 2^{n-1})2^{n-1} \text{ 或} (2^n - 1)2^{n-1}$$

是一个完全数. 希腊人可能是知道最初四个完全数的, 即 6,28,496,8 128(就是:6 = 3 + 2 + 1,28 = 14 + 7 + 4 + 2 + 1,等等), 它们是 $(2^n - 1)2^{n-1}$ 在 $n = 2,3,5,7$ 时的数值.

六、《原本》的卷 X:不可公度量

卷 X 的论述最为完整, 在《原本》各卷中也许是最特殊的. 它是讨论不可公度量的, 涉及直线的可公度与不可公度的关系. 它研究了可用 $\sqrt{\sqrt{a} \pm \sqrt{b}}$ (a,b 是两条可公度的直线) 表示的各种直线.

两条直线 a,b 有公度, 它们长度之比是个有理数(rational number);如果 a,b 没有公度, 它们长度之比是无理数(irrational number). 英文 rational,irrational 二字通译为 "有理的""无理的"二词, 实质上应该译为"可比的"与"不可比的"二词.

欧几里得关于可公度、不可公度的定义与我们今天的略有不同, 且看下述:

定义 3 与已知可比的直线(即用单位直线去量时能量尽的)的长度(或它们的正方形) 有公度的任何直线亦是可比的;与已知可比的直线的长度(或它们的正方形) 没有公度的任何直线是不可比的.

这就是说, 设 a 为可比的, 如果 a 与 b 有公度(或 a^2,b^2 有公度), 那么 b 亦为可比的. 如果 a,b 无公度(或 a^2,b^2 无公度), 那么 b 是不可比的. 应该注意:如果 a,b 有公度, 那么, 按欧几里得的意义, a 与 $\sqrt{b}$ 亦是可比的, 因为 a^2 与 b 是可比的.

定义 4 已知直线上的正方形是可比的, 任何与它可公度的面积是可比的;任何与它不可公度的面积是不可比的, 并且它们的边长的度亦是不可比的.

设已知可比的直线的长度为 ρ,ρ^2 当然是可比的. $\frac{m}{n}\rho^2$ 当然亦是可比的(m,n 为整数, $\frac{m}{n}$ 为既约分数, 但不是平方数). 但 $\sqrt{\frac{m}{n}}\rho^2$ 是不可比的, 后者的边长 $\sqrt[4]{\frac{m}{n}}\rho$ 当然亦是不可比的. 长度为 $\sqrt{a} \pm \sqrt{b}$ 或 $(\sqrt{k} \pm \sqrt{\lambda})\rho$ 的直线与直线 ρ 无论在长度或它们的平方都是不可比的.

命题 1 对《原本》后面的内容是很重要的, 现在看

命题1 设有不相等的两个量,从大的量减去比它的一半大的量,再从余量中减去比这余量一半大的量,这样继续下去,那么可得到比原设的小量小的量.

欧几里得在证明时,每次都有减一半的办法.就是,若 $a > b$,则有 $a - \frac{1}{2}a = \frac{1}{2}a < b$,或 $\frac{1}{2}a - \frac{1}{2}\left(\frac{1}{2}a\right) = \frac{1}{4}a < b$,或 $\frac{1}{4}a - \frac{1}{2} \cdot \left(\frac{1}{4}a\right) = \frac{1}{8}a < b$,或 $\frac{1}{8}a - \frac{1}{2}\left(\frac{1}{8}a\right) = \frac{1}{16}a < b$,等等.这里,欧几里得于无意之中运用了一条公理(阿基米德),公理即:若 $a > b$,n 为有限的整数,则有 $a < nb$.

欧几里得在卷 X 中讨论了各种可公度、不可公度量之间的关系,共列了115个命题.在后来有些版本的《原本》中有命题116和117.其实那是证明 $\sqrt{2}$ 与1无公度的问题的.现在不妨将亚里士多德所用的间接证法(归谬法)附在这里.设等腰直角三角形的斜边和一腰之比是可公度的,那么它们将同为偶数或同为奇数.如果斜边与腰之比为 $\alpha : \beta$(并设 α 与 β 互为素数),那么由勾股定理,$\alpha^2 = 2\beta^2$,α^2 为偶数,所以 α 必为偶数(因为奇数的平方必为奇数,n 为整数,奇数可表为 $2n+1$,$(2n+1)^2 = 4n^2 + 4n + 1$ 仍为奇数).因为 α 与 β 互为素数,而 α 为偶数,那么 β 必为奇数.α 为偶数,令 $\alpha = 2r$.于是 $\alpha^2 = 4r^2 = 2\beta^2$,则 $\beta^2 = 2r^2$,从而 β^2 亦是偶数,β 亦必为偶数,但这是与 β 为奇数相矛盾.因此斜边与腰不可公度,亦即 $\sqrt{2}$ 与1无公度.也就是说,$\sqrt{2}$ 是个无理数(不可比数).

七、《原本》的卷 XI、卷 XII、卷 XIII:立体几何学

卷 XI、卷 XII、卷 XIII 是讨论立体几何学的.卷 XI 中首先列出一些定义,包括直线,平面,直线与平面间的关系,平面与平面间的关系,多面角,相似立体,柱、锥、台、球,以及正多面体等等.其中关于球的定义可以一提:先是将球定义为由中心到表面等距离的图形,而在卷 XIII 里则认为球是半圆围绕它的直径旋转而得的立体.

卷 XI 最初的 21 个命题讨论直线与平面的关系,接着讨论平行六面体,例如

命题31 等底等高的平行六面体体积相等.

命题32 等高的平行六面体体积之比等于其底面积之比.

卷 XII 的 18 个命题讨论圆面积和立体的体积.这里运用了欧多克斯的穷竭法(method of exhaustion).例如,作圆的内接正多边形 P,它的面积是小于圆的面积 C 的.将 P 的边数逐渐增加(2倍,4倍,8倍,…),那么,由卷 X 命题1,可知圆面积与多边形面积之差,$C - P$,可以小于任意小的量.这就是说,这样的正多边形的面积接近于圆的面积,也就是"穷竭"了这个圆.希腊人对此法有过描述但未予命名,有人说"穷竭法"一词是在 17 世纪通行起来的.

命题1 相似的圆内接多边形面积之比等于圆的直径的平方之比.

命题2 两圆面积之比等于它们的直径的平方之比.

设两圆的面积是 C 与 c,直径是 D 与 d.求证

$$C : c = D^2 : d^2 \tag{1}$$

证　　若不然,必有 c'

$$C : c' = D^2 : d^2 \qquad\qquad (2)$$

设 $c' < c$,在 c 中作内接正多边形 P',使 $c - P' < c - c'$,于是

$$c > P' > c' \qquad\qquad (3)$$

在 C 中作正多边形 P,使 P 与 P' 相似,由命题 1

$$P : P' = D^2 : d^2$$

由 (2)

$$P : P' = C : c'$$

或

$$P : C = P' : c'$$

因 $P < C$,所以 $P' < c'$.这里与式 (3) 矛盾.

若设 $c' > c$,亦将得出矛盾.因此 $c' = c$,即式 (1) 为真.

卷 Ⅷ 的命题 $1 \sim 12$ 讨论内接于圆的正多边形的问题,接着讨论内接于球的正多面体的问题:正四面体(13),正八面体(14),正六面体(15),正二十面体(16),正十二面体(17),都研究了它们的做法,给出了它们的棱与球半径的关系.最后的命题 18 讨论了正多面体(凸的)只有这五种.

欧几里得的《原本》十三卷共有 467 个命题.有些版本中有卷 ⅩⅣ 和卷 ⅩⅤ,所以有十五卷之说.这附入的二卷亦是讨论正多面体的.实质上,卷 ⅩⅣ 是公元前 2 世纪希伯西尔斯(Hypsicles)的著作,卷 ⅩⅤ 乃是 6 世纪时的作品.

第七讲　　几何三大问题

公元前 5 世纪后,希腊人对几何学开始有比较完整的、系统的探讨,他们的研究成果除了被欧几里得集纳入《原本》之外,同时还有许多其他问题的探索. 例如,只用直尺和圆规:化圆为方,三等分角,倍立方就是所谓几何三大问题,等等. 希腊人虽然没有解决这三个问题,但是在求解的过程中,却得到了许多数学成果. 希思说,"这三个问题吸住了希腊数学家的注意至少有三个世纪,而且整个希腊几何学的发展过程是受着这三个问题的特殊研究的影响的."

有许多关于这三个问题由来的传说,我们不去详述了. 实际上,这三个作图题是已被希腊人解决了的问题的扩张而已. 一个角既然可被平分,自然地可以考虑它的三等分问题. 正方形对角线上的正方形是原来正方形的二倍,就容易想到作一个立方体,使它的体积等于已知立方体体积的二倍. 在讨论了图形等面积的变换问题,考虑作一个正方形,使它的面积等于一个圆的面积亦是极自然的事.

问题是作图工具只许用直尺和圆规的限制. 希腊人认为直线和圆是基本图形,而直尺和圆规是它们的物质的模型,因此用直尺和圆规作图是最好的. 柏拉图亦有这种观点,他认为用别的机械仪器作图将超出人们原来对世界认识的范围. 公元前 5 世纪的时候,直尺与圆规的限制还不是十分严格的,但在欧几里得《原本》的公设中却硬性规定了用直尺和圆规的作图方法,因此从《原本》以后,尺规作图的限制就愈来愈着重了. 3 世纪末的帕普斯说,如果能用直尺和圆规去作的图,借助别的工具去解是不符合要求的.

必须指出:这三个问题是超出了只许用尺、规作图的平面几何学的范围的. 利用尺、规作图只能解包括一次、二次方程的问题,而不能处理含有超越数 π 的圆方问题,亦不能解三等分角、倍立方问题中的三次方程. 因此,企图只用直尺和圆规去寻求这三个问题的解答是浪费时间、徒劳无功的事.

这三个问题是能够借助某些曲线来解决的,这些曲线或是利用其他作图工具做出的,或是用尺规能确定它们的若干点而描绘得出的.

一、化圆为方 —— 求圆面积的问题

1. 求月形的面积

公元前 5 世纪的希波克拉底(Hippocrates of Chios)企图从月形面积的研究入手来求圆的面积. 方法如下:

第一步:设圆的直径为 AB,D 为圆心,圆内接正方形的两边是 AC,CB.在 AC 上作半圆 AEC.连 CD.(图1)

因
$$AB^2 = 2AC^2$$

所以
$$(半圆\ ACB) = 2(半圆\ AEC)$$

但
$$(半圆\ ACB) = 2(象限\ ADC)$$

所以
$$(半圆\ AEC) = (象限\ ADC)$$

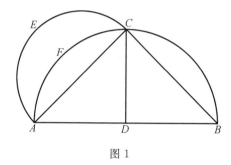

图1

减去公共部分,弓形 AFC,得
$$(月形\ AECF) = \triangle ADC$$

因此,"月形的面积是可求得的."

第二步:在直径为 CD 的圆中作内接正六边形,设 CE,EF,FD 是正六边形的三边.设 AB 等于圆的半径,因此 AB 等于正六边形的边长.用 AB,CE,EF,FD 为直径各作半圆.(图2)

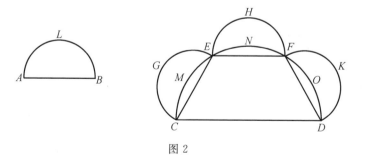

图2

因为
$$CD^2 = 4AB^2 = AB^2 + CE^2 + EF^2 + FD^2$$

所以
$$(半圆\ CEFD) = 4(半圆\ ALB)$$
$$= (半圆\ ALB,CGE,EHF,FKD\ 之和)$$

两边各减去 CE, EF, FD 上的弓形,得

$$（梯形 CEFD）＝（三个月形之和）＋（半圆 ALB）$$

即

$$（半圆 ALB）＝（梯形 CEFD）－（三个月形之和）$$

由第一步知道月形的面积可以等于直线形的面积,所以半圆 ALB 的面积可以等于直线形面积之差,从而半圆 ALB 的面积是可以求得的,因此,圆的面积是可以求得的.

这个结论显然是错误的.谬误在于把圆内接正方形边上的月形的面积可以等于直线形的面积的结论移用到圆内接正六边形上的月形方面去了.

希思不相信希波克拉底会犯这样大的错误的,他根据"欧德姆斯摘要"另有考证,我们不去细述了.(参见 Heath, *Greek Math*. Vol. 1,186-200)

2. 安提丰(Antiphon) 的穷竭法

公元前 5 世纪的安提丰提出用圆内接正多边形面积穷竭圆的面积的方法来求圆的面积.设在圆内正多边形的边上作等腰三角形,顶点在弓形上,那么得到边数为原来正多边形边数二倍的正多边形.(图 3)为这新的正多边形再做同样的工作,就得到边数为原来正多边形边数四倍的正多边形,…….安提丰认为这样做下去,圆的面积将被内接的正多边形所穷竭(占满).由于正多边形的边长极小,所以它的周界将与圆周重合了.因为任何多边形的面积是可以等于正方形的面积的,所以人们可以做到使圆的面积等于正方形的面积的.

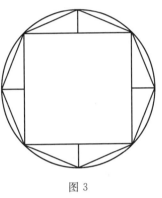

图 3

欧德姆斯说,一个量是可以无限地分下去的,如果圆的面积可被无限地分割下去,那么安提丰的方法不能做到圆被正多边形所穷竭,正多边形的周界也不会真正地与圆周重合,因此不能求得正确无误的圆的面积.安提丰的方法,用今天我们的说法就是圆内接正多边形的边数无限增多时,它的面积的极限就是圆的面积,大家认为安提丰是穷竭法的创始人.

3. 希皮阿斯(Hippias[①]) 的割圆曲线

设 $ABCD$ 是正方形,BED 是圆的一个象限,圆心在点 A.

设:(1)圆的半径均匀地绕着 A 转动,由 AB 转到 AD 的位置;(2)同时,直线 BC 亦均匀地沿着 BA 与 AD 平行地移动,最后移到 AD 的位置.于是转动的半径和移动的直线最后都与 AD 重合,而在这以前,转动的半径和移动的直线将有交点,如 F 或 N.这种点的轨迹称为割圆曲线(quadratrix),图 4.

这曲线的性质是

$$\angle BAD：\angle EAD ＝ 弧 BED：弧 ED ＝ AB：FH$$

设割圆曲线与 AD 交于 G. 如果能够证明

---

① Hippias 亦是公元前 5 世纪的希腊人.

象限 BED 的弧长：$AB = AB : AG$

那么就可求得象限 BED 的弧长,因而就可求得圆周的长度.

设上述的比不等于 $AB : AG$,不妨设这比等于 $AB : AK$,AK 或大于 AG,或小于 AG.

(1)设 $AK > AG$,图 5.以 A 为圆心,AK 为半径,作象限 KFL 交割圆曲线于 F,交 AB 于 L.

联结 AF,延长 AF 交圆周 BED 于 E,作 FH 垂直于 AD.

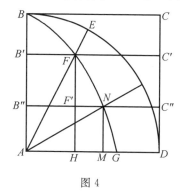

图 4

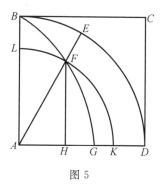

图 5

根据假定

$$弧 BED : AB = AB : AK = 弧 BED : 弧 LFK$$

所以

$$AB = 弧 LFK$$

但由割圆曲线的性质

$$AB : FH = 弧 BED : 弧 ED = 弧 LFK : 弧 FK$$

已经证得 $AB = 弧 LFK$,则得 $FH = 弧 FK$.这是不可能的,因此 AK 不能大于 AG.

(2)设 $AK < AG$.以 A 为圆心,AK 为半径,作象限 KML.作 AD 的垂线 KF 交割圆曲线于 F.联结 AF,交两个象限于 M,E.(图 6)

如前,可证得

$$AB = 弧 LMK$$

由割圆曲线的性质

$$AB : FK = 弧 BED : 弧 DE$$
$$= 弧 LMK : 弧 MK$$

由 $AB = 弧 LMK$,得 $FK = 弧 KM$.这是不可能的.因此 AK 不能小于 AG.

总之,$AK = AG$.即

象限 BED 的弧长：$AB = AB : AG$

象限的弧长既可求得,那么圆周长亦可求得.根据阿

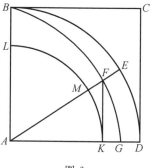

图 6

几米德书中的定理:圆的面积等于以圆周长为底、半径为高的直角三角形的面积[1],就可求得圆的面积了.

这个方法是有问题的,问题在于怎样确定点 G？有人说,可将象限 BED 平分,即作 AE,使 $\angle DAE = 45°$,作 $B'C'$,则 $AB' = \frac{1}{2}AB$. 再将 $\angle DAE$ 平分,得 AE',二等分 AB' 得 B'',作 $B''C''$. 继续下去,最后可得到在 AD 上的一点 G. 但这样的方法乃是穷竭法,只能近似地得到 G 点. AG 的值是近似值,那么圆周长,圆面积都不可能是正确无误的数值.

其实,对化圆为方问题有兴趣的不仅是希腊人. 6 世纪的博埃斯(Boethius)说,从亚里士多德时代以后,尝试去解这问题的有许多人. 博埃斯自己对用尺规作图法去解此问题也是有过各种幻想的. 许多人认为自己获得解决了,但他们往往在无意中用进了不可能的或特殊条件的假设,然而也遇到了推翻自己论点的批评. 直到 1882 年林德曼(Lindemann)证明 π 的超越性以后,人们才完全认识到化圆为方问题是不可能用尺规作图法去解决的.

二、三等分角

任意角可被平分,直角可被三等分,这就促使人们联想用圆规和直尺解决三等分任意角的问题,但这是不可能的. 这里举出几个利用其他曲线解三等分角问题的例子.

1. 利用割圆曲线

设已知角为 $\angle DAX$. 置角顶 A 于圆心,在圆内作割圆曲线. 设 AX 交割圆曲线于 F,交圆于 E. 作 $FH \perp AD$. 将 FH 三等分于 K,作 $KL \parallel AD$,KL 交割圆曲线于 L. 那么 $\angle DAL$ 就是 $\angle DAX$ 的三等分角,图 7.

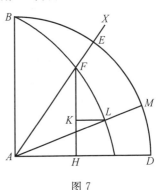

图 7

因由割圆曲线的性质

$$\text{弧 } ED : \text{弧 } MD = FH : KH$$

因为 $KH = \frac{1}{3}FH$,故

$$\text{弧 } MD = \frac{1}{3} \text{弧 } ED$$

因此 $\angle LAD = \frac{1}{3} \angle DAX$.

注意:如果将 FH n 等分,利用割圆曲线就可将已知角 n 等分.

2. 延伸法,利用圆锥曲线的解法

设已知角为 $\angle CAD$. 作 $CD \perp AD$. 作矩形 $ABCD$. 延长 BC 至 F,联 AF 交 CD 于 E,

---

[1]　希思说,这个定理是用穷竭法证明的,证者若不是希皮阿斯自己,就是比欧多克斯(Eudoxus)稍后些的狄诺斯特拉德斯(Dinostratus).

且使 $EF = 2AC.$ 那么 $\angle EAD = \frac{1}{3}\angle CAD.$

证明 如图 8,平分 EF 于 M,那么

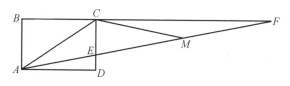

图 8

$$EM = MF = CM = AC, \angle CAE = \angle CMA = 2\angle MFC = 2\angle EAD$$

所以

$$\angle EAD = \frac{1}{3}\angle CAD$$

但是怎样来做 EF,使 $EF = 2AC$ 呢?3 世纪末的帕普斯是利用圆锥曲线来解决的.

如图 9,作平行四边形 $DGFE.$ 因为 $EF = 2AC, DG = EF = 2AC.$ 用 D 为圆心,DG 为半径作圆,G 在这个圆上.

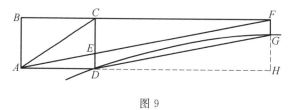

图 9

因为

$$\frac{BF}{BC} = \frac{AF}{AE} = \frac{FH}{ED} = \frac{CD}{ED}$$

所以

$$BC \cdot CD = BF \cdot ED = BF \cdot FG = 常数$$

因此 G 在以 BF,BA 为渐近线的双曲线上,这个双曲线是过点 D 的.就是说 G 是圆与双曲线的交点.因此 $EF = DG$ 就可求得.

这种延伸法的解法相当于求解一个三次方程.如果取 BCF 为 x 轴;BA 为 y 轴,令 $BC = a, BA = b$,那么点 D 的坐标为 (a,b),点 G 的坐标是 (x,y).双曲线的方程是

$$xy = ab \tag{1}$$

圆的方程是

$$(x - a)^2 + (y - b)^2 = 4(a^2 + b^2) \tag{2}$$

由式(1)得

$$(x + a) : (y + b) = a : y \tag{3}$$

由式(2)得

$$(x + a)(x - 3a) = (y + b)(3b - y) \tag{4}$$

由式(3)(4)得

$$(x-3a)a=(3b-y)y \qquad (5)$$

消去 x,得

$$y^3-3by^2-3a^2y+a^2b=0 \qquad (6)$$

即点 G 的纵坐标 y 要满足三次方程(6).

设 $\angle CAD=\theta$,则 $\tan\theta=\dfrac{b}{a}$;设 $t=\tan\angle EAD$,则

$$t=\frac{DE}{AD}=\frac{GF}{AD}=\frac{y}{a}$$

所以 $y=at$,代入式(6),得

$$a^3t^3-3ba^2t^2-3a^3t+a^2b=0$$

或

$$at^3-3bt^2-3at+b=0$$

由此,得

$$b(1-3t^2)=a(3t-t^3)$$

或

$$\tan\theta=\frac{b}{a}=\frac{3t-t^3}{1-3t^2}=\frac{3\tan\angle EAD-\tan^3\angle EAC}{1-3(\tan\angle EAD)^2}$$

所以

$$\angle EAD=\frac{1}{3}\angle CAD$$

3. 尼科梅德斯(Nicomedes)的蚌线(conchoid)

公元前 3 世纪的尼科梅德斯发明了一种称为蚌线的曲线解决上述的延伸问题(即要作 $EF=2AC$ 的问题),他还为此设计了一个作图的机械.

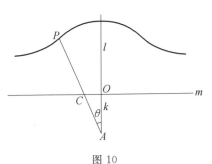

设 A 为定点,m 为定直线,过 A 的直线与 m 相交于 C,延长 AC 到 P,使 $CP=$ 定长,那么 P 的轨迹为一蚌线,图 10.

取 A 为极点,过 A 作 m 的垂线 AO,取 AO 为极轴,建立极坐标系.设 $AO=k$,$CP=$ 定长 $=l$.P 的坐标为 (ρ,θ),那么蚌线的极坐标方程是 $\rho=k\sec\theta+l$.

图 10

作蚌线的机械示意如下:

A 是固定点,且能使 n 尺的槽顺 A 滑动.点 C 可在 m 尺的槽中滑动,$CP=l=$ 定长,图 11.

现在利用蚌线将 $\angle CAD$ 三等分,图 12.设 $AC=a$,作 $CD\perp AD$.令 $CP=$ 定长 $=2a$,作蚌线 PQ.作 $CF\parallel AD$,CF 交蚌线于 F,联 AF 交 m 于 E,那么 $\angle EAD=\dfrac{1}{3}\angle CAD$.

证明 设 EF 的中点为 M,因 $EF=2a$,所以

$$EM=MF=CM=a=AC$$

$$\angle CAM = \angle CMA = 2\angle AFC = 2\angle EAD$$

所以

$$\angle EAD = \frac{1}{3}\angle CAD$$

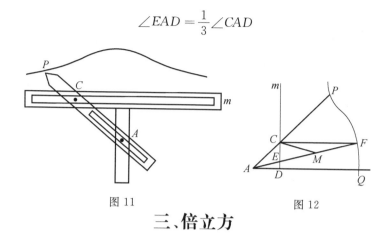

图 11

图 12

三、倍立方

希波克拉底把解方程 $x^3 = 2a^3$ 的问题归结为求 a 与 $2a$ 之间的比例中项问题. 设有 x 与 y, 使 $\frac{a}{x} = \frac{x}{y} = \frac{y}{2a}$, 则有

$$x^2 = ay \tag{1}$$

$$y^2 = 2ax \tag{2}$$

$$xy = 2a^2 \tag{3}$$

由式(1)(2), 或由式(1)(3), 或由式(2)(3)都可得到 $x^3 = 2a^3$.

公元前 350 年, 梅纳科莫斯(Menaechmus)利用求两个圆锥曲线交点的方法来解此问题的, 图 13, 设 $AO = 2OB = 2a$, $AO \perp OB$. 设有点 P, $PN \perp AO$, $PM \perp OB$, 且使 OM 是 AO 与 ON 的比例中项, 使 ON 是 OM 与 OB 的比例中项. 于是 $OM^2 = OA \cdot ON$. 取 AO 为 x 轴, OB 为 y 轴, O 为原点, 即得 $y^2 = OA \cdot x$, 即 $y^2 = 2ax$. 由 $ON^2 = OM \cdot OB$, 得 $x^2 = ay$. ON, OM 为 P 的坐标, 因此 P 就是抛物线 $y^2 = 2ax$, $x^2 = ay$ 的交点, $ON = x$ 就是所求线段的长.

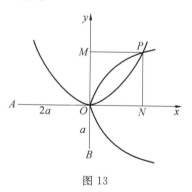

图 13

两千多年来, 化圆为方、三等分角、倍立方这三个问题引起了许多数学家的兴趣, 成为有名的几何三大问题. 它们在数学发展过程中的价值是不容低估的. 虽然它们是不能用古老的尺规作图法求得解决的, 但是由于对它们的充分研究, 促进了穷竭法的研究; 鼓励了对圆锥曲线的研究; 亦提供了对高次曲线的发明和研究的机会.

第八讲　圆　周　率

在生产实践中经常要遇到求圆周长、圆面积、球体积等问题,这就必然联系到对圆周率 π 的计算.古时候人们如何得到准确的圆周率,不仅是方法问题,而且是复杂计算的问题.因此,圆周率的理论和计算,在一定程度上反映了一个民族的数学水平.在这个方面,我国古代数学家是有过特出的成就的,其中 3 世纪的刘徽和 5 世纪的祖冲之的贡献尤为突出.

霍布森(Hobson)在 *Squaring the Circle*(Cambrige,1913)书中说,圆周率研究问题在方法上、目的上、使用工具上可分为三个时期:

第一时期:所谓几何学的时期,从远古的求圆周长与直径之比到 17 世纪中叶微积分的发明.在这漫长的时期里,人们致力于求圆的内接、外切正多边形的周长或面积来得到圆周率的近似值.

第二时期:17 世纪中叶以后的一百来年,微积分中将 π 表示为无穷级数、乘积、连分数的形式.记号 π = 3.141 59…,是英国人琼斯(William Jones,1675—1749)首创的,1737 年欧拉(Euler)的书中沿用了它,从此就通行于世.

第三时期:18 世纪中叶至 19 世纪末叶,致力于研究 π 的性质.1761 年兰伯特(J. H. Lambert)证明了 π 的无理性,1882 年林德曼证明了 π 的超越性.

这里要谈的是第一期、第二期的史实.

一、刘徽的割圆术

《九章算术》中对于圆面积的量法一律采用古法"周三径一"($π = 3$),这是不够精密的.西汉平帝元始中(1—5),刘歆为王莽造一个青铜的圆柱形的标准量器.铭文上说,"律嘉量斛,方一尺而圆其外,庞旁九厘五毫.幂一百六十二寸,深一尺,积一千六百二十寸,容十斗."由图 1 可知

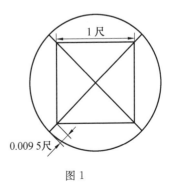

图 1

$$铜斛的直径 = 1.414\ 2 + 2 \times 0.009\ 5$$
$$= 1.433\ 2(尺)$$
$$圆面积 = 1.62(方尺) = π \times \left(\frac{直径}{2}\right)^2$$

所以

$$圆周率 \pi = \frac{4 \times 1.62}{(1.433\ 2)^2} = 3.154\ 7$$

2 世纪初,张衡(78—139)在他的《灵宪》中取用 $\pi = \frac{730}{232} (=3.146\ 6)$,又在他的球体积公式中取用 $\pi = \sqrt{10} (=3.162)$. 三国时代吴国的王蕃(228—266)在他的《浑仪论说》中取用 $\pi = \frac{142}{45} (=3.155\ 6)$. 这些圆周率的近似值都是没有理论根据的.

刘徽在《九章算术·方田》圆田术中,创始用他的割圆术来计算圆周率. 刘徽首先肯定圆内接正多边形的面积小于圆面积. 他将边数屡次加倍,从而面积增大,边数愈大则正多边形的面积愈接近于圆面积. 他说,"割之弥细,所失弥少. 割之又割以至于不可割则与圆合体而无所失矣." 这几句话,反映了他的极限思想. 刘徽又说,"觚面之外,又有余径. 以面乘余径则幂出觚表. 若夫觚之细者与圆合体,则表无余径. 表无余径,则幂不外出矣." 这里,"觚(gū)面"是圆内接正多边形的

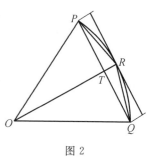

图 2

边,"余径"是边心距与圆半径的差,图 2. 设 PQ 为圆内接正 n 边形的一边,平分弧 PQ 于 R,则 PR 为圆内接正 $2n$ 边形的一边. 半径 OR 与 PQ 交于 T,TR 就是"余径". 以 PQ 为底,TR 为高的长方形有一部分在弧 PRQ 内,而其余部分则突出弧外.

设 S_n 表示圆内接正 n 边形的面积,S 为圆面积,则

$$n \cdot PQ \cdot TR = 2(S_{2n} - S_n)$$

所以

$$S_n + 2(S_{2n} - S_n) = S_{2n} + (S_{2n} - S_n) > S$$

刘徽的这个不等式,可以写成

$$S_{2n} < S < S_{2n} + (S_{2n} - S_n)$$

$S_{2n} - S_n$ 在刘徽割圆术中称为"差幂". n 很大时,"差幂" 很小,因而 S_{2n} 很接近于 S.

刘徽已知圆内接正六边形的边长与半径相等. 设半径 $OP = 1$(尺)$= 1\ 000\ 000$(忽),则

$$PT = \frac{1}{2}PQ = 5\ 000\ 000(忽)$$

$$OT = \sqrt{OP^2 - PT^2} = 866\ 054\frac{2}{5}(忽)$$

$$TR = OR - OT = 133\ 945\frac{3}{5}(忽)$$

$$PR = \sqrt{PT^2 + TR^2} = \sqrt{267\ 949\ 193\ 445}(忽)$$
$$= 517\ 638(忽)$$

PR 就是圆内接正 12 边形的边长.

仿此推算,刘徽求得了圆内接正 24 边形、正 48 边形、正 96 边形的边长.

从正多边形的面积来看

$$S_{2n} = 2n \cdot \triangle ORP = 2n \cdot \frac{OR}{2} \cdot PT = \frac{n}{2} \cdot OR \cdot 2PT$$

所以

$$S_{2n} = n \cdot \frac{PQ \cdot OR}{2} = \frac{n \cdot PQ}{2}$$

这里 PQ 是正 n 边形一边的长. 已知正 12 边形、正 24 边形、正 48 边形、正 96 边形一边的长, 就可求得 $S_{24}, S_{48}, S_{96}, S_{192}$ 的值. 刘徽算出当半径为 10 寸时

$$S_{96} = 313\frac{584}{625}(方寸), S_{192} = 314\frac{64}{625}(方寸)$$

"差幂"

$$S_{192} - S_{96} = \frac{105}{625}(方寸)$$

$$S_{192} + (S_{192} - S_{96}) = 314\frac{169}{625}(方寸)$$

圆的面积 $S = 10^2\pi = 100\pi$(方寸). 因此

$$314\frac{64}{625} < 100\pi < 314\frac{169}{625}$$

刘徽舍弃不等式两端的分数部分, 取 $100\pi = 314$ 或 $\pi = \frac{157}{50}$. 他再三声明这个圆周率是太小的.

刘徽又说, "差幂六百二十五分寸之一百五, …… 当取此分寸之三十六以增于一百九十二觚之幂, 以为圆幂三百一十四寸、二十五分寸之四." 这就是说, 圆面积应该是

$$314\frac{64}{625} + \frac{36}{625} = 314\frac{4}{25}(方寸)$$

由此, 得

$$\pi = 314\frac{4}{25} \div 100 = \frac{3\,927}{1\,250}(= 3.141\,6)$$

他又说: "当求一千五百三十六觚之一面, 得三千七十二觚之幂而裁其微分, 数亦宜然, 重其验耳." 由此可知, 刘徽曾求得圆内接正 3 072 边形的面积来证实他的圆周率 $\frac{3\,927}{1\,250}$ 的. 但是在实用时, 他主张用 $\pi = \frac{157}{50}$ 来计算圆面积, 并且在方田章各题原来答案之后补充了按照这个圆周率计算所得的结果.

当边数无限地增多时, 圆内接正多边形的面积趋近于圆面积. 公元前 5 世纪的希腊人安提丰已经发现了这个事实, 提出了所谓"穷竭法"的思想, 但是他没有用来计算 π 的近似值. 公元前 3 世纪, 希腊人阿基米德认为圆周长介于圆内接多边形周长和外切多边形周长之间, 他算出 $3\frac{10}{71} < \pi < 3\frac{1}{7}$. 这个结果优于巴比伦人的 $\pi = 3$, 亦胜于埃及人的 $\pi = \left(\frac{16}{9}\right)^2 (= 3.16)$.

刘徽的割圆术思想比古希腊人的那种思想迟了几百年,但他得到的结果超过了希腊人的结果.这是因为:(1)刘徽的不等式只需用圆内接正多边形的面积而不必用外切正多边形的面积,所以能省事很多;(2)中国古代的数学家早就用十进位值制记数法,乘方、开方都能较顺利地进行,数字计算工作比古代希腊人要简便得多.

二、祖冲之的圆周率

刘徽求得圆周率近似值以后约二百年,南朝刘宋的祖冲之(429—500)进一步推算出更精密的圆周率.祖冲之的著作《缀术》早已失传了,因此他的推算方法难以详细叙述.《隋书·律历志》上说,"宋末,南徐从事史祖冲之更开密法,以圆径一亿为一丈,圆周盈数三丈一尺四寸一分五厘九毫二秒七忽,朒数三丈一尺四寸一分五厘九毫二秒六忽,正数在盈朒二限之间.密率:圆径一百一十三,圆周三百五十五.约率:圆径七,周二十二."刘徽的割圆术中用1尺(1 000 000忽)为半径,祖冲之认为不够精密.祖冲之用1丈(100 000 000微)为半径,他逐步计算正多边形的边长和面积都能准确到微(就是有九位有效数码),比刘徽所得的各数多二位有效数码."盈数"是过剩近似值,"朒(nù)数"是不足近似值.祖冲之很可能利用了刘徽的不等式

$$S_{2n} < S < S_{2n} + (S_{2n} - S_n)$$

如果祖冲之也采用刘徽割圆术的方法,那么,他可以算出

$$S_{12\,288} = 3.141\,592\,51(方丈)$$
$$S_{24\,576} = 3.141\,592\,61(方丈)$$
$$S_{24\,576} - S_{12\,288} = 0.000\,000\,10(方丈)$$

加入 $S_{24\,576}$ 得

$$3.141\,592\,71 方丈$$

因此得

$$3.141\,592\,6 < \pi < 3.141\,592\,7$$

就是说"正数在盈朒二限之间".祖冲之的圆周率准确到小数点后七位,这在当时是非常先进的.阿拉伯人卡西(Al-Kashi)在1430年才得到π=3.141 592 653 589 873 2,法国数学家韦达在1593年得到过3.141 592 653 5 < π < 3.141 592 653 7.这些都比祖冲之迟了一千年左右.

由于小数未被发明,古代的数学家和天文学家习惯于用分数来表示常量的近似值.祖冲之取 $\frac{22}{7}$ 为圆周率的"约率",取 $\frac{355}{113}$ 为圆周率的"密率".实际上,$\pi = \frac{22}{7}$ 不是祖冲之的创造,在祖冲之幼年的时候,天文学家何承天(370—447)已经用过这个近似值了.何承天计算某些天文数据的时候,利用调节"强率""弱率"的方法,以求更精密的数据.这就是说:设有分数 $\frac{a}{b}$(弱率) $< \frac{c}{d}$(强率),那么

$$\frac{a}{b} < \frac{a+c}{b+d} < \frac{c}{d}$$

祖冲之的"密率"$\pi = \frac{355}{113}$ 很可能是用何承天的方法得出的. 已知圆周率正数 π 小于何

承天率 $\frac{22}{7}$，而大于刘徽率 $\frac{157}{50}$，就以 $\frac{22}{7}$ 为圆周"强率"，以 $\frac{157}{50}$ 为圆周"弱率". 将"强率""弱

率"的分子、分母各个相加，得到一个新分数 $\frac{157+22}{50+7} = \frac{179}{57}$ 约等于 3.140 4，比圆周率"正

数"小. 再用 $\frac{179}{57}$ 和 $\frac{22}{7}$ 的分子、分母各个相加，得 $\frac{157+2\times22}{50+2\times7} = \frac{201}{64} = 3.140\ 6$，还是太小.

由此类推，求得 $\frac{157+9\times22}{50+9\times7} = \frac{355}{113} = 3.141\ 592\ 9$，就与圆周率"正数"很接近，就把 $\frac{355}{113}$ 作

为圆周率的"密率"了. $\frac{355}{113}$ 是分子、分母在 1 000 以内的表示圆周率的最佳近似分数. 14

世纪中叶赵友钦从圆内接正方形算起，推求圆内接正 8,16,32,64,…,16 384 边形的面

积，最后证明祖冲之圆周率 $\frac{355}{113}$ 是一个精密的近似值.

德国人奥托(Valentinus Otto,1550—1605)于 1573 年得到 $\pi = \frac{355}{113}$ 这个近似分数，

但比祖冲之迟了一千一百多年. 荷兰人安梭尼宗(Adriaen Anthoniszoon)于 1600 年从

$3\frac{15}{106} < \pi < 3\frac{17}{120}$ 入手，将两个分数的分子、分母各个相加，得到 π 的这个近似值，$\pi =$

$3\frac{15+17}{106+120} = 3\frac{32}{226} = 3\frac{16}{113} = \frac{355}{113}$.

三、17 世纪以来计算 π 近似值的方法和结果

伦奇(J. W. Wrench)1960 年著文[①]，综述了近代计算 π 近似值的方法和结果，现在摘

录于下：

1665 年瓦利斯(John Wallis)用无穷乘积形式表示 π

$$\frac{\pi}{2} = \frac{2}{1} \times \frac{2}{3} \times \frac{4}{3} \times \frac{4}{5} \times \frac{6}{5} \times \frac{6}{7} \times \frac{8}{7} \times \frac{8}{9} \times \cdots$$

这是关于 π 的第一个解析表达式.

1658 年勃龙克尔(W. Brouncker 爵士，英国皇家学会首任主席)发现了无穷连分数

的形式

$$\frac{\pi}{4} = \frac{1}{1+} \frac{1^2}{2+} \frac{3^2}{2+} \frac{5^2}{2+} \cdots$$

此式，由欧拉证实，是与交错级数

$$\frac{\pi}{4} = 1 - \frac{1}{3} + \frac{1}{5} - \frac{1}{7} + \frac{1}{9} - \cdots -$$

---

① J. W. Wrench, Jr., The evolution of extended decimal approximations to π, *The Mathematics Teacher*,
53(1960), 644-650.

等价的.后者是 1674 年莱布尼兹(G. W. Leibniz)所得的结果.

大量的关于 π 多位数的计算是在格雷哥利(James Gregory)级数(1671)的基础上进行的

$$\arctan x = x - \frac{x^3}{3} + \frac{x^5}{5} - \cdots \quad ① \quad -1 \leqslant x \leqslant 1$$

但是格雷哥利没有指出 $x = 1$ 时的特殊情况(即莱布尼兹的结果).

1676 年牛顿得

$$\arcsin x = x + \frac{1}{2} \times \frac{x^3}{3} + \frac{1 \times 3}{2 \times 4} \times \frac{x^5}{5} + \cdots$$

$$\pi = 3 + \frac{3 \times 1^2}{4 \times 3!} + \frac{3 \times 1^2 \times 3^2}{4^2 \times 5!} + \frac{3 \times 1^2 \times 3^2 \times 5^2}{4^3 \times 7!} + \cdots$$

后一式于 1701 年由法国人杜德美(Petrus Jartoux,1668—1720)传入中国.

1755 年欧拉得到

$$\arctan x = \frac{x}{1+x^2} \left\{ 1 + \frac{2}{3} \left(\frac{x^2}{1+x^2} \right) + \frac{2 \times 4}{3 \times 5} \left(\frac{x^2}{1+x^2} \right)^2 + \cdots \right\}$$

1699 年夏普(Abraham Sharp)利用格雷哥利级数,令 $x = \frac{1}{\sqrt{3}}$,得到 π 的 72 位小数的近似值.夏普的计算,由拉尼(Fautet de Lagny)在 1719 年发展到 127 位小数(第 113 位差一个单位).牛顿用他的级数,$x = \frac{1}{2}$ 时,算得 14 位小数.

许多近代的 π 值的计算者是利用格雷哥利级数,由几个反正切函数结合起来进行的.计算中用到了九种表达式.现在按其应用时的准确程度,列诸如下:

(1) $\frac{\pi}{4} = 5 \arctan \frac{1}{7} + 2 \arctan \frac{3}{79}$.

1755 年欧拉曾用此式与他自己的级数用 1 小时算得 20 位小数.1794 年万格(Georg von Vega)用此式与格雷哥利级数,计算 π 到 140 位小数,最初的 136 位是正确的.

(2) $\frac{\pi}{4} = 4 \arctan \frac{1}{5} - \arctan \frac{1}{70} + \arctan \frac{1}{99}$.

1764 年欧拉刊印此式.1841 年卢瑟福(William Rutherford)算 π 到 208 位(152 位是正确的).

(3) $\frac{\pi}{4} = \arctan \frac{1}{2} + \arctan \frac{1}{5} + \arctan \frac{1}{8}$.

此式是舒尔兹(L. K. Schulz)告诉计算天才达瑟(Zacharis Dase)的.1844 年达瑟花了两个月计算 π 的准确到 200 位小数的近似值.

(4) $\frac{\pi}{4} = \arctan \frac{1}{2} + \arctan \frac{1}{3}$.

---

① 因 $\dfrac{\mathrm{d}}{\mathrm{d}x}(\arctan x) = \dfrac{1}{1+x^2} = 1 - x^2 + x^4 - x^6 + \cdots$.

1776 年赫顿(Charles Hutton)首次刊印此式.

1853 年莱曼(W. Lehmann)用它,得 π 的 261 位小数.

1877 年中国人曾纪鸿用此式,得 π 的 100 位小数.

(5) $\dfrac{\pi}{4} = 2\arctan\dfrac{1}{3} + \arctan\dfrac{1}{7}$.

1776 年赫顿刊印此式.

1779 年欧拉独立地得出此式.

1789 年万格用此式算得 143 位小数(126 位准确).

1847 年克劳森(Thomas Clausen)算得 248 位小数.

1853 年莱曼用此式得 261 位小数,肯定了他用式(4)的正确性.

1873 年弗利斯佩(Edgar Frisby)用此式与欧拉的级数算得 π 的 30 位小数.

(6) $\dfrac{\pi}{4} = 3\arctan\dfrac{1}{4} + \arctan\dfrac{1}{20} + \arctan\dfrac{1}{1\,985}$.

此式在 1893 年由隆奈(S. L. Loney)刊出;1896 年由施托梅(Carl Stormer)刊出; 1944 年马力斯(R. W. Morris)重新发现. 从 1944 年 5 月到 1945 年 5 月弗格森(D. F. Ferguson)用此式算得 π 的 530 位小数,发现香克斯(William Shanks)用式(6)的计算,在 528 位处是错误的,并于 1946 年 3 月发表了有关此事的文章[1].弗格森在 1946 年 7 月发表了对香克斯值的改正值到 620 位小数.1947 年 1 月,弗格森用一架台式计算机算得 710 位小数,1947 年 9 月,得 808 位小数.

(7) $\dfrac{\pi}{4} = 8\arctan\dfrac{1}{10} - \arctan\dfrac{1}{239} - 4\arctan\dfrac{1}{515}$.

1730 年克林肯斯蒂纳(S. Klingenstierna)发现此式,一个世纪以后,施尔巴哈 (Schellbach)又重新发现了它.1926 年坎普(C C. Camp)用此式,算得 $\dfrac{\pi}{4}$ 的值到 56 位小数.

1957 年 3 月 31 日费尔顿(G. E. Felton)在伦敦 Ferranti 计算中心的 Pegasus 计算机上用 33 个小时算得 π 的 10 021 位小数,发表了 10 000 位,由于机器的误差,用式(8)检验时发现第 7 480 位以后有错误.

(8) $\dfrac{\pi}{4} = 12\arctan\dfrac{1}{18} + 8\arctan\dfrac{1}{57} - 5\arctan\dfrac{1}{239}$.

高斯发现了反正切函数的关系式并用以解决丢番图分析的问题,式(8)即是其中之一.

费尔顿用此式再次算得 10 021 位小数且于 1958 年 3 月 1 日改正了错误. 这使他用式(7)(8)所得的结果仅在第 10 021 位上相差三个单位. 正确的结果在 1960 年尚未发表.

(9) $\dfrac{\pi}{4} = 4\arctan\dfrac{1}{5} - \arctan\dfrac{1}{239}$.

---

[1] D. F. Ferguson,Evaluation of π. Are Shanks' figures correct? *Math . Gaz* . 30(1946),89-90.

这个式子是这类关系式中最著名的一个. 发现者梅钦(John Machin)于 1706 年用此式结合格雷哥利级数算得 π 值到 100 位小数. 1847 年克劳森用此式结合赫顿的式(5)算得 248 位小数.

1852 年卢瑟福用此式验证了他的 π 值. 他的学生香克斯(1812—1882)亦曾作过此事. 香克斯先得 530 位小数, 附录于 1853 年的卢瑟福的集子里, 其中有卢瑟福的 441 位的结果. 稍后, 香克斯发表一书, 其中有 607 位小数值, 且有 530 位小数的详细算草. 已知香克斯值在 527 位后是算错的. 由于香克斯的粗心大意, 他在纠正错误时, 在 460 ~ 462 位, 513 ~ 515 位间重犯了同样的错误. 在 1873 年香克斯的初稿中(707 位小数的)保持了这些错误. 该年的第二稿中纠正了这些错误, 但却在 326 位上出现了无意的印刷错误. 看来, 1853 年香克斯所得 π 值(530 位的)的初印稿尚算是最正确的.

1853 ~ 1854 年黎希脱(Richter)算得了 300 位, 400 位, 500 位值, 肯定了香克斯值至少有 500 位的准确性.

1900 年 8 月, 乌勒(H. S. Uhler)用梅钦式算得 282 位(未发表). 1902 年陶德(F. J. Duarte)用此法算得 200 位值, 六年以后发表. 乌勒于 1940 年肯定了香克斯值 333 位的正确性, 作为他计算小的素数的自然对数时的副产品.

1945 年阿奇巴尔得(R. C. Archibald)建议伦奇用梅钦式计算 π 值以核对弗格森的计算. 1947 年 2 月伦奇与史密斯(Levi B. Smith)合作, 用台式计算机计算, 史密斯算 $\arctan \dfrac{1}{239}$ 到 820 位, 伦奇算 π 到 818 位; 1947 年 4 月发表了 π 值的 808 位; 同时由弗格森验证了 710 位, 发表 808 位值是为了与丕特森(P. Pederson)所得的 e 的近似值相比较. 1948 年 1 月, 弗格森与伦奇合写一文, 发表了 π 的 808 位正确值.

稍后, 1949 年 6 月伦奇与史密斯计算 π 的 1 120 位值. 在核对完工之前, 1949 年 9 月赖特韦斯纳(George W. Reitweisner)等人用了 ENIAC[①] 在 Aberdeen 试验场的弹道研究室算得 π 的 2 037 位值(用到了 2 040 位), 全部工作在 70 个小时完成, 用的是梅钦式.

1954 年 11 月伦奇与史密斯得 1 150 位值, 1956 年 1 月再次得 1 160 位值, 其中最初的 1 157 位是与 ENIAC 结果相符的.

1954 年 11 月、1955 年 1 月, 美国 Virginia 的海军试验场用 NORC[②] 机根据梅钦式计算 π 值, 13 分钟得到 3 093 位值. 据此, 1954 年尼科尔森(S. C. Nicholson)与吉内尔(J. Jeenel)发表了 π 值直到小数第 3 089 位是不循环的.

1958 年 1 月裘努埃(Francois Genuys)在巴黎数据处理中心用 1BM[③]704 电子数据处理系统计算 π 值到 10 000 位小数(用梅钦式与格雷哥利级数). 40 秒钟就得到香克斯所得的 707 位值, 1 小时 40 分钟得到 10 000 位值.

1959 年 7 月 20 日裘努埃设计在 IBM704 系统算得 π 值到 16 167 位小数. (4.3 小时)

---

① Electronic Numerical Integrator and Computor.

② Naval Ordnance Reseach Calculator.

③ International Business Machines.

1961 年香克斯与伦奇设计在 IBM7090 系统用 8.7 小时算得 π 值到 100 265 位小数.

1966 年 2 月 22 日奇洛德(M. Jean Guilloud)等人在巴黎原子能委员会用 STRETCH 计算机算出 π 值到 250 000 位小数.

1967 年 2 月 22 日奇洛德等人在 CDC6600 系统算得 π 值到 500 000 位小数.

第九讲 孙子定理和大衍求一术

一、孙子定理

《孙子算经》卷下第 26 题:"今有物不知其数.三三数之剩二,五五数之剩三,七七数之剩二,问物几何? 答曰:二十三.' 这就是说,设

$$N \equiv 2 (\bmod\ 3)$$
$$\equiv 3 (\bmod\ 5)$$
$$\equiv 2 (\bmod\ 7)$$

求最小的整数 N. 答数是 23.

《孙子算经》"术曰:三三数之剩二,置一百四十;五五数之剩三,置六十三;七七数之剩二,置三十.并之,得二百三十三,以二百十减之,即得.凡三三数之剩一,则置七十;五五数之剩一,则置二十一;七七数之剩一,则置十五.一百六以上,以一百五减之,即得.'

按术文的前半段,这问题的解是

$$N = 70 \times 2 + 21 \times 3 + 15 \times 2 - 105 \times 2 = 23$$

按术文的后半段,同余式组

$$N \equiv R_1 (\bmod\ 3)$$
$$\equiv R_2 (\bmod\ 5)$$
$$\equiv R_3 (\bmod\ 7)$$

的解是

$$N = 70R_1 + 21R_2 + 15R_3 - 150p$$

其中 p 为整数.

《孙子算经》"物不知数'问题颇有猜谜的性质,解法也很妙巧,这个问题并不是作者虚造出来的,而是依据当时天文学家推算"上元积年'的算法简化编写出来的.

推广"物不知数'题的解法,可以有下列孙子定理:

设 $a_1, a_2, \cdots, a_h$ 为两两互素的 h 个除数,$R_1, R_2, \cdots, R_h$ 各为余数,设

$$M = a_1 \cdot a_2 \cdot \cdots \cdot a_h$$
$$N \equiv R_i (\bmod\ a_i) \quad i = 1, 2, \cdots, h$$

如果能有 k_i,使

$$k_i = \frac{M}{a_i} \equiv 1 (\bmod\ a_i)$$

那么

$$N \equiv \sum k_i \frac{M}{a_i} R_i \pmod{M}$$

笛克森（L. E. Dickson）的《数论史》第二卷（1952）中指出：欧拉，拉格朗日（Lagrange）等都曾对一次同余式问题进行过研究，高斯 1801 年出版的《算术探究》中明确地写出了上述定理．1852 年英国人伟烈亚力在中国，将《孙子算经》"物不知数"题的解法写入他的《中国数学笔记》(*Jottings on the science of Chinese arithmetic*)，发表在 1852 年的 *North China Herald*（华北前锋报），又载入 1853 年的 *Shanghai Almanac*（上海年鉴）．后来皮纳兹基（K. L. Biernatzki）将伟烈亚力的文章译成德文，发表在 *Jour. für Math.*（52），1856．于是，"物不知数"题的解法就传入欧洲．1874 年马蒂森（L. Matthiessen）在 *Zeitschrift Math. Phys.* 上发表文章，指出《孙子算经》的解法，符合高斯的定理．从此，在欧洲的数学史书里将这个定理称为"中国剩余定理"．

二、大衍求一术

解决《孙子算经》"物不知数"题（即解一次同余式组问题）的关键是怎样求得 k_i，使

$$k_i \frac{M}{a_i} \equiv 1 \pmod{a_i} \quad i = 1, 2, \cdots, h$$

秦九韶《数书九章》（1247）卷一里，将两两互素的 a_i 称为定数，M 为衍母，$\frac{M}{a_i} = G_i$ 为衍数，k_i 为乘率，计算乘率 k_i 的方法为"大衍求一术"．秦九韶的方法[①]大致如下：

如果 $G_i > a_i$，设

$$G_i \equiv g_i \pmod{a_i} \quad 0 < g_i < a_i$$

于是

$$k_i G_i \equiv k_i g_i \pmod{a_i}$$

因为 $k_i G_i \equiv 1 \pmod{a_i}$．所以问题归结为：求 k_i，使 $k_i g_i \equiv 1 \pmod{a_i}$．秦九韶称 g_i 为"奇数"（即零头数的意思），秦九韶的方法是：把 g_i 置于右上，a_i 置于右下，左上置 1，左下空位（图

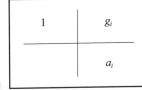

图 1

1）．然后，"先以右上除右下，所得商数与左上相生（即相乘）入左下．然后乃以右行上下以少除多，递互除之，所得商随即递互累乘，归左行上下，须使右上末后奇一而止．乃验左上所得，以为乘率（即 k_i）"．

现在用代数符号，说明如下：

将 g_i, a_i 二数辗转相除，得到一连串的商数 $q_1, q_2, \cdots, q_n$，到第 n 次的 $r_n = 1$ 为止，但 n 必须是一个偶数．如果 r_{n-1} 已经等于 1，那么用 1 除 r_{n-1}，得商 $q_n = r_{n-2} - 1$．这样，最后的 r_n 还是 1（"使右上末后奇一而止"）．在进行辗转相除的同时，按照一定程序，依次计算出

① 参阅钱宝琮：《中国数学史》，科学出版社，1964．

钱宝琮：秦九韶《数书九章》研究，载《宋元数学史论文集》，科学出版社，1966．

$c_1, c_2, \cdots, c_n$ 的值. $c_1, c_2, \cdots, c_n$ 是记在左下、左上的数

$$a_i = g_i q_1 + r_1 \qquad\qquad c_1 = q_1$$
$$g_i = r_1 q_2 + r_2 \qquad\qquad c_2 = q_2 c_1 + 1$$
$$r_1 = r_2 q_3 + r_3 \qquad\qquad c_3 = q_3 c_2 + c_1$$
$$\vdots \qquad\qquad\qquad\qquad \vdots$$
$$r_{n-3} = r_{n-2} q_{n-1} + r_{n-1} \qquad c_{n-1} = q_{n-1} c_{n-2} + c_{n-3}$$
$$r_{n-2} = r_{n-1} q_n + r_n \qquad\quad c_n = q_n c_{n-1} + c_{n-2}$$

最后得到的 c_n 就是所求的 k_i 值.

可以证明,这样求得的 c_n 确实就是所求的 k_i,设

$$l_2 = q_2, l_3 = q_3 c_2 + 1, l_4 = q_4 l_3 + l_2, \cdots, l_n = q_n l_{n-1} + l_{n-2}$$

从上面的等式里,有

$$r_1 = a_i - g_i q_1$$
$$= a_i - c_1 q_i$$
$$r_2 = g_i - r_1 q_2$$
$$= g_i - (a_i - c_1 g_i) q_2$$
$$= c_2 g_i - l_2 a_i$$
$$r_3 = r_1 - r_2 q_3$$
$$= (a_i - c_1 q_i) - (c_2 g_i - l_2 a_i) q_3$$
$$= l_3 a_i - c_3 q_i$$
$$\vdots$$
$$r_{n-1} = l_{n-1} a_i - c_{n-1} q_i$$
$$r_n = c_n g_i - l_n a_i$$

也就是

$$c_n g_i \equiv r_n (\mathrm{mod}\ a_i)$$

当 $r_n = 1$ 时

$$c_n g_i \equiv 1 (\mathrm{mod}\ a_i)$$

所以

$$c_n = k_i$$

例如,要计算同余式

$$3\ 800 k \equiv 1 (\mathrm{mod}\ 27)$$

中的 k 值. 因为

$$3\ 800 \equiv 20 (\mathrm{mod}\ 27)$$

所以 20 为"奇数",27 为定数,就是要求

$$20 k \equiv 1 (\mathrm{mod}\ 27)$$

中的 k 值. 大衍求一术求 k 值的方法如下

1	$20(g)$		1	20
	$27(a)$		1	$7(r_1)$
			$c_1 = q_1$	$q_1 = 1$
$c_2 = c_1 q_2 + 1$ / 3	$6(r_2), q_2 = 2$		3	6
1	7		4	$1(r_3)$
			$c_3 = c_2 q_3 + c_1$	$q_3 = 1$
$c_4 = c_3 q_4 + c_2$ / 23	$1(r_4), q_4 = 5$			
4	1			

因为 $r_3 = 1$，所以 $6 = 5 \times 1 + 1, q_4 = 5$ 得 $r_4 = 1$. 得到 $k = c_4 = 23$，即

$$3\ 800 \times 23 \equiv 1 \ (\mathrm{mod}\ 27)$$

《数书九章》"余米推数" 题要求解同余式组

$$N \equiv 1 \ (\mathrm{mod}\ 19)$$
$$\equiv 14 \ (\mathrm{mod}\ 17)$$
$$\equiv 1 \ (\mathrm{mod}\ 12)$$

这里

$$a_1 = 19, a_2 = 17, a_3 = 12$$
$$R_1 = 1, R_2 = 14, R_3 = 1$$
$$M = a_1 a_2 a_3 = 3\ 876$$
$$G_1 = a_2 a_3 = 204, G_2 = a_1 a_3 = 228, G_3 = a_1 a_2 = 323$$

要求 k_1, k_2, k_3 使

$$204 k_1 \equiv 1 \ (\mathrm{mod}\ 19)$$
$$228 k_2 \equiv 1 \ (\mathrm{mod}\ 17)$$
$$323 k_3 \equiv 1 \ (\mathrm{mod}\ 12)$$

因为各式的 G_i 大于 a_i，所以先求"奇数"，得

$$14 k_1 \equiv 1 \ (\mathrm{mod}\ 19)$$
$$7 k_2 \equiv 1 \ (\mathrm{mod}\ 17)$$
$$11 k_3 \equiv 1 \ (\mathrm{mod}\ 12)$$

即大衍求一术，求得

$$k_1 = 15, k_2 = 5, k_3 = 11$$

故得

$$N \equiv \sum G_i k_i R_i \ (\mathrm{mod}\ M)$$
$$\equiv [204 \times 15 \times 1 + 228 \times 5 \times 14 + 323 \times 11 \times 1 \ (\mathrm{mod}\ 3\ 876)]$$
$$\equiv 22\ 573 \ (\mathrm{mod}\ 3\ 876)$$

所以

$$N = 3\ 193$$

上面所讲的一次同余式组问题中,所有的除数都是两两互素的整数.但在秦九韶《数书九章》里用大衍求一术所解决的问题中所有的除数(秦九韶称之为"问数")并不以两两互素为限的.

问数不是两两互素的一次同余式组有可以得解的条件.设 A_i 为问数
$$N \equiv R_i (\bmod A_i) \quad i = 1, 2, \cdots, n$$

如果 A_i 和 A_j 有最大公约数 d,那么 $N - R_i$ 和 $N - R_j$ 都能被 d 整除,从而 $R_i - R_j$ 也必能被 d 整除.所以,在所有的 $R_i - R_j \equiv 0 (\bmod d)$ 的条件下,那个同余式组
$$N \equiv R_i (\bmod A_i) \quad i = 1, 2, 3, \cdots, n$$
仍是可以解的.

设 M 为所有问数 A_i 的最小公倍数,用 A_i 除 M 得 G_i,如果所有问数 A_i 不是两两互素的,那么 A_i 和 G_i 可能有公约数.这时,同余式 $k_i G_i \equiv 1 (\bmod A_i)$ 就不能成立,而整个问题就不能用大衍求一术来解决了.秦九韶认为必须选取 A_i 的因数 a_i 作为定数,使所有的 a_i 两两互素,用所有的 a_i 的连乘积 M 作为所有问题 A_i 的最小公倍数,从而使 a_i 可与 G_i 互素.这时,就可用大衍求一术来解了.

《数书九章》卷二,"积尺寻源"题:"问欲砌基一段.见管大、小方砖、六门、城砖四色.令匠取便,或平或侧.只用一色砖砌,须要适足.匠以砖量地计料,称:用大方料,广多六寸,深少六寸;用小方,广多二寸,深少三寸;用城砖长,广多三寸,深少一寸;以阔,深少一寸,广多三寸;以厚,广多五分,深多一寸.用六门砖长,广多三寸,深少一寸;以阔,广多三寸,深多一寸;以厚,广多一寸,深多一寸.皆不合匝,未免修破砖料裨补.其四色砖,大方方一尺三寸;小方方一尺一寸;城砖长一尺二寸,阔六寸,厚二寸五分;六门长一尺,阔五寸,厚二寸.欲知基广、深几何."

"答曰,深三丈七尺一寸,广一丈二尺三寸."

此题要求:(1)地基的广;(2)地基的深.先将四种砖的尺寸以分为单位列出,这就是题中的"问数",秦九韶觉得"砖名相互,今假八音为号位";再列出各个问数对应的余数,并使余数为正数,得表1.

表1

	问数 A	代号	广余 R	深余 R'	调整后的 R'
大　方	130	金	60	-60	70
城砖长	120	石	30	-10	110
小　方	110	丝	20	-30	80
六门长	100	竹	30	10	10
城砖阔	60	匏	30	-10	50
六门阔	50	土	30	10	10
城砖厚	25	革	5	10	10
六门厚	20	木	10	10	10

八个问数 A_i 不是两两互素的.怎样从这些 A_i 选取对应的因数 a_i,使得:(1) a_i 两两互素;(2)所有 a_i 的乘积是八个问数 A_i 的最小公倍数呢?这些 a_i 就是问题中所要求的"定数".

中国古代数学家没有素因数的概念.秦九韶求定数的基本方法是"两两连环求等.约奇弗约偶,或约偶弗约奇".

"两两连环求等",是说各个问数中要求出每两个问数的"等"(就是最大公约数).这个题目有 8 个问数,两两连环求等,要进行 $C_8^2 = 28$(次).

怎样约去 A_i,A_j 两个问数中的"等"呢?设 d 是 A_i,A_j 的等(最大公约数),$A_i = ad$,$A_j = bd$.设 a 是奇数,b 是偶数.如果 d 是偶数,那么 d 就约 A_i 而不约 A_j,这就是"约奇弗约偶".如果 d 是奇数,那么 d 就约 A_j 而不约 A_i,这就是"约偶弗约奇".

秦九韶"积尺寻源"题算草如下:

金	130	130	130	130	130	130	130
石	120	120	120	120	120	120	120
丝	110	110	110	110	110	55	55
竹	100	100	100	100	25	25	25
匏	60	60	60	15	15	15	15
土	50	50	25	25	25	25	25
革	25	25	25	25	25	25	25
木	20	4	4	4	4	4	1
	(1)	(2)	(3)	(4)	(5)	(6)	(7)
	$d=5$	$d=2$	$d=4$	$d=4$	$d=2$	$d=4$	$d=1$
	20 为偶	50 为奇	60 为奇	100 为奇	110 为奇	4 为奇	木、金不约
	约木	约土	约匏	约竹	约丝	约木	

这里木与其他七个问数相约,共 7 次,称为一"变".第二变是在第一变的基础上革与其他六个问数相约,共 6 次,……;第七变是石与金相约,计 1 次.共计 $7+6+5+\cdots+1=28$(次).

第七变终,得到最后的八个 a_i 如表 2.

表 2

	金	石	丝	竹	匏	土	革	木
问数 A_i	130	120	110	100	60	50	25	20
定数 a_i	13	8	11	1	3	1	25	1

八个 a_i 已是两两互素,各数是对应 A_i 的因数,它们的乘积是 8 个 A_i 的最小公倍数,所以就是所求的定数.

竹、土、木三个定数都是 1,无须求衍数与乘率.$13 \times 8 \times 11 \times 3 \times 25 = 85\ 800 = M$ 就是衍母.然后,求 $M \div a_i = G_i$,就是衍数.从定数 a_i,G_i 求奇数 g_i 与乘率 k_i.以 k_i 乘 G_i 为"用数".以各基广余数 R_i 乘各用数,相加得基广"总数".以各基深余数 R_i' 乘各用数,相加得基深"总数".(表 3)

因此,得

表 3

	代号	问数 A	定数 a	衍数 G	奇数 g	乘率 k	用数 $k9$	广余 R	kGR	深余 R	kGR'
大　方	金	130	13	6 600	9	3	19 800	60	1 188 000	70	1 386 000
城砖长	石	120	8	10 725	5	5	53 625	30	1 608 750	110	5 898 750
小　方	丝	110	11	7 800	1	1	7 800	20	156 000	80	624 000
城砖阔	匏	60	3	28 600	1	1	28 600	30	858 000	50	1 430 000
城砖厚	革	25	25	3 432	7	18	61 776	5	308 880	10	617 760
									4 119 630		9 956 510

$$地基的广 = 4\ 119\ 630 - 48 \times 85\ 800 = 1\ 230（分）$$

$$地基的深 = 9\ 956\ 510 - 116 \times 85\ 800 = 3\ 710（分）$$

如果所有的问数 A_i 经过"两两连环求等,约奇弗约偶,或约偶弗约奇"的运算,所得的 n 个 a_i 还不是两两互素.秦九韶对此又做了进一步的考究.我曾写了一篇《秦九韶大衍求一术中的求定数问题》[①] 在第三届国际中国科学史讨论会(1984 年,北京)上宣读,该文编入讨论会文集.

---

① 该文已收入本书第二编.

第十讲　　高次方程

一、高次数字方程

1. 贾宪的增乘开方法

英国学者李约瑟在他的著作《中国科学技术史》中指出："求高次数字方程近似值的方法是中国开始的,它一直被称为最有代表性的中国数学贡献."[①]

《九章算术》少广章中已有开平方、开立方的方法.这些方法和求解二项方程 $x^2 = A$, $x^3 = B$ 正根的方法是一致的,中国古代把方程的数值解法称为"开方术".

根据刘徽的注解,古代数学家是知道恒等式

$$(x+a)^2 = x^2 + 2ax + a^2$$
$$(x+a)^3 = x^3 + 3ax^2 + 3a^2x + a^3$$

的代数意义的.11 世纪的贾宪发现二项式高次幂展开式的各项系数所遵循的规律,制成了"开方作法本源"图,载入他的《黄帝九章算法细草》中.贾宪的书已失传,在杨辉的《详解九章算法》中保存着这个"开方作法本源"图.杨辉说:"出释锁算书,贾宪用此术."杨辉在《九章算法纂类》中有"贾宪立成释锁平方法""增乘开平方法""贾宪立成释锁立方法""增乘(开立)方法四种'开方'的方法".

宋元数学家把开方或解数字方程的手续称为"释锁","立成"是推算某些数据所用的算表的通称."立成释锁平方法(立方法)"就是运用某种算表来进行开平方(开立方)的方法.而贾宪所用的"立成"可能就是他自己所制作的"开方作法本源"图.

"立成释锁平方法(立方法)"的演算步骤基本上和《九章算术》少广章所列的方法是相同的,但是它可以推广到任意高次幂的开方.

贾宪的"增乘开方法"则是一种新的方法."增乘开方法"与《九章算术》旧法(即"立成释锁"法)的不同在于:每当求得一位商数之后,新法是用随乘随加的方法求出减根后的新方程的,而旧法是利用 $(x+a)^3$ 的系数 $1, 3a, 3a^2, a^3$ 进行方程的减根变换的.因此,增乘开方法比少广旧法容易掌握,计算亦较简捷.这种开方法还可应用到任意高次幂的求根.

现在举《九章算术》少广章第 19 题:求方程 $x^3 = 1\,860\,867$ 的正根为例,说明增乘开

---

① Joseph Needham, Science & Civilisation in China, Vol. Ⅲ, *Mathematics*, 1959.

方法的优点.

(1) 我们要解方程 $x^3 = 1\,860\,867$. 因 x 是三位数,故设 $x = 100x_1$,将原方程变成
$$1\,000\,000x_1^3 = 1\,860\,867$$
商议得 $1 < x_1 < 2$,在"实"的百位之上置"上商"1.

商	1
实	1 8 6 0 8 6 7
方	
廉	
下法	1

(2) 上商乘"下法"记在"廉"行.上商乘"廉"记在"方"行.上商乘"方",从"实"中减去.

商	1
实	8 6 0 8 6 7
方	1
廉	1
下法	1

(3) 上商乘"下法",加入"廉"
上商乘"廉",加入"方".

商	1
实	8 6 0 8 6 7
方	3
廉	2
下法	1

(4) 上商乘"下法",加入"廉".
表示的方程是
$$1\,000\,000(x_1-1)^3 + 3\,000\,000(x_1-1)^2 + 3\,000\,000(x_1-1) = 860\,867$$

商	1
实	8 6 0 8 6 7
方	3
廉	3
下法	1

(5)"方"向右退一位.
"廉"向右退二位.
"下法"向右退三位.
表示的方程是
$$1\,000x_2^3 + 30\,000x_2^2 + 300\,000x_2 = 860\,867$$
其中,$x_2 = 10(x_1-1)$.

商	1
实	8 6 0 8 6 7
方	3
廉	3
下法	1

(6)"方"试除"实",得商的第二位(次商)2.
用"次商"乘"下法"加入"廉".
用"次商"乘"廉"加入"方".
用"次商"乘"方",然后从"实"中减去.

商	1 2
实	1 3 2 8 6 7
方	3 6 4
廉	3 2
下法	1

(7) 次商乘"下法"加入"廉".

次商乘"廉"加入"方".

商	1 2
实	1 3 2 8 6 7
方	4 3 2
廉	3 4
下法	1

(8) 次商乘"下法"加入"廉".

表示的方程是

$$1\,000x_2^3 + 36\,000x_2^2 + 432\,000x_2 = 132\,867$$

商	1 2
实	1 3 2 8 6 7
方	4 3 2
廉	3 6
下法	1

(9)"方"向右退一位.

"廉"向右退二位.

"下法"向右退三位.

表示的方程是

$$x_3^3 + 360x_3^2 + 43\,200x_3 = 132\,867$$

其中,$x_3 = 10(x_2 - 2)$.

商	1 2
实	1 3 2 8 6 7
方	4 3 2
廉	3 6
下法	1

(10)"方"试除"实"得商的第三位(末商)3.

"末商"乘"下法"加入"廉".

"末商"乘"廉"加入"方".

"末商"乘"方",从"实"中减去,减尽. 即得 $x^3 = 1\,860\,867$ 的正根

$$x = 1 \times 100 + 2 \times 10 + 3$$
$$= 123$$

商	1 2 3
实	
方	4 4 2 8 9
廉	3 6 3
下法	1

贾宪的增乘开方法确实比《九章算术》旧法简便,但他的问题只是限于求解 $x^2 = A$, $x^3 = B$,$x^4 = C$ 之类的二项方程.

我国古代对求解

$$x(x+k) = A \text{ 或 } x^2 + kx = A$$

正根的方法称为"开带从平方法";对求解

$$x(x+k)(x+l) = V \text{ 或 } x^3 + (k+l)x^2 + klx = V$$

正根的方法称为"开带从立方法". 7 世纪王孝通《缉古算术》中所选的问题大多是要求三次方程的正根.

设

$$x^3 + px^2 + qx = r$$

其中，p,q,r 都不是负数.

12 世纪刘益的著作《议古根源》里有利用贾宪增乘开方法求系数可正可负的一般方程正根的方法.《议古根源》已失传，但其中的某些问题被编入杨辉《田亩比类乘除捷法》(1275) 中，得以保存下来.刘益的方法称为"正负开方术".

2. 秦九韶的"正负开方术"

13 世纪的秦九韶撰《数书九章》(1247)，系统地介绍了利用增乘开方法求一般方程正根的数值解法.下面，举《数书九章》中"尖田求积"一问为例，叙述秦九韶"正负开三乘方"的方法.

"尖田求积"题要求解方程

$$-x^4 + 763\,200x^2 - 40\,642\,560\,000 = 0$$

	商
-40642560000	实
0	虚方
$+763200$	从上廉
0	虚下廉
-1	益隅

（1）列算筹，秦九韶说："商常为正，实常为负，从常为正，益常为负."因此，益隅即负隅，"从上廉"即正上廉.

下文中的"益下廉"即负下廉.

商	
800	
-40642560000	实
0	虚方
$+763200$	从上廉
0	虚下廉
-1	益隅

（2）上廉向左移二位.

益隅向左移四位.

商向左移一位.

上廉再向左移二位.益隅再向左移四位.商再向左移一位.确定商的首位数为 8.

商	
800	
-38205440000	正实
$+98560000$	［从］方
$+123200$	［从］上廉
-800	［益］下廉
-1	益隅

（3）用商乘隅加入下廉.

用商乘下廉与正上廉相消，用商乘正上廉，加入"方".

用商乘"方"得正积，与"实"相消，乃由负实变成正实，秦九韶称为"换骨".

```
                    商
                 8 0 0
  − 3 8 2 0 5 4 4 0 0 0 0      正实
  − 8 2 6 8 8 0 0 0 0        ［益］方
  − 1 1 5 6 8 0 0          ［益］上廉
       − 1 6 0 0          ［益］下廉
         − 1             益隅
```

（4）用商乘隅，加入下廉 —— 一变.

用商乘下廉入上廉.

正负上廉相消，得负上廉.

用商乘上廉入"方".

正负相消，得负方.

```
                    商
                 8 0 0
  ＋ 3 8 2 0 5 4 4 0 0 0 0      ［正］实
  − 8 2 6 8 8 0 0 0 0        ［益］方
  − 3 0 7 6 8 0 0          ［益］上廉
       − 2 4 0 0          ［益］下廉
         − 1             益隅
```

（5）用商乘隅入下廉 —— 二变.

用商乘下廉入上廉.

```
                    商
                 8 0 0
  ＋ 3 8 2 0 5 4 4 0 0 0 0      ［正］实
  − 8 2 6 8 8 0 0 0 0        ［益］方
  − 3 0 7 6 8 0 0          ［益］上廉
       − 3 2 0 0          ［益］下廉
         − 1             益隅
```

（6）用商乘隅入下廉 —— 三变.

```
                    商
                 8 0 0
  ＋ 3 8 2 0 5 4 4 0 0 0 0      ［正］实
  − 8 2 6 8 8 0 0 0 0        ［益］方
    − 3 0 7 6 8 0 0        ［益］上廉
       − 3 2 0 0          ［益］下廉
         − 1             益隅
```

（7）"方"向右退一位.

上廉向右退二位.

下廉向右退三位.

隅向右退四位.

		续	
		商商	
		8 4 0	
0 0 0 0 0 0 0 0 0 0 0			实空
− 9 5 5 1 3 6 0 0 0			[益]方
− 3 2 0 4 0 0			[益]上廉
− 3 2 4 0			[益]下廉
− 1			益隅

(8)用"方"试除"实",得续商4.

用续商乘隅入下廉.

续商乘下廉入上廉.

续商乘上廉入方.

续商乘方,与实正负相消,适尽.

故得商数为840,即方程的正根 $x = 840$.

3. 霍纳(Horner) 方法

1802 年意大利科学协会为了改进高次数学方程的解法,曾颁发了一枚金质奖章.鲁斐尼(Paolo Ruffini,1765—1822)1804 年得到了这项奖章.他是借助微积分对一个方程进行变换来求解的,他的方法比霍纳 1819 年的方法简单而实质是相同的.

霍纳(William George Horner,1786—1837)曾在 Bristol 附近的 Kingswood 学校求学,他没有进过大学,亦不是有名的数学家.1809 年,他在 Bath 办了一所中学,任教到去世.他发现了高次数字方程求近似根的方法,使他出了名.霍纳的方法与 1247 年秦九韶的方法极为相似,与 1804 年鲁斐尼的方法亦很相似.事实上,霍纳与鲁斐尼二人是独立发现的,而且两人都不知道秦九韶的方法.

1819 年 7 月 1 日霍纳在英国皇家学会宣读了他的论文"连续近似求解任意次方的数字方程的新方法"[①],该文发表在伦敦皇家学会的《哲学学报》(1819)上.这篇文章写得冗长而难懂,不像现代教科书中那样简明.《哲学学报》的编辑戴维斯(T. S. Davies)说:写得深奥些、晦涩些,显得高明,就容易被采用,发表出来.霍纳 1819 年的文章里用到泰勒(Brook Taylor)定理,用微积分方法进行方程变换.在后来的修订稿中,他用了初等代数并做了简单的说明.D. E. 史密斯的 *Source Book of Mathematics* (1929)上载有整理过的霍纳 1819 年的原术.这里介绍一些要点.

霍纳对三次方程

$$\Delta = aZ + bZ + Z^3$$

求解的方式如下

_____

① A new method of solving numerical equations of all orders by continuous approximation.

求某数的立方根就可用此法进行. 例如,原文中有求 48 228 544 的立方根问题. 就是

$$\Delta = aZ + bZ^2 + Z^3$$

中 $a=0, b=0$ 的情况. 所以有

$$\overset{.}{48}\ \overset{.}{228}\ \overset{.}{544} = Z^3$$

将原数三位分段以后,可以看出立方根的首位数 R 是 3,因此右起第一个减数是 $R^3 = 27$,右起第二个减数是 $3R^2 = 27$,右起第三个减数是 $3R = 9$,最左边的 1 是不必写出的

1	0	0	$\overset{.}{48}\ \overset{.}{228}\ \overset{.}{544} \left(\begin{matrix}Rrr'\\364\end{matrix}\right)$
			(Δ)
1(不写) 9. $(3R)$	27 .. $(3R^2)$	27 (R^3)	
		21 228	
6 (r)	$\underset{\lceil}{-}$ -- 576 $(Br = {}_0B)$	$-19\ 656\ (Ar)$	
96 (B) ---	3 276 (A)------	1 572 544 (Δ')	
12 $(2r)$	612 $({}_0B + r^2 = {}_1B)$	$-1\ 572\ 544\ (A'r')$	
4 (r')	$\lceil$ --4 336 $(B'r')$	0	
1 084 (B') --$\lrcorner$	393 136 (A')		

得以 48 228 544 的立方根是 364.

再经过一些改进,就成为后来教科书上的写法,如下式

1 000 000	+ 0	+ 0	48 228 544	3
	+ 3 000 000	+ 9 000 000	27 000 000	
1 000 000	+ 3 000 000	+ 9 000 000	21 228 544	
	+ 3 000 000	+ 18 000 000		
1 000 000	+ 6 000 000	+ 27 000 000		
	+ 3 000 000			
1 000 000	+ 9 000 000			
1 000	+ 90 000	+ 2 700 000	21 228 544	6
	+ 6 000	+ 576 000	19 656 000	
1 000	+ 96 000	+ 3 276 000	1 572 544	
	+ 6 000	+ 612 000		
1 000	+ 102 000	+ 3 888 000		
	+ 6 000			
1 000	+ 108 000			
1	+ 1 080	+ 388 800	1 572 544	4
	+ 4	4 336	1 572 544	
1	+ 1 084	+ 393 136	0	

所以 $Z = 364$.

现在用霍纳方法解《数书九章》"尖田求积"题

$$-x^4 + 763\ 200x^2 - 40\ 642\ 560\ 000 = 0$$

-1	0	+ 763 200	0	$-40\ 642\ 560\ 000$	800
	$-$ 800	$-$ 640 000	+ 98 560 000	+ 78 848 000 000	
-1	$-$ 800	+ 123 200	+ 98 560 000	+ 38 205 440 000	
	$-$ 800	$-$ 1 280 000	$-$ 925 440 000		
-1	$-$ 1 600	$-$ 1 156 800	$-$ 826 880 000		
	$-$ 800	$-$ 1 920 000			
-1	$-$ 2 400	$-$ 3 076 800			
	$-$ 800				
-1	$-$ 3 200	$-$ 3 076 800	$-$ 826 880 000	+ 38 205 440 000	40
	$-$ 40	$-$ 129 600	$-$ 128 256 000	$-$ 38 205 440 000	
-1	$-$ 3 240	$-$ 3 206 400	$-$ 955 136 000	0	

得 $x = 840$.

二、三次与四次方程的公式解

1. 三次方程的公式解

古代巴比伦人利用配方法对于二次方程已得到它的公式解. 对于一般的三次方程的公式解一直要到 16 世纪才由意大利的数学家获得解决.

意大利 Bologna 的数学教授费尔洛(Scipione dal Ferro,1465—1526)在 1500 年左右解出了 $x^3 + mx = n$ 类型的三次方程. 当时的数学家们有严守秘密的风气,把自己的发现不公开地发表出来,而向对手们挑战,要对手解出同样的问题. 但在 1510 年左右费尔洛确曾将他的方法秘传给他的学生菲奥(Antonio Maria Fior)和女婿纳未(Annibale della Nave).

1535 年,菲奥同塔尔塔里亚(Tartaglia①,1500—1557)挑战,要他解三十个三次方程. 塔尔塔里亚已经解出过形如 $x^3 + mx^2 = n$(m 与 n 为正数)的三次方程,这次解出了所有的三十个方程,其中包括 $x^3 + mx = n$ 类型的方程. 1541 年塔尔塔里亚设法将 $x^3 \pm px^2 = \pm q$ 类型的方程变化成 $x^3 \pm mx = \pm n$ 的类型,从而亦得到了一般的解法.

1539 年,Milan 的卡丹(Girolamo Cardano,1501—1576)央求塔尔塔里亚将解法告诉他,并且表示愿意严守秘密. 但后来,卡丹背弃了诺言,将塔尔塔里亚的方法占为己有,发表在自己的《大法》(Ars Magna,1545)里. 三次方程的解的公式应该称为塔尔塔里亚公式,但通常却称为卡丹公式.

现在介绍卡丹发表的方法. 设方程

$$x^3 + mx = n \tag{1}$$

其中,m,n 均为正数. 卡丹(塔尔塔里亚)引进二数 t 与 u,设

$$t - u = n \tag{2}$$

且

$$t \cdot u = \left(\frac{m}{3}\right)^3 \tag{3}$$

得到方程(1)的解为

$$x = \sqrt[3]{t} - \sqrt[3]{u} \tag{4}$$

t 与 u 可以从式(2)(3)构成的二次方程得到的

$$\left. \begin{array}{l} t = \sqrt{\left(\frac{n}{2}\right)^2 + \left(\frac{m}{3}\right)} + \frac{n}{2} \\ u = \sqrt{\left(\frac{n}{2}\right)^2 + \left(\frac{m}{3}\right)} - \frac{n}{2} \end{array} \right\} \tag{5}$$

---

① 这是 Niccolo Fontana 的绰号,因为他是个口吃者.

卡丹在根号前只取正号. 在求得 t 与 u 后, 卡丹只取它们的正的立方根, 并用(4), 得到 x 的一个解.

卡丹用几何方法证明(4)是方程(1)的解. 他把 $t-u=n$ 看成边长为 $\sqrt[3]{t}$, $\sqrt[3]{u}$ 的两个立方体的体积 t 和 u 的差; 乘积 $\sqrt[3]{t} \cdot \sqrt[3]{u}$ 是以 $\sqrt[3]{t}$, $\sqrt[3]{u}$ 为边的矩形的面积, 它等于 $\frac{m}{3}$. 卡丹说, 方程(1)的解就是这两个立方体的边长之差, 即 $x=\sqrt[3]{t}-\sqrt[3]{u}$. 从线段 AC 截去 BC, 那么 AB 上的立方体等于 AC 上的立方体减去 BC 上的立方体, 再减去以 AC, AB, BC 为边长的长方体体积的三倍. 也就是

$$(\sqrt[3]{t}-\sqrt[3]{u})^3 = t - u - 3(\sqrt[3]{t}-\sqrt[3]{u}) \cdot \sqrt[3]{t} \cdot \sqrt[3]{u}$$

因此, $x=\sqrt[3]{t}-\sqrt[3]{u}$, $t-u=n$, $\sqrt[3]{t} \cdot \sqrt[3]{u}=\frac{m}{3}$ 满足方程 $x^3=n-mx$. 这就是说, 用系数 m, n 能表达方程(1)的解(图 1). 卡丹书中, 对方程 $x^3+6x=20$, 得到的解是

$$x = \sqrt[3]{\sqrt{108}+10} - \sqrt[3]{\sqrt{108}-10}$$

图 1

塔尔塔里亚、卡丹还得到方程 $x^3=mx+n$, $x^3+mx+n=0$, $x^3+n=mx$ 的解. 当时的欧洲人只处理正数系数的方程, 而且对方程的解都要分别地给出几何验证.

卡丹的书中还能解形如 $x^3+6x^2=100$ 的方程. 他知道怎样消去 x^2 项, 因为系数为 6, 用 $y-2$ 代 x, 能得到 $y^3=12y+84$. 对于方程 $x^6+6x^2=100$, 令 $x^2=y$, 从而可作为三次方程来处理. 在卡丹的书中出现了负数的根, 尽管他认为负数是虚构的; 他对虚数是无知的. 为了避免负数, 他必须分别地处理各种类型的三次方程以及作为辅助的求 t 与 u 的二次方程, 所以其叙述冗繁, 今天的读者会感到厌烦的.

卡丹在解三次方程过程中遇到了困难, 但是不能解决它. 当 $\left(\frac{n}{2}\right)^2 + \left(\frac{m}{3}\right)^3 < 0$ 时, t 与 u 为复数, 而方程(1)却有三个不同的实数解. 这种实数解不能用算术、代数的方式来表示. 塔尔塔里亚称之为不可约情况.

韦达(F. Vieta)在 1591 年研究了这种不可约情况, 发表在他的《论方程的整理和修正》(1615)书中. 韦达用一个三角恒等式解出了不可约的三次方程, 从而避免使用卡丹的公式. 韦达从恒等式

$$\cos 3A = 4\cos^3 A - 3\cos A \tag{6}$$

开始, 令 $z=\cos A$, 则得

$$z^3 - \frac{3}{4}z - \frac{1}{4}\cos 3A = 0 \tag{7}$$

设有方程

$$x^3 + mx - n = 0 \qquad (8)$$

令 $x = kz$(其中 k 是特定的),则得

$$z^3 + \frac{m}{k^2}z - \frac{n}{k^3} = 0 \qquad (9)$$

因此,$\dfrac{m}{k^2} = -\dfrac{3}{4}$,得

$$k = \sqrt{\frac{-4m}{3}} \qquad (10)$$

对于这个 k

$$-\frac{n}{k^3} = -\frac{1}{4}\cos 3A \qquad (11)$$

于是

$$\cos 3A = \frac{4n}{k^3} = \frac{\dfrac{n}{2}}{\sqrt{-\dfrac{m^3}{27}}} \qquad (12)$$

若方程(8)的三个解都是实数,则 m 必为负数而 k 为实数.又因 $\left(\dfrac{n}{2}\right)^2 + \left(\dfrac{m}{3}\right)^3 < 0$,可知 $|\cos 3A| < 1$.因此,$3A$ 的值可从函数值表查得.式(7)是恒等式,对于任意的 A 都成立.现在选取 A 使式(9)成为(7)的特例.对于这个 A 值,$\cos A$ 满足式(9).由式(12)确定了 $3A$ 的值,从而求得 A 值.但 $A + 120°$,$A + 240°$ 亦满足式(12),所以 $\cos A$,$\cos(A + 120°)$,$\cos(A + 240°)$ 都能满足式(9).因此得到方程(8)的三个解为

$$k\cos A, k\cos(A + 120°), k\cos(A + 240°)$$

其中,$k = \sqrt{-\dfrac{4m}{3}}$.

三次方程有三个解,但直到 1732 年欧拉才对三次方程的卡丹公式解给出完整的写法.他利用方程 $x^2 + x + 1 = 0$ 的复数解 ω, ω^2 得到式(4)中 t 与 u 的三次根分别为

$$\sqrt[3]{t}, \omega\sqrt[3]{t}, \omega^2\sqrt[3]{t}$$

和

$$\sqrt[3]{u}, \omega\sqrt[3]{u}, \omega^2\sqrt[3]{u}$$

在两组数中各取一数,使所取的二数的乘积为实数 $\dfrac{m}{3}$(参看式(3)).因为 $\omega \cdot \omega^2 = \omega^3 = 1$,故得方程(1)的三个解为

$$x_1 = \sqrt[3]{t} - \sqrt[3]{u}$$
$$x_2 = \omega\sqrt[3]{t} - \omega^2\sqrt[3]{u}$$
$$x_3 = \omega^2\sqrt[3]{t} - \omega\sqrt[3]{u}$$

其中

$$t = \sqrt{\left(\frac{n}{2}\right)^2 + \left(\frac{m}{3}\right)^3} + \frac{n}{2}$$

$$u = \sqrt{\left(\frac{n}{3}\right)^2 + \left(\frac{m}{3}\right)^3} - \frac{n}{2}$$

胡德(Johann Hudde)1658 年对三次方程 $x^3 = qx + r$ 的解法如下：

设

$$x = y + z$$

则

$$y^3 + 3y^2z + 3yz^2 + z^3 = qx + r$$

令

$$y^3 + z^3 = r, 3zy^2 + 3z^2y = qx$$

则得

$$y = \frac{1}{3}q/z$$

因此

$$y^3 = \frac{1}{27}q^3/z^3 = r - z^3$$

得

$$z^6 - rz^3 + \frac{q^3}{27} = 0$$

得到

$$z^3 = \frac{1}{2}r \pm \sqrt{\frac{1}{4}r - \frac{1}{27}q^3} = A$$

$$y^3 = \frac{1}{2}r \mp \sqrt{\frac{1}{4}r^2 - \frac{1}{27}q^3} = B$$

因此

$$x = \sqrt[3]{A} + \sqrt[3]{B}$$

2. 四次方程的公式解

卡丹的学生费尔拉里(Lodovico Ferrari,1522—1565)得到了四次方程的解法,发表在卡丹的 *Ars Magna*(1545) 中. 这里,介绍他的解法. 设方程是

$$x^4 + ax^2 + bx + c = 0 \tag{1}$$

为了使式(1)左端写成二式平方之差,加进和减去 $x^2u + \frac{u^2}{4}$, u 表示待定的常数. 得到

$$x^4 + x^2u + \frac{u^2}{4} - x^2u - \frac{u^2}{4} + ax^2 + bx + c = 0$$

或

$$\left(x + \frac{u}{2}\right)^2 - \left[(u-a)x^2 - bx + \left(\frac{u^2}{4} - c\right)\right] = 0 \tag{2}$$

要使第二部分是完全平方,必有

$$b^2 = 4(u-a)\left(\frac{u^2}{4} - c\right) \qquad (3)$$

得到关于 u 的三次方程

$$u^3 - au^2 - 4cu + (4ac - b^2) = 0 \qquad (4)$$

设方程(4)的一个解是 u_1,将此 u_1 代入式(2).式(2)的第一部分是

$$(u_1-a)x^2 - bx + \left(\frac{u_1^2}{4} - c\right) = (u_1-a)x^2 - bx + \frac{b^2}{4(u_1-a)}$$

$$= \left[\sqrt{u_1-a}\,x - \frac{b}{2\sqrt{u_1-a}}\right]^2$$

于是,式(2)就相当于两个二次方程

$$x^2 + \sqrt{u_1-a}\,x + \left(\frac{u_1}{2} - \frac{b}{2\sqrt{u_1-a}}\right) = 0 \qquad (5)$$

$$x^2 + \sqrt{u_1-a}\,x + \left(\frac{u_1}{2} + \frac{b}{2\sqrt{u_1-a}}\right) = 0 \qquad (6)$$

解方程(5)(6),就得式(1)的四个解.

如果方程是

$$x^4 + bx^3 + cx^2 + dx + e = 0 \qquad (7)$$

移项后,得

$$x^4 + bx^3 = -cx^2 - dx - e$$

在左边加上 $\left(\frac{1}{2}bx\right)^2$,配成平方,得

$$\left(x^2 + \frac{1}{2}bx\right)^2 = \left(\frac{1}{4}b^2 - c\right)x^2 - dx - e$$

两边再加上 $\left(x^2 + \frac{1}{2}bx\right)y + \frac{1}{4}y^2$,得

$$\left[x^2 + \frac{b}{2}x + \frac{1}{2}y\right]^2 = \left(\frac{1}{4}b^2 - c + y\right)x^2 + \left(\frac{1}{2}by - d\right)x + \left(\frac{1}{4}y^2 - e\right) \qquad (8)$$

为了使右边是一个完全平方,必有

$$\left(\frac{1}{2}by - d\right)^2 - 4\left(\frac{1}{4}b^2 - c + y\right)\left(\frac{1}{4}y^2 - e\right) = 0$$

这是关于 y 的一个三次方程.设 y_1 是它的一个根,将 y_1 代入式(8),就可得关于 x 的两个二次方程,解这两个二次方程,得到式(7)的四个 x 的解.

3. 小结

韦达提倡用文字代表系数之后,使卡丹、塔尔塔里亚、费尔拉里求解三次方程、四次方程的一般方法和证明获得更多的普遍意义.韦达发现解二次、三次、四次方程的方法很不相同,就想找一种能适用于解各次方程的方法.他首先想出利用代换法,消去方程的次

高项的办法[1]. 例如,对二次方程

$$x^2 + 2bx = c$$

他设

$$y = x + b$$

于是

$$y^2 = x^2 + 2bx + b^2$$

利用原方程,得

$$y = \sqrt{c + b^2}$$

于是

$$x = y - b = \sqrt{c + b^2} - b$$

对三次方程

$$x^3 + bx^2 + cx + d = 0$$

韦达先设

$$x = y - \frac{b}{3}$$

得到没有二次项的方程

$$y^3 + py + q = 0$$

再作代换

$$y = z - \frac{p}{3z}$$

得

$$z^3 - \frac{p^3}{27z^3} + q = 0$$

然后解出关于 z^3 的二次方程,得

$$z^3 = -\frac{q}{2} \pm \sqrt{R}, R = \left(\frac{p}{3}\right)^3 + \left(\frac{q}{2}\right)^2$$

对四次方程

$$x^4 + bx^3 + cx^2 + dx + e = 0$$

韦达设 $x = y - \dfrac{b}{4}$,可将方程化为

$$x^4 + px^2 + qx + r = 0$$

然后依费尔拉里的方法来解.

三、关于五次方程

拉格朗日 1770 年的论文"关于方程的代数解法的思考"中,(1) 分析了解三次方程、

---

① 例如,对于三次方程,消去它的二次幂的项;对于四次方程,消去它的三次幂的项.

四次方程的各种方法,研究一下:为什么这些方法能把方程解出来;(2)这些方法对于解更高次的方程能提供些什么线索.

对三次方程

$$x^3 + nx + p = 0 \qquad\qquad (1)$$

拉格朗日知道,引进了变换

$$x = y - \frac{n}{3y} \qquad\qquad (2)$$

就得到辅助方程

$$y^6 + py^3 - \frac{n^3}{27} = 0 \qquad\qquad (3)$$

这个方程也叫作"简化方程",因为它是 y^3 的二次方程.

设 $r = y^3$,就得

$$r^2 + qr - \frac{n^3}{27} = 0 \qquad\qquad (4)$$

方程(4)的两个解 r_1 与 r_2 可用方程(1)的系数 p 与 n 表示的.但从 r 回到 y,必须解方程

$$y^3 - r = 0$$

于是得 y 的 6 个值

$$\sqrt[3]{r_1}, \omega \sqrt[3]{r_1}, \omega^2 \sqrt[3]{r_1}$$
$$\sqrt[3]{r_2}, \omega \sqrt[3]{r_2}, \omega^2 \sqrt[3]{r_2}$$

其中,ω 为 1 的立方根,$\left(\dfrac{-1+\sqrt{-3}}{2}\right)$.

因此,方程(1)的解就是

$$x_1 = \sqrt[3]{r_1} + \sqrt[3]{r_2}, x_2 = \omega \sqrt[3]{r_1} + \omega^2 \sqrt[3]{r_2}$$
$$x_3 = \omega^2 \sqrt[3]{r_1} + \omega^2 \sqrt[3]{r_2}$$

这就是说,原方程的解是通过"简化方程"的解得到的.

拉格朗日指出:应该把注意力集中在"y 是 x 的函数"上.拉格朗日注意到当 x_1, x_2 和 x_3 按特定顺序取出时,每一个 y 值都能写成

$$y = \frac{1}{3}(x_1 + \omega x_2 + \omega^2 x_3)$$

因此 $1 + \omega + \omega^2 = 0$.

他得到的"简化方程"有下列三条性质:

性质1　x_1, x_2, x_3 三值有 3! 种置换,所以有 6 个 y 值,从而 y 应满足一个六次方程.就是说,简化方程的次数是由原来方程的根的置换个数决定的.

性质2　由简化方程的六个值

$$y_1 = \frac{1}{3}(x_1 + \omega x_2 + \omega^2 x_3)$$

$$y_2 = \frac{1}{3}(x_2 + \omega x_3 + \omega^2 x_1)$$

$$y_3 = \frac{1}{3}(x_3 + \omega x_1 + \omega^2 x_2)$$

$$y_4 = \frac{1}{3}(x_1 + \omega x_3 + \omega^2 x_2)$$

$$y_5 = \frac{1}{3}(x_2 + \omega x_1 + \omega^2 x_3)$$

$$y_6 = \frac{1}{3}(x_3 + \omega x_2 + \omega^2 x_1)$$

有

$$y_1 = \omega^2 y_2 = \omega y_3, y_4 = \omega^2 y_5 = \omega y_6$$

还有

$$y_1^3 = y_2^3 = y_3^3, y_4^3 = y_5^3 = y_6^3$$

说明在 x_1, x_2, x_3 所有 6 种置换之下

$$(x_1 + \omega x_2 + \omega^2 x_3)^3$$

只能取 2 个不同值. 这就是说, y 所满足的简化方程是 y^3 的二次方程.

性质 3 简化方程的系数是原来三次方程系数的有理函数.

对于 x 的一般四次方程, 拉格朗日考虑

$$y = x_1 x_2 + x_3 x_4$$

有四个根 x_1, x_2, x_3, x_4 所有 24 种置换下, 只取三个不同的值. 因此, y 所满足的简化方程是一个三次方程, 它的系数是原来四次方程系数的有理函数.

拉格朗日对五次方程的考虑, 亦是从根的对称函数出发. 但他发现, 他必须解一个六次方程. 最后, 他得出结论: 用代数运算解一般的高次方程 ($n > 4$) 看来是不可能的.

拉格朗日的学生鲁斐尼在《方程的一般理论》(1799) 中证明了: 当 $n > 4$ 时, 不存在一个 n 元有理函数, 在 n 个元素发生置换时取 3 个或 4 个值. 他着手证明用代数方法解 $n > 4$ 的一般方程是不可能的, 但是没有成功.

阿贝尔 (Niels Henrik Abel, 1802—1829) 1824 年自费印发了一篇论文"解一般五次方程的不可能性". 文中证明了下列定理: "可用根式求解的方程的根能以这样的形式给出, 出现在根的表达式中的每个根式都可表成方程的根和某些单位根的有理函数."

设方程

$$y^5 - ay^4 + by^3 - cy^2 + dy - e = 0$$

能有代数解, 那么

$$y_1 = p + R^{\frac{1}{5}} + p_2 R^{\frac{2}{5}} + \cdots + p_4 R^{\frac{4}{5}}$$

$$y_2 = p + aR^{\frac{1}{5}} + \alpha_2 p_2 R^{\frac{2}{5}} + \cdots + \alpha^4 p_4 R^{\frac{4}{5}}$$

$$\vdots$$

$$y_5 = p + \alpha^4 R^{\frac{1}{5}} + \alpha^3 p_2 R^{\frac{2}{5}} + \cdots + \alpha p_4 R^{\frac{4}{5}}$$

其中, $R, p, p_2, \cdots$ 可用 a, b, c, d, e 以及它们的根式表达; α 是 1 的五次方根, $\alpha^4 + \alpha^3 + \alpha^2 + \alpha + 1 = 0$.

阿贝尔 1824 年的文章中用了拉格朗日的方法和高斯关于二项方程 $x^n - 1 = 0$ 的论述,证明了"高于四次的一般方程用根式求解的不可能性."

所谓阿贝尔方程是指能用根式求解的一类代数方程. 分圆方程 $x^p - 1 = 0$ 是阿贝尔方程的一例. 更一般地说,如果一个方程全部根都是其中一个根的有理函数,即方程的根是 $x_1, \theta_1(x_1), \theta_2(x_1), \cdots, \theta_{n-1}(x_1)$,其中 θ_i 是有理函数,这样的方程就称为阿贝尔方程. 此外,对于从 1 到 $n-1$ 中间所有的 α, β,有

$$\theta_\alpha(\theta_\beta x_1) = \theta_\beta(\theta_\alpha(x_1))$$

后面的这些研究中,事实上已引进了"域"和"给定域中不可约的多项式"两个概念了.

伽罗瓦(Evariste Galois,1811—1832)继阿贝尔之后,明确而透彻地解决了哪些方程可用代数运算来解的问题,从而开辟了群和域的理论研究.

第十一讲　二项式定理

一、开方作法本源图

北宋仁宗时代（1023—1063）的数学家贾宪有一部著作《黄帝九章算法细草》，其中有二项系数表即"开方作法本源"图.贾宪的书已失传，杨辉《详解九章算法》（1261）中征引了贾宪的材料，说明"出释锁算书，贾宪用此术."现在传本的杨辉算书中没有这个"开方作法本源"图，只在明朝《永乐大典》（1407）抄录的杨辉《详解九章算法》中，还保存着这份宝贵遗产.可惜这部分的《永乐大典》被掠至英国，现藏在剑桥大学图书馆内.在《永乐大典》卷一六三四四第五、六页，有图如图 1.

如图 1 所示，"开方作法本源"图中每一横行即是二项式某次幂展开式中的各项系数，即

$$(x+a)^0 = 1$$
$$(x+a)^1 = x+a$$
$$(x+a)^2 = x^2 + 2ax + a^2$$
$$(x+a)^3 = x^3 + 3ax^2 + 3a^2 x + a^3$$
$$(x+a)^4 = x^4 + 4ax^3 + 6a^2 x^2 + 4a^3 x + a^4$$
$$(x+a)^5 = x^5 + 5ax^4 + 10a^2 x^3 + 10a^3 x^2 + 5a^4 x + a^5$$
$$(x+a)^6 = x^6 + 6ax^5 + 15a^2 x^4 + 20a^3 x^3 + 15a^4 x^2 + 6a^5 x + a^6$$

二项展开式的系数对于开方是极为重要的.从《九章算术》的开平方术和开立方术和刘徽注中，可知古代数学家已知道

$$(x+a)^2 = x^2 + 2ax + a^2$$
$$(x+a)^3 = x^3 + 3ax^2 + 3a^2 x + a^3$$

两式的代数意义.贾宪把这些公式扩充到 $(x+a)^6$ 的展开式，指出各项系数所遵循的规律，是可以理解的.

"左袤乃积数，右袤乃隅算"."袤"字本是"衺"字，衺是古"邪"字，通"斜".就是说，左边斜线上的数字（一、一、一、…）是各次开方积（常数 a^n）的系数，右边斜线上的数字（一、一、一、…）是各项开方的"隅算"（x^n）的系数.第三句："中藏者皆廉"是说图中各横行中的"二""三、三""四、六、四"，等等分别是二次方、三次方、四次方时除"积""隅"以外各项的系数（"廉"）."以廉乘商方"是说明各次廉乘商（一位得数）的相应次方."命实以除之"

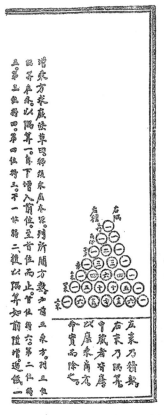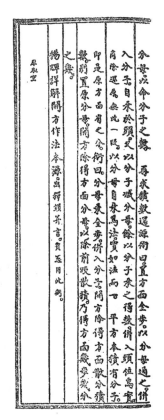

图 1

是说从被开方数"实"中减去最后所得的廉与商的乘积.

元朝数学家朱世杰《四元玉鉴》(1303)卷首有"古法七乘方图",图 2.

朱世杰的"古法七乘方图"比贾宪的开方作法本源图多列两层,并且添上了几根斜线.从这些斜线,可以看出各行每个系数与在它上一层的系数存在着一些联系:

例如,第七层各数表示 $(x+a)^6$ 展开式 $x^6 + 6ax^5 + 15a^2x^4 + 20a^3x^3 + 15a^4x^2 + 6a^5x + a^6$ 的各项的系数.第二项系数 6 可以看作上层第一,二项系数之和,$1+5$;第三项系数 15 可以看作上层第二,三项系数之和,$5+10$;第四项系数 20 可以看作上层第三,四项系数之和,$10+10$ 等等.

又如,第七层第二项系数 6,可以看作左边斜线上六个 1 之和,第三项系数 15,可以看作左边第二条斜线上的 $1,2,3,4,5$ 的和;第四项系数 20 可以看作左边第三条斜线上的 $1,3,6,10$ 的和等等.

如果 $(x+a)^n$ 的展开式用

$$x^n + C_n^1 ax^{n-1} + C_n^2 a^2 x^{n-2} + \cdots + C_n^n a^n$$

表示,那么上述两种系数间的关系式就是

$$C_n^r = C_{n-1}^{r-1} + C_{n-1}^r$$
$$C_n^r = C_{n-1}^{r-1} + C_{r-1}^{r-1} + \cdots + C_{n-1}^{r-1}$$

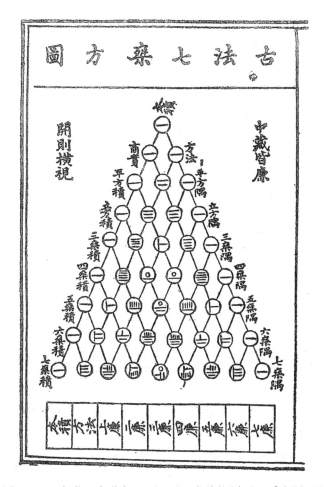

图 2　1303 年载于朱世杰《四元玉鉴》卷首的"古法七乘方图"图

二、帕斯卡三角形

我们在伊斯兰数学家卡西(al-kashi,？—1436) 的著作《算术之钥》(1427) 中可以看到许多中国数学的问题和方法. 其中亦有二项式定理系数表,如表 1.

表 1

9							
36	8						
84	28	7					
126	56	21	6				
126	70	35	15	5			
84	56	35	20	10	4		
36	28	21	15	10	6	3	
9	8	7	6	5	4	3	2

德国人阿皮亚纳斯(Petrus Apianus,1495—1552)1527 年印行的一本算术书的封面上印有二项式系数表:

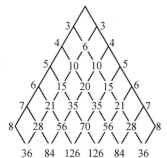

施蒂费尔(Michael Stifel,1487—1567)1544 所著的算术书中有二项式系数表

1	2	1		
1	3	3	1	
1	4	6	4	1
1	5	10	10	5	1

并展至十六乘.

此后,谢贝尔(Johann Scheubel,1494—1570),佩立拉(Jacques Pelelier,1517—1582),塔尔塔里亚,邦别利(1572),奥特雷德(William Oughtred,1574—1660)诸家所著的书中都有二项式系数表.

帕斯卡(Blaise Pascal,1623—1662)的《算术三角形专论》(图 3)是在他死后于 1665 年出版的.

	1	2	3	4	5	6	7	8	9	10
1	1	1	1	1	1	1	1	1	1	1
2	1	2	3	4	5	6	7	8	9	横列
3	1	3	6	10	15	21	28	36	纵列	
4	1	4	10	20	35	56	84			
5	1	5	15	35	70	126				
6	1	6	21	56	126					
7	1	7	28	84						
8	1	8	36							
9	1	9								
10	1									

图 3

从此以后,欧洲把这种二项式系数表称为帕斯卡三角形.

三、有理数指数的二项定理

瓦利斯(John Wallis,1616—1703)在《无穷的算术》(1655)中,运用分析法和不可分法解决了许多面积问题.为了求 π 的数值,瓦利斯用到了圆 $x^2 + y^2 = 1$. 他是从求这个圆

的四分之一面积 $\left(\dfrac{\pi}{4}\right)$ 入手的. 这相当于求

$$\int_0^1 (1-x^2)^{\frac{1}{2}} \mathrm{d}x$$

之值. 瓦利斯不知道指数为分数的二项定理, 所以他不能直接求得 $\dfrac{\pi}{4}$ 之值.

　　牛顿 1676 年 6 月 13 日、10 月 24 日给英国皇家学会秘书奥登伯(H. Oldenburg) 的信中, 讲到他的扩充二项定理的早期思想. 他写出

$$(P+PQ)^{\frac{m}{n}} = P^{\frac{m}{n}} + \frac{m}{n}AQ + \frac{m-n}{2n}BQ +$$

$$\frac{m-2n}{3n}CQ + \frac{m-3n}{4n}DQ + \cdots$$

其中, m, n 为正负整数; A 表第一项, 即 $P^{\frac{m}{n}}$; B 表第二项, 即 $\left(\dfrac{m}{n}\right)AQ$; C 表第三项, 即

$\dfrac{m-n}{2n}BQ$; D 表第四项, 即 $\dfrac{m-2n}{3n}CQ$; 等等.

　　此事, 还得从瓦利斯不能求 $\int_0^1 (1-x^2)^{\frac{1}{2}} \mathrm{d}x$ 之值谈起. 瓦利斯得到的是

(1) $\quad\quad \int (1-x^2)^0 \mathrm{d}x = \int \mathrm{d}x = x$

(2) $\quad\quad \int (1-x^2)^1 \mathrm{d}x = \int (1-x^2) \mathrm{d}x = x - \dfrac{1}{3}x^3$

(3) $\quad\quad \int (1-x^2)^2 \mathrm{d}x = \int (1-2x^2+x^4) \mathrm{d}x$

$\quad\quad\quad\quad\quad = x - \dfrac{2}{3}x^3 + \dfrac{1}{5}x^5$　　　　　　　　　　　$(*)$

(4) $\quad\quad \int (1-x^2)^3 \mathrm{d}x = \int (1-3x^2+3x^4-x^6) \mathrm{d}x$

$\quad\quad\quad\quad\quad = x - \dfrac{3}{3}x^3 + \dfrac{3}{5}x^5 - \dfrac{1}{7}x^7$

$\quad\vdots$

当 $x=1$ 时, 上述诸式的值是

$$1, \frac{2}{3}, \frac{8}{15}, \frac{16}{35}, \cdots$$

牛顿看到:

(1) 各式的第一项都是 x;

(2) 各式只含 x 的奇次幂, "+"、"—" 号交叉出现;

(3) 各式的第二项的系数; $\dfrac{0}{3}, \dfrac{1}{3}, \dfrac{2}{3}, \dfrac{3}{3}, \cdots$ 成算术级数.

　　于是, 牛顿认为 $\int (1-x^2)^{\frac{1}{2}} \mathrm{d}x$ 的第一项与第二项必是

$$x - \frac{\frac{1}{2}}{3}x^3$$

其次,牛顿看到式(*)中诸式各项系数的分母是 1,3,5,7,… 是成算术级数的;而分子恰是 11 的某个乘幂的各位数码,例如

在式(1) 中,有 11^0,即 1;

在式(2) 中,有 11^1,即 1,1;

在式(3) 中,有 11^2,即 1,2,1;

在式(4) 中,有 11^3,即 1,3,3,1;

……

牛顿认为:如果给定了式中的第二项系数的分子,记如 m,那么以后各项系数的分子是可以从连乘积

$$\frac{m-0}{1} \cdot \frac{m-1}{2} \cdot \frac{m-2}{3} \cdot \frac{m-3}{4} \cdot \cdots$$

得到的. 例如,设第二项系数的分子为 $m=4$,那么:

第三项系数的分子是 $4 \times \frac{m-1}{2} = 6$,

第四项系数的分子是 $6 \times \frac{m-2}{3} = 4$,

第五项系数的分子是 $4 \times \frac{m-3}{4} = 1$.

已知 $\int (1-x^2)^{\frac{1}{2}} \mathrm{d}x$ 展开式的第二项是 $\frac{\frac{1}{2}}{3}x^3$,所以 $m = \frac{1}{2}$,那么:

第三项系数的分子是 $\frac{1}{2} \times \frac{\frac{1}{2}-1}{2} = -\frac{1}{8}$,

第四项系数的分子是 $-\frac{1}{8} \times \frac{\frac{1}{2}-2}{3} = \frac{1}{16}$,

第五项系数的分子是 $\frac{1}{16} \times \frac{\frac{1}{2}-3}{4} = -\frac{5}{128}$.

……

所以得到

$$\int (1-x^2)^{\frac{1}{2}} \mathrm{d}x = x - \frac{\frac{1}{2}}{3}x^3 + \frac{-\frac{1}{8}}{5}x^5 - \frac{\frac{1}{16}}{7}x^7 + \frac{-\frac{5}{128}}{9}x^9 - \cdots$$

$$= x - \frac{\frac{1}{2}}{3}x^3 - \frac{\frac{1}{8}}{5}x^5 - \frac{\frac{1}{16}}{7}x^7 - \frac{\frac{5}{128}}{9}x^9 - \cdots$$

这就是说,瓦利斯所要插入的式子是一个无穷级数.

这项工作,促使牛顿考虑$(1-x)^{\frac{1}{2}}$展开式的模式.一般地,牛顿看到

$$\int (1-x^2)^m \mathrm{d}x = x - \frac{m}{3}x^3 + \frac{1}{5} \cdot \frac{m(m-1)}{2}x^5 -$$

$$\frac{1}{7} \cdot \frac{m(m-1)(m-2)}{2 \cdot 3}x^7 + \cdots$$

如果要求$(1-x^2)^m$的展开式,那么只要略去上式中各项的分母$1,3,5,7,\cdots$,并且将各项中x的幂降低一次,就可得出

$$(1-x^2)^m = 1 - mx^2 + \frac{m(m-1)}{2}x^4 -$$

$$\frac{m(m-1)(m-2)}{2 \cdot 3}x^6 + \cdots$$

其中m为有理数.这就是牛顿给奥登伯信中所谈的扩充二项定理的思想.牛顿给出了一些具体的数字验证,但是没有提供严谨的证明.

二项式定理的证明是经过较长的一段时期的.麦克劳林(Maclaurin)于1742年证明了有理数指数的二项定理.赛维米尼(Giovanni Francesco M. M. Salvemini)与卡斯纳(Kästner)于1745年证明了整数指数的二项定理.欧拉于1774年证明了分数指数的二项定理.阿贝尔于1825年证明了指数为复数的二项定理.

我国清代数学家戴煦(1805—1860)在他的杰作《对数简法》(1845)中得出结论:当$|a| < 1, m$为任何有理数时,下列展开式总是正确的

$$(1+a)^m = 1 + ma + \frac{m(m-1)}{1 \cdot 2}a^2 +$$

$$\frac{m(m-1)(m-2)}{1 \cdot 2 \cdot 3}a^3 + \cdots$$

戴煦发现的指数为有理数的二项定理与牛顿1676年的发现是暗合的.

第十二讲 素 数

公元前3世纪,希腊数学家欧几里得《原本》的卷Ⅶ、卷Ⅷ、卷Ⅸ是研究算术的.关于素数、合数等有下述定义、定理.

卷Ⅶ,定义11 只能被单位量尽(除尽)的数称为素数.

定义12 互为素数的数是这样的数,只有单位是它们的公共量数.

定义13 能被单位以外的数量尽的数称为合数.

卷Ⅷ,命题1与命题2 讲求两个数的最大公度(除数)的方法.这个方法今日称为欧几里得算法(Euclidean algorithm),也就是辗转相减法.

命题3 讲求三个数的最大公度.

命题24 讲如果 a 和 b 都与 c 互素,那么 ab 与 c 互素.

命题30 如有素数能除尽两数的乘积,那么这个素数能除尽原来两数中的一数.

命题31 合数可被某个素数除尽.

命题39 讲求几个数最小公倍数的方法.

卷Ⅸ 命题14 如果一个数是能被几个素数除尽的最小的数,那么除了这几个素数以外,再也没有其他的素数能够除尽那个数.

这就是说,如果 A 是素数 $p,q,\cdots$ 的乘积,那么将 A 分解成素数乘积的方法是唯一的.这个命题称为**算术**的**基本定理**.

命题20 有素数大于任何已知的素数.

这就是说,素数的个数是无限的.

公元前3世纪,希腊人埃拉托逊有寻找素数的"筛法"(sieve).方法是:写下从2到 N 的数

$$2,3,4,5,6,7,\cdots,N$$

划去2以后的2的倍数,划去3以后的3的倍数,划去5以后的5的倍数,……直到划去不大于 $\sqrt{N}$ 的素数的倍数,那么最后留下的就是不大于 N 的全体素数.用此筛法,可得100以内的25个素数如下

$$2,3,5,7,11,13,17,19,23,29,31,37,41,43,47,53,59,61,67,71,73,79,83,89,97$$

我们把不大于 N 的素数的个数记如 $\pi(N)$,例如 $\pi(8)=4$,即不大于8的素数有4个,它们是 $2,3,5,7;\pi(11)=5;\pi(100)=25$.

中国古代数学中没有素数的概念.我国古代数学家有"更相减损"的方法求两数的"等数"(就是最大公约数),相当于辗转相除的欧几里得算法,亦有在分数计算时求分母

最小公倍数的方法,但都没有用到素数的概念.

自从 17 世纪解析几何与微积分兴起以后,数学的研究有了很多方面的进展.由于要对代数学、数学分析等学科在基础方面作深入的研究,很多数学家又开始对整数论进行了探讨,因此对素数的研究又重视起来.19 世纪以后,一些数学家在寻求素数发生的规律、素数的分布等方面,做了许多工作,也仍留下了不少未解决的问题.

1870 年德国人梅塞尔(Ernst Meissel,1826—1895)改进了希腊人的筛法,得到 $\pi(10^8)=5\ 761\ 455$.1893 年丹麦人贝特森(Bertelsen)得到 $\pi(10^9)=50\ 847\ 478$.1959 年美国数学家莱麦(D. H. Lehmer)说 $\pi(10^9)$ 应该是 $50\ 847\ 534$,并且得到 $\pi(10^{10})=455\ 052\ 511$.

一个大的数是否是素数,至今确实没有可靠的检查方法,因此对某个大数能否分解为素因数乘积的核算要花很多工夫.19 世纪的欧洲数学家用了近 80 年的时间,得到当时最大的素数是一个 39 位的数

$$2^{127}-1=170,141,183,460,469,231,731,687,303,715,884,105,727$$

这是 1876 年法国数学家卢卡斯(Anatole Lucas,1842—1891)得到的.1952 年在英国剑桥,用计算机 EDSAC 系统得到了一个 79 位的素数

$$180(2^{127}-1)^2+1$$

此后,许多计算机确定了大数 $A=2^n-1$,当 $n=521,607,1\ 279,2\ 203,2\ 281,3\ 217,4\ 253,4\ 423,9\ 689,9\ 941,11\ 213$ 和 $19\ 937$ 时 A 都是素数.

能不能有表示素数的公式呢? 就是说,对于正整数 n,是否有一个函数 $f(n)$,使 n 用正整数 $1,2,3,\cdots$ 代入后,得出的 $f(n)$ 值一定是个素数? 可惜,至今还没有找到这种公式! 欧拉试过,他设 $f(n)=n^2-n+41$,对于 $n<41$,得到的 $f(n)$ 确实都是素数,但 $f(41)=41^2$ 却是一个合数.又如 $g(n)=n^2-79n+1\ 601$,对 $n<80$,$g(n)$ 确实都是素数,但 $g(80)=1\ 681=(41)^2$ 又是合数了.勒让德(Legendre)亦试过,他设 $f(n)=n^2+n+17$,对 $n<17$,得到的 $f(n)$ 都是素数,但 $f(17)=17\times19$ 是合数;$g(n)=2n^2+29$,以 $n<29$,$g(n)$ 为素数,但 $g(29)=29\times59$ 是合数.再如,设 p 是个小于 37 的奇素数,且

$$N=\frac{2^p+1}{3}$$

得出表 1 中的素数.   表 1

p	$N=\dfrac{2^p+1}{3}$	p	$N=\dfrac{2^p+1}{3}$
3	3	17	43 691
5	11	19	174 761
7	43	23	2 796 203
11	683	29	178 956 771
13	2 731	31	715 827 883

但 $p=37$ 时

$$N=\frac{2^{37}+1}{3}=45\ 812\ 984\ 491$$

$$=1\ 777 \times 25\ 781\ 083$$

是个合数.1640 年左右,法国数学家费马曾说,n 为非负整数时,$f(n)=2^{2^n}+1$ 是一个素数.但在 1732 年,欧拉指出

$$f(5)=2^{2^5}+1=641 \times 6\ 700\ 417$$

是个合数.

1837 年德国数学家狄利克雷(Lejeune-Dirichlet,1805—1859)证明了下述定理:设 a 与 d 为互素的整数,由算术级数

$$a,a+d,a+2d,a+3d,\cdots$$

可得无限多个素数.

这个定理是欧几里得定理的扩充,但它本身的证明是极难懂的.

不大于 N 的素数的个数记为 $\pi(N)$,试看表 2.

表 2

N	10	100	1 000	100 000	1 000 000	1 000 000 000
$\pi(N)$	4	25	168	9 592	78 948	50 847 534
$\dfrac{\pi(N)}{N}\%$	40%	25%	17%	10%	8%	5%

可见,素数的分布有由密到稀的趋势,$\dfrac{\pi(N)}{N}$ 称为最初 N 个整数中素数分布密度.德国数学家高斯研究了当时的素数表($N=3\ 000\ 000$)曾说过:当 N 极大时,$\dfrac{\pi(N)}{N}$ 的值逼近于 $\dfrac{1}{\log_e N}$,也就是

$$\lim_{N \to \infty} \frac{\dfrac{\pi(N)}{N}}{\dfrac{1}{\log_e N}}=1$$

高斯的这一条猜想,兰道(Landau)称之为"素数定理"(prime-number theorem),在 1896 年分别被法国数学家阿达玛(Jacques Hadamard,1865—1963)和比利时数学家泊桑(C. J. de la Vallée Poussin)独立证明了.1901 年柯赫(Nils Fabian Helge von Koch),1903 年兰道,1915 年哈代(G. H. Hardy)与立特和德(J. E. Littlewood)诸家也都证明了"素数定理".

素因数表对于素数问题的研究是很有价值的.1659 年拉恩(J. H. Rahn)有一个因数表,列出数 24 000 以前各数的素因数,作为一本代数书(1668)的附录.佩尔(John Pell,1611—1685)将此表扩充到 100 000①.1776 年奥地利人费克尔(Felkel)制作了直到408 000 的因数表.19 世纪中经过舍纳克(Chernac),布卡哈提(Burckhardt),克列尔(Crelle),格莱舍(Glaisher)以及快速计算家达瑟(Dase)的努力,完成了直到数10 000 000 的素因数表,是十卷装的大书. 布拉格大学的柯列克(J. P. Kulik,

---

① 我国《数理精蕴》(1723)下编有佩尔的这个表,把它称为《对数阐微》,显然纯是为造对数表用的.

1773—1863)花二十年的业余时间完成了一个直到数 100 000 000 的素因数表,但没有付印出版. 现用的最好的素因数表是美国数学家莱麦(D. N. Lehmer,1867—1938,是 D. H. Lehmer 的父亲)所制的,其中 $N = 10\ 000\ 000$.

在素数中有许多未经证明的猜想. 这里,列举其中的两个. 一个是孪生素数问题,一个是哥德巴赫猜想.

所谓孪生素数,就是形如 p 和 $p+2$ 的素数,例如 3 和 5,5 和 7,11 和 13,29 和 31,5 519 和 5 521 等等. 问题是:这种相差为 2 的"素数对"是否有无穷多对?

普鲁士数学家哥德巴赫(Christian Goldbach,1690—1764)在一封 1742 年 6 月 7 日给欧拉的信中提出这样的猜想:每一个大于 2 的偶数都是两个素数的和,例如 $4=2+2$,$6=3+3$,$50=43+7$,$100=97+3$ 等等. 欧拉在当月 30 日的回信中说,他相信这个猜想,但他不能证明它. 直到今天,仍然没有人能完全地证明这个命题,这就是著名的"哥德巴赫猜想".

1770 年英国数学家华林(Edward Waring,1734—1798)将哥德巴赫猜想发表出来,又加上了一条也是哥德巴赫说的,"每一个奇数或是素数,或是三个素数的和." 这实质上就是:"每一个 $\geqslant 9$ 的奇数都是三个素数的和."——这是哥德巴赫猜想的推论,因为设 n 为奇数,素数 $p < n$,则 $n-p$ 必为偶数.

1937 年苏联数学家维诺格拉多夫(Vinogradoff)证明了"充分大的奇数可表示为 4 个素数的和". 这也是哥德巴赫猜想的推论. 从这还可推知:"每一个充分大的正整数都可表示为 4 个素数的和."

1938 年,我国数学家华罗庚证明了"几乎全体偶整数能表示为两个素数的和.""几乎全体"就不是"每一个". 华罗庚的定理可以改述为:"任取一个偶数,它能表示为两个素数的和的概率接近于 1."

1966 年,我国数学家陈景润证明了"每一个充分大的偶数都能表示为 1 个素数与一个不超过 2 个的素数乘积的和." 就是说:如果 N 是充分大的偶数,$p_1,p_2,p_3,p_4,\cdots$ 是素数,那么 $N = p_1 + p_2 \cdot p_3$. 有人把这个定理简记作 $(1+2)$.

第十三讲 三 角

　　埃及、巴比伦、中国等文明古国在很早的时候都有利用直角三角形的性质,借助晷表进行天文测量,测高,测远的研究.《周髀算经》里已认识到直角三角形各边之比的重要性.但这些都不能算是三角学系统的建始.

　　公元前 3 世纪后,希腊学者为了要研究天体的运行轨道和位置,借以报道准确的时间,计算日历,以应发展航海,研究地理的需要;他们从几何学的研究中特别着重了球面几何学的研究,并且从中强调了定量的探讨,逐渐地建设起定量的天文学.这里,强调"定量"是很重要的,例如狄奥多西斯(Theodosius of Tripoli,1 世纪)的《球面学》中集纳了当时的球面几何学知识,但没有讲到定量的知识,所以不能用来处理希腊天文学的基本问题 —— 夜间根据恒星位置来测定时间的问题.在几何学的研究中强调定量的结果就产生了三角学,希腊人在这方面的努力就是球面三角学(也包括平面三角学的基本内容)的开端.

一、希帕克的天文学

　　希腊三角学的奠基人是希帕克(Hipparchus,公元前 2 世纪),他是一个伟大的天文学家.希思在《希腊数学史》[①]中说,希帕克曾发现分点(春分,秋分)的岁差(precession of the equinoxes)问题.公元前 129 ～ 公元前 128 年,希帕克观察角宿一(Spica,即室女座 α 星)偏离秋分点 6°,而在铁木卡利斯(Timocharis)公元前 283 年,公元前 295 年的纪录中则都是 8°.因此得出:在 154 年或 166 年间,Spica 星有了 2° 的偏差,从而知道 Spica 星的岁差是 46.8″ 或 43.4″.我们现知的是 50.375 7″.希帕克又比较了阿利斯塔克(Aristarchus)在公元前 281 ～ 公元前 280 年的纪录与他自己在公元前 136 ～ 公元前 135 年对夏至时刻的观察,他发现经过 145 年(两次观察中的时间),夏至的发生时刻比假定每年有 $365\frac{1}{4}$ 日时应该有的夏至时刻早了半个昼夜.由此得出:一个回归年应比 $365\frac{1}{4}$ 日少了近 $\frac{1}{300}$ 个昼夜.森舍利纳斯(Censorinus)曾说希帕克的太阳周是 304 年,是卡利普斯(Callippus)太阳周 76 年的 4 倍.在 304 年中只有 111 035 日而不是 111 036 日

---

　　① T. L. Heath, *Greek Mathematics*, Vol. 2, Oxford, 1921.

（＝27 759×4）. 在 304 年中有 12×304＋112＝3 760 个太阴月（按 19 年 7 闰的算法，304 年中有 112 个闰月）. 因此得出一个平均太阴月有 111 035÷3 760＝29.530 585 日＝29 日 12 时 44 分 2.54 秒，而现在公认的日数是 29.530 39 日＝29 日 12 时 44 分 2.98 秒，相差不到半秒！

希帕克写过一书《圆内直线的理论》（现已失传），其中有一个弦长的表格，他是用来计算恒星和黄道十二宫的出没时刻的. 希帕克把圆周分成 $360°$，把直径分成 120 等份，记为 120^p，圆周和直径的每一分度再分成 60 份，每一小份再按六十进制往下分成 60 等份 $\left(1'=\dfrac{1^p}{60}, 1''=\dfrac{1'}{60}\right)$. 对于有一定度数的弧 AB，希帕克给出了相应弦的长度数. 设弧 AB 的圆心角是 2α（图 1），按我们现在的说法，有 $\sin\alpha=\dfrac{AC}{OA}$. 希帕克给出的不是 $\sin\alpha$，而是当 OA 分成 60 份时，$2\cdot AC$ 所含的长度数. 例如，若 2α 的弦 AB 含 80 份，照我们的说法，就是 $\sin\alpha=\dfrac{40}{60}$. 一般地，$\sin\alpha=\dfrac{1}{60}\cdot\dfrac{1}{2}(2\alpha\text{ 所对的弦})=\dfrac{1}{120}(2\alpha\text{ 所对弦})$. $\cos\alpha=\sin(90°-\alpha)=\dfrac{1}{120}[(180°-2\alpha)\text{ 所对的弦}]$.

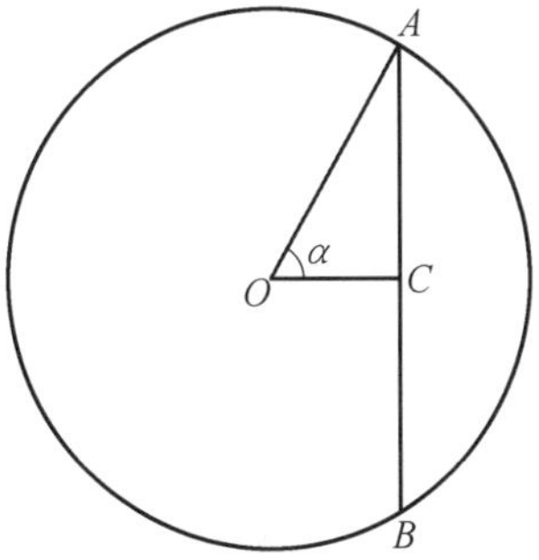

图 1

希帕克亦注意到 $\sin^2\alpha+\cos^2\alpha=1$ 的事实，那是表示为下列形式的

$$(2\alpha\text{ 所对的弦})^2+[(180°-2\alpha)\text{ 所对的弦}]^2=120^2=4r^2 \qquad r\text{ 是圆的半径}$$

二、梅内劳斯的球面三角学

公元 1 世纪的梅内劳斯（Menelaus）使希腊的三角学获得高度的发展，他的主要著作是《球面学》（Sphaerica）. 现在尚存的《球面学》的阿拉伯译本，分为三卷. 第一卷是研究球面三角形的，其中有球面三角形的概念，即球面上由小于半圆的三个大圆弧所构成的图形；有许多相当于欧几里得对平面三角形所证的定理，例如球面三角形两边之和大于第三边等等. 第二卷主要是讲天文学的. 第三卷是讲球面三角学的. 第三卷的第一个定理就是著名的梅内劳斯定理.

梅内劳斯**定理**：在大圆弧 ADB，AEC 中间有与它们相交的另外两个大圆弧 DFC，BFE. DFC，BFE 相交于 F（图 2），这四个大圆弧都是小于半圆的. 求证

$$\frac{\sin CE}{\sin EA}=\frac{\sin CF}{\sin FD}\cdot\frac{\sin DB}{\sin BA}$$

梅内劳斯是根据下述两个简单定理（引理）和他关于平面几何学中的相应定理来证明这个定理的.

引理 1 图 3 中，设半径 OD 与弦 AB 交于 C，则

$$AC:CB=\sin AD:\sin DB$$

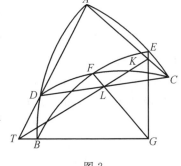

图 2

证 作 AM, BN 垂直于 OD. 于是

$$AC : CB = AM : BN$$

$$= \frac{1}{2}[2(AD \text{ 所对的弦})] : \frac{1}{2}[2(DB \text{ 所对的弦})]$$

$$= \sin AD : \sin DB$$

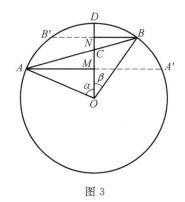

图 3

引理 2 设 AB 与半径 OC 的延长线交于 T(图 4), 则

$$AT : BT = \sin AC : \sin BC$$

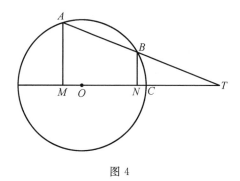

图 4

证 作 AM, BN 垂直于 OC, 于是

$$AT : TB = AM : BN$$

$$= \frac{1}{2}[2(AC \text{ 所对的弦})] : \frac{1}{2}[2(BC \text{ 所对的弦})]$$

$$= \sin AC : \sin BC$$

现在来证梅内劳斯定理. 设 G 为球心. 联结 GB, GF, GE, AD. 于是直线 AD, GB 是共平面的, 它们或是平行的, 或是相交的. 如果 AD 与 GB 是不平行的, 那么它们的交点或在 D, B 一边或在 A, G 的一边.

设 AD 与 GB 相交于 T.

作直线 AKC, DLC 分别交 GE, GF 于 K, L. 因为 GB, GE, GF 在同一平面内, 它们分别与直线 AD, AC, CD(它们是共一平面的)相交于 T, K, L. 于是 K, L, T 三点在同一直线上, 这直线就是大圆弧 EFB 的平面与三角形 ACD 的平面的交线.

因此,二直线 AC,AT 被二直线 CD,TK 所截.CD 与 TK 相交于 L.

对于三角形 ADC,截线 KLT,由梅内劳斯在平面几何学中的定理,有

$$\frac{CK}{KA} = \frac{CL}{LD} \cdot \frac{DT}{TA}$$

根据引理1,得

$$\frac{CK}{KA} = \frac{\sin CE}{\sin EA}, \frac{CL}{LD} = \frac{\sin CF}{\sin FD}$$

由引理2,得

$$\frac{DT}{TA} = \frac{\sin DB}{\sin BA}$$

代入上式,就得

$$\frac{\sin CE}{\sin EA} = \frac{\sin CF}{\sin FD} \cdot \frac{\sin DB}{\sin BA}$$

如果 AD 与 GB 的交点在 A,G 的一边,那么可由类似的方法(用球面三角形 CEF,截弧 ADB),得

$$\frac{\sin CA}{\sin AE} = \frac{\sin CD}{\sin DF} \cdot \frac{\sin FB}{\sin BE}$$

第三卷的第二个定理可以表述为:若 ABC 与 $A'B'C'$ 为两个球面三角形,$A = A'$,$C = C'$(或 C 与 C' 互补),若记三角形 ABC 的角 A 所对的弧为 a,则

$$\frac{\sin c}{\sin a} = \frac{\sin c'}{\sin a'}$$

第三卷里还有从球上一点出发的四个大圆弧被任一大圆弧所截而得的交比(或非调和比)性质的定理.就是:若 $ABCD$,$A'B'C'D'$ 为两个大圆弧(图5),则

$$\frac{\sin AD}{\sin DC} \cdot \frac{\sin BC}{\sin AB} = \frac{\sin A'D'}{\sin D'C'} \cdot \frac{\sin B'C'}{\sin A'B'}$$

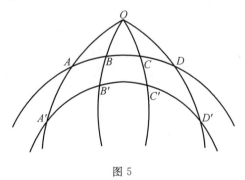

图 5

三、多勒梅的弦表

2 世纪埃及人多勒梅(Claudius Ptolemy)编过一本《数学汇编》(*Syntaxis Mathematica*),此书阿拉伯人称之为《大汇编》(*Almagest*),书中集纳了希帕克和梅内劳

斯关于三角学和天文学方面的研究成果.数学史家常把多勒梅作为三角学的创始人,实质上多勒梅只是简述了前人的著作,把三角学的方法和公式置于最少数量的命题的基础上,而他自己则少有新的发展的.在《大汇编》(共13卷)卷一中"弦表"的开端,他曾说,"我将揭示怎样一般地运用最少的命题来建立一种求得弦长的系统而快速的方法,使我们不但能正确无误地得到弦的长度,而且使我们知道我们的方法是有几何学的严格证明的."

多勒梅把圆周分为360等份,把直径分为120等份.然后他提出:已知一弧为360份中的若干份,求相应的弦的长(用直径所含120份中的份数来表示的).在一切计算中,用的是六十进制.

圆内接正六边形的一边是对着60°的中心角的,这一边的长是直径120份中的60份,根据

$$\sin \alpha = \frac{1}{120}(2\alpha \text{ 所对的弦})$$

就得

$$\sin 30° = \frac{1}{120}(60° \text{ 所对的弦}) = \frac{1}{120} \cdot 60 = \frac{1}{2}$$

对着90°角的弦长是圆内接正方形一边的长.直径分成120份时.

90°所对的弦 $= AB = \sqrt{60^2 + 60^2} = 84.852\,8$(图6),化成六十分制,变成

$$84^p51'10'', \text{即} \left(84 + \frac{51}{60} + \frac{10}{60^2}\right)^p$$

同法,对着120°角的弦长 $= AC = 2\sqrt{60^2 - 30^2} = 103.923\,0$(图7).化成六十进制,为 $103^p55'23''$.

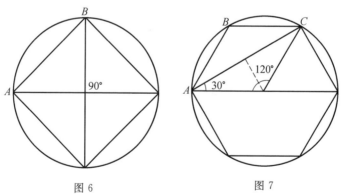

图6   图7

由此,易得

$$\sin 45° = \frac{1}{120}(90° \text{ 所对的弦}) = \frac{1}{120} \times 84.852\,8 = 0.707\,1$$

$$\sin 60° = \frac{1}{120}(120° \text{ 所对的弦}) = \frac{1}{120} \times 103.922\,0 = 0.866\,0$$

多勒梅根据欧几里得的《原本》中的定理,来求36°弧、72°弧所对的弦长,即求圆内接正10边形,正5边形的一边之长.设 AB 为圆的直径,O 为圆心(图8).OC 垂直于 AB,

D 为 OB 的中点. 在 DA 上, 作 $DE = DC$, 联结 EC.

于是 OE 就是内接正 10 边形的一边的长, EC 就是内接 5 边形的一边的长. 由欧几里得 II, 6: $(2a + b)b + a^2 = (a + b)^2$, 这里, $a = OD$, $b = OE$, $2a = 2OD = OB$, $2a + b = BE$, 而 $a + b = OD + OE = DE$. 因此

$$BE \cdot EO + OD^2 = DE^2 = DC^2 = OC^2 + OD^2$$

得

$$BE \cdot EO = OC^2 \text{ 或 } OB^2$$

所以, BE 在点 O 被分成中外比.

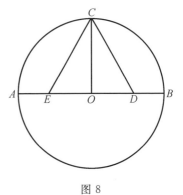

图 8

欧几里得 XIII, 9 说: "同一圆的内接正 6 边形的一边与正 10 边形的一边联结成一线段, 那么联结点将整个线段分成中外比". 现在 OB 显然是正 6 边形的一边, 线段 BE 在点 O 分成中外比, 因此 EO 就是正 10 边形的一边了. 设圆半径 $OB = a$, EO 为 x, 则

$$BE \cdot EO = OB^2$$

就是

$$(a + x)x = a^2$$

由此, 得

$$x = \frac{1}{2}a(\sqrt{5} - 1) = EO$$

这就是在半径为 a 的圆内接正 10 边形一边之长, 也就是 36° 弧所对的弦长. 为了求圆内接正 5 边形一边之长, 多勒梅用到了欧几里得 XIII, 10: "圆内接正 5 边形一边之长的平方等于圆内接正 6 边形一边的平方与正 10 边形一边的平方之和." 即

$$（正 5 边形一边之长）^2$$
$$=（正 6 边形一边之长）^2 +（正 10 边形一边之长）^2$$
$$= a^2 + \frac{1}{4}a^2(\sqrt{5} - 1)^2$$

因此, 正 5 边形一边之长 $= \frac{1}{2}a\sqrt{10 - 2\sqrt{5}} = EC$.

在计算正 10 边形边长 EO, 正 5 边形边长 EC 的时候, 多勒梅没有用那些根式, 他是用线段对于直径所占的份数来算的.

$DO = 30$, $DO^2 = 900$; $OC = 60$, $OC^2 = 3\,600$; 所以 $DE^2 = DC^2 = 4\,500$, 于是 $DE = 67^p 4' 55''$, 因此, 正 10 边形的边或 36° 弧所对弦 $= DE - DO = 37^p 4' 55''$.

又 $OE^2 = (37^p 4' 55'')^2 = 1\,375.4' 15''$ 而 $OC^2 = 3\,600$, 所以 $CE^2 = 4\,975.4' 15''$, 而 $CE = 70^p 32' 3''$. 因此, 正 5 边形的边或 72° 弧所对弦 $= 70^p 32' 3''$.

由图 9, 可知

$$(2\theta° \text{ 所对弦})^2 + [(180 - 2\theta)° \text{ 所对弦}]^2 = AC^2 + AB^2 = BC^2 \text{ 或 } 120^2$$

即

$$\left[\frac{2\theta° \text{ 所对弦}}{120}\right]^2 + \left[\frac{(180 - 2\theta)° \text{ 所对弦}}{120}\right]^2 = 1$$

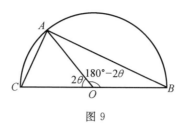

图 9

所以

$$\sin^2\theta + \sin^2(90° - \theta) = 1$$

就是

$$\sin^2\theta + \cos^2\theta = 1$$

于是,我们有

$$(108°\text{ 所对弦})^2 + (72°\text{ 所对弦})^2 = 120^2$$
$$(108°\text{ 所对弦})^2 = 120^2 - (72°\text{ 所对弦})^2$$
$$= 120^2 - (70.534)^2$$

所以

$$108°\text{ 所对弦长} = 97.082\ 2$$

$$\sin 54° = \frac{1}{120} \times 97.082\ 2 = 0.809\ 0$$

$$(144°\text{ 所对弦})^2 = 120^2 - (36°\text{ 所对弦})^2$$
$$= 120^2 - (37.082)^2$$

所以

$$144°\text{ 所对弦长} = 114.126\ 8$$

$$\sin 72° = 0.951\ 1$$

多勒梅的下一步是:已知 α,β 两弧所对弦的长,求 $(\alpha - \beta)$ 弧所对弦的长.据引,我们就可从 $72°$ 所对弦长和 $60°$ 所对弦长求得 $12°$ 所对弦的长了.多勒梅的方法如下:设有直径为 AD 的半圆(图 10).

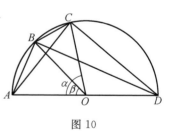

图 10

于是 AC 为 α 弧所对弦,AB 为 β 弧所对弦,BC 为 $(\alpha - \beta)$ 弧所对弦,BD 为 $(180° - \beta)$ 弧所对弦,CD 为 $(180° - \alpha)$ 弧所对弦.

根据著名的"多勒梅定理"

$$AC \cdot BD = BC \cdot AD + AB \cdot CD$$

或

$$BC \cdot AD = AC \cdot BD - AB \cdot CD$$

有

$$[(\alpha - \beta)\text{ 弧所对弦}] \cdot [180°\text{ 所对弦}]$$
$$= [\alpha\text{ 弧所对弦}] \cdot [(180° - \beta)\text{ 弧所对弦}] - [\beta\text{ 弧所对弦}] \cdot [(180° - \alpha)\text{ 弧所对弦}]$$

于是

$$\left(120\sin\frac{\alpha-\beta}{2}\right)\left(120\sin\frac{180°}{2}\right)$$

$$=\left(120\sin\frac{\alpha}{2}\right)\cdot\left(120\sin\frac{180°-\beta}{2}\right)-$$

$$\left(120\sin\frac{\beta}{2}\right)\left(120\sin\frac{180°-\alpha}{2}\right)$$

就得 $\sin(\theta-\phi)=\sin\theta\cos\phi-\cos\theta\sin\phi$，其中，$\alpha=2\theta,\beta=2\phi$.

多勒梅用此公式，得

$$12°\text{ 弧所对弦}=(72°-60°)\text{ 所对弦}=12^p32'36''$$

然后，多勒梅又建立了有关半弧所对弦的关系式. 得到相当于下式的公式

$$\sin^2\theta=\frac{1}{2}(1-\cos2\theta)$$

设在直径为 AB 的半圆上，有 CB,AD 相等的两弦（图 11）.

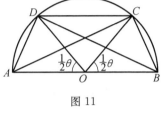

图 11

记 $\angle AOD=\angle BOC=\frac{1}{2}\theta$，由

$$AD\cdot CB+CD\cdot AB=AC\cdot BD$$

得

$$AD^2+CD\cdot AB=BD^2=AB^2-AD^2$$

因此

$$2AD^2=AB^2-AB\cdot CD$$

$$AD^2=\frac{1}{2}AB(AB-CD)$$

由此，得

$$\left(\frac{1}{2}\theta\text{ 所对弦}\right)^2=\frac{1}{2}(180°\text{ 所对弦})\left[(180°\text{ 所对弦})-((180°-\theta)\text{ 所对弦})\right]$$

就得

$$\left(\sin\frac{\theta}{4}\right)^2=\frac{1}{2}\left[1-\cos\frac{\theta}{2}\right]$$

连续应用此公式，多勒梅求得 $6°$ 弧所对弦，$3°$ 弧所对弦，最后得 $1\frac{1}{2}°$ 弧的所对弦 $=$

$1^p34'15''$，$\frac{3°}{4}$ 弧的所对弦 $=0^p47'8''$.

为了制作每步相差 $\left(\frac{1}{2}\right)°$ 弧所对的弦的表，多勒梅还做了下述两事：(1) 用 $1\frac{1}{2}°$ 弧所

对弦，$\frac{3°}{4}$ 弧所对弦，利用不等式 $\frac{\sin\alpha}{\sin\beta}<\frac{\alpha}{\beta}\left(\beta<\alpha<\frac{1}{2}\pi\right)$，算出 $1°$ 弧所对弦 $=1^p2'50''$；

(2) 建立加法公式，使能从 α 弧所对弦求得 $\left(\alpha+\frac{1}{2}°\right)$ 弧所对弦的长.

通过上述种种步骤，多勒梅制作了从 $\frac{1}{2}°$ 到 $180°$ 间所有相差为 $\left(\frac{1}{2}\right)°$ 的弧所对应的弦长的表，也就是从 $\frac{1}{4}°$ 到 $90°$ 间所有相差为 $\frac{1}{4}$ 的弧的正弦表，这是世上第一个三角函数表.

四、印度人与三角学

5 世纪以后的印度人在三角学方面作了一些推进. 6 世纪的米希拉(Varāha Mihira)把圆周分为 360 度，或 21 600 分，但他把半径分成 120 份，不像多勒梅那样把直径分成 120 份. 因此，多勒梅的弦长表变成米希拉的半弦长表，但所对应的仍是全弧. 稍后阿耶巴多(Aryabhata, 476—550)又把半弦与全弦所对弧的一半相对应，他又用量圆周长(分为 21 600 份的)的单位去量半径的长度. 已知圆周长与直径长之比为 3.141 6，那么半径长是

$$\frac{21\ 600}{2 \times 3.141\ 6}\ \text{或}\ 3\ 438$$

印度人书中用到我们所称的"正弦"和"正矢"$(1-\cos\theta)$. 但所谓"正弦"是一个长度，即倍弧所对的弦长之半，它的长度是用与半径同一种单位去量得的. 例如，他们写 $\sin 60° = 2\ 977$(见下述)，就是表示 $120°$ 弧($60°$ 的两倍)所对弦的一半，也就是 3 438 中的 2 977 份的意思. 事实上 $\frac{2977}{3438} = 0.865\ 9$，与今日我们的 $\sin 60°$ 值是一致的. 印度人不常用"余弦"，它常被表为"余角的正弦"；似无利用正切的迹象.

印度人是熟悉一些简单的三角函数关系式的，他们借以算出从 $0°$ 到 $90°$，每步相差 $3\frac{3}{4}°$ 或 $\frac{1}{24}$ 直角的弧的正弦值. 步骤大概如下

$$\sin 90° = \frac{1}{2}(180° \text{所对弦}) = 3\ 438$$

$$\sin 30° = \frac{1}{2}(60° \text{所对弦}) = \frac{1}{2}r = 1\ 719$$

由图 9，我们有

$$(120° \text{所对弦})^2 + [(180° - 120°) \text{所对弦}]^2 = (\text{直径})^2$$

即

$$\sin^2 60° + \cos^2 60° = r^2 = 3\ 438°$$

或

$$\sin^2 60° + \sin^2 30° = 3\ 438^2$$

由此

$$\sin^2 60° = 3\ 438^2 - 1\ 719^2$$

或

$$\sin 60° = 2\ 977$$

同理

$$\sin^2 45° + \cos^2 45° = 3\ 438^2$$

得

$$\sin 45° = \frac{3\ 438}{\sqrt{2}} = 2\ 430$$

印度人从多勒梅关于半弧的公式

$$(\theta\text{ 所对弦})^2 = \frac{1}{2}(180°\text{ 所对弦})[180°\text{ 所对弦} -$$

$$(180° - 2\theta)\text{ 所对弦}]$$

即

$$\left(2\sin\frac{\theta}{2}\right)^2 = \frac{1}{2} \cdot 2r \cdot [2r - 2\sin(90° - \theta)]$$

或

$$\sin^2\frac{\theta}{2} = \frac{1}{2} \cdot 3\ 438 \cdot [3\ 438 - \sin(90° - \theta)] \quad (r = 3\ 438)$$

得到

$$\sin\frac{\theta}{2} = \sqrt{1\ 719[3\ 438 - \sin(90° - \theta)]}$$

根据此式,他们能从已知的 $\sin 60°$ 值,求得 $60°$ 角的半角的正弦值直到 $3\frac{3}{4}°$ 的正弦值. 例如,为了求 $\sin 15°$,令上式中 $\theta = 30°$,

$$\sin^2 15° = 1\ 719(3\ 438 - \sin 60°)$$
$$= 1\ 719(3\ 438 - 2\ 977)$$
$$= 1\ 719 \times 461$$

因得 $\sin 15° = 890.2$. 用半径的分数来表示,即得 $\frac{890.2}{3\ 438} = 0.258\ 8$. 由 $\sin 15°$ 就可得

$\sin 7\frac{1}{2}°$ 和 $\sin 3\frac{3}{4}°$.

12 世纪印度的大数学家婆什迦罗的三角学著述中有 $\sin 1° = \frac{10}{573}$,说明婆什迦罗有用弧与半径之比作为正弦的迹象. 因为

$$\sin 1° = \frac{1°\text{ 弧长}}{\text{半径}} = \frac{21\ 600}{360} \times \frac{1}{3\ 438} = \frac{10}{573}$$

同理,$\sin\left(3\frac{3}{4}\right)°$ 可由 $\frac{1}{24}$ 个直角所对弧长与半径之比求得的,表如 $\frac{100}{1\ 528}$.

五、阿拉伯人与三角学

阿拉伯人同印度人一样,用弧的正弦而不用双倍弧的弦,当然正弦(或半弦)的数值是取决于半径的数值的,著名的阿拉伯数学家阿尔巴塔尼(Al-Bategnius,850—929)造

了一个余切表. 他是从测量太阳高为 $1°, 2°, 3°, \cdots$ 时一根棒 ($l = 12$
个单位) 的影子长度得到的, 图 12. 阿尔巴塔尼的公式是

$$x = \frac{l\sin(90° - \phi)}{\sin \phi}$$

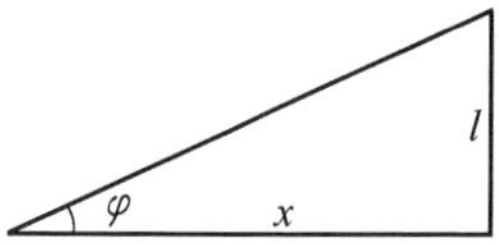

这就是 $x = l\cot \phi$.

图 12

10 世纪的阿卜尔—维法 (Abû'1-Wefâ) 在一本天文学著作中引入正割与余割. 他算
出了相差 10 分的每个角的正弦和正切数值表, 并且把三角的定理和证明进行了系统的
整理.

纳瑟尔—埃丁 (Nasir-Eddin, 1201—1274) 的一本独立于天
文学的著作《论四边形》中, 把平面三角和球面三角的定理和证明
做出了系统化的整理. 其中有解球面直角三角形的六个基本公
式, 在 C 为直角的球面三角形里 (图 13), 记 a 为角 A 的对边, 有

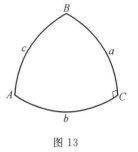

$$\cos c = \cos a \cos b$$
$$\cos c = \cot A \cot B$$
$$\cos A = \cos a \sin B$$
$$\cos A = \tan b \cot c$$
$$\sin b = \sin c \sin B$$
$$\sin b = \tan a \cot A$$

图 13

纳瑟尔关于三角学的论述是相当完整的. 这是欧洲人不知道的, 直到 1450 年发现纳
瑟尔的书, 才知道自己浪费了不少时间.

乌贝格 (Ulugh Beg, 1393—1449) 于 1435 年制作了正弦表和正切表. 他用到了现在
可以写作 $\sin^3 \theta = \frac{1}{4}(3\sin \theta - \sin 3\theta)$ 的关系式.

六、欧洲人与三角学

维也纳的披尔巴哈 (George von Peurbach, 1423—1461) 察觉到多勒梅《大汇编》由
阿拉伯文转译成的拉丁文本的错误, 于是他从希腊文直接译出了《大汇编》. 他又开始制
作更精确的三角函数表. 披尔巴哈死得太早, 他的工作由他的学生约翰缪勒 (John
Müller, 又名黎奇蒙塔 (Regiomontanus), 1436—1476) 继续下去. 一般认为黎奇蒙塔在
欧洲传播了三角学.

披尔巴哈与黎奇蒙塔采用印度人的正弦, 即对半弧的半弦. 黎奇蒙塔将半径分成
600 000 份造了一个正弦表, 又造了一个将半径分成 10 000 000 份的正弦表. 他强调正切
在三角中的应用, 随着他的老师造了一个正切表.

由于天文测量仪器的改良, 为了获得更精确的观察数据, 迫使三角函数表亦必须提
高它的精确度. 15, 16 世纪中有很多人制作三角函数表. 雷提库斯 (Rhaeticus,
1514—1576) 造了两个正弦表, 一个取半径为 10^{10} 单位, 另一个取半径为 10^{15} 单位, 每个
表中都是对每 10 秒弧给出一个正弦值的. 雷提库斯还花了 12 年计算同样精确度的正切

表和正割表,但是没有完成.后来由他的学生奥托(Valentine Otho,1550? —1605)于 1596 年完成的.披提克斯(Bartholomaus Pitiscus,1561—1613)不遗余力地校正了这些表,并于 1613 年发表了这些表."Trigonometry"(三角学)一词可能是披提克斯提出来的.

黎奇蒙塔从阿拉伯人纳瑟尔的著作中获得很多成果,他把平面三角、球面几何和球面三角中的材料系统地编在一起,在解平面三角形和球面三角形方面做出了贡献,于 1464 年写出了《论三角》(De Triangulis)一书.其中有球面三角的正弦定律

$$\frac{\sin a}{\sin A} = \frac{\sin b}{\sin B} = \frac{\sin c}{\sin C}$$

有关于边的余弦定律

$$\cos a = \cos b\cos c + \sin b\sin c\cos A$$

由于当时负数没有被承认为数,所以在《论三角》中许多球面三角的公式的叙述和推导存在着很多困难.在平面三角方面,《论三角》中有正切定律

$$\frac{\sin A + \sin B}{\sin A - \sin B} = \frac{\tan \frac{1}{2}(A + B)}{\tan \frac{1}{2}(A - B)}$$

和三角形的面积公式

$$\Delta = \frac{1}{2}ab\sin C$$

雷提库斯是哥白尼(N. Copernicus,1473—1543)的学生,他改变了正弦的意义.原来说弧 AD 的正弦是 AB,他改说锐角 AOB 的正弦是 AB(图 14),但 AB 的长度仍依赖于半径长度单位的选取.这样,雷提库斯使三角形 OAB 成为基本的结构,而半径为 OA 的圆成为附属的了.由直角三角形 OAB,雷提库斯能计算正弦、余弦等六种函数值,并且设计制造了正割表.雷提库斯在他的著作《标准三角原理》(Canon doctrinae triangulorum)中没有用正弦、余弦、余割的名称,只是称它们为垂线、底边、斜边.由于用了余函数,雷提库斯的函数表第一次只做到 45° 为止.

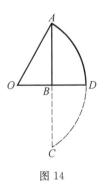

图 14

韦达(Frencis Vieta,1540—1603)是 16 世纪法国最著名的数学家.他在 1579 年出版的《标准数学》(Canon Mathematicus)中系统地用六种函数阐明了解平面三角形、球面三角形的方法.在计算函数值方面,韦达利用了关系式

$$\sin \theta = \sin(60° + \theta) - \sin(60° - \theta)$$

$$\csc \theta + \cot \theta = \cot \frac{\theta}{2}$$

$$-\cot \theta + \csc \theta = \tan \frac{\theta}{2}$$

因此,他只需用加法、减法,就可从 30°(或 45°)以下的函数值算出 90° 以下其余的角的函数值.

韦达是将代数变换引进三角的第一人．他在倍角函数方面有特殊的贡献．1591年，他给出公式

$$\sin 3\theta = 3\cos^2\theta\sin\theta - \sin^3\theta$$

$$\cos 3\theta = \cos^3\theta - 3\sin^2\theta\cos\theta$$

并且有 $\sin n\theta$，$\cos n\theta$ 表示为 $\sin\theta$，$\cos\theta$ 的公式．

当时一个荷兰驻法国的大使对法国皇帝亨利四世（Henry Ⅳ）说，法国人中没有能解出比利时数学家罗曼纳斯（Adrianus Romanus，1561—1615）提出的一个45次的方程

$$45y - 3\ 795y^3 + 95\ 634y^5 - \cdots + 945y^{41} - 45y^{43} + y^{45} = C$$

亨利四世请韦达来解这个问题．韦达认为这个问题相当于：给定了一弧所对的弦，求该弧45分之一所对的弦；也就是等价于用 $\sin\theta$ 表示 $\sin 45\theta$，求出 $\sin\theta$ 的问题．所以他令 $y = 2\sin\theta$，$C = 2\sin 45\theta$．因为 $45 = 5 \times 3 \times 3$，所以他将方程分解为一个5次方程和两个3次方程．韦达解出这些方程，得到了23个正根，因为其余的是负的正弦值，而他是不知道的．韦达的解法记载在他的著作《回答》（Responsum，1595）里．

把一个角分成奇数等份是古代的一个著名问题，韦达对它作了深究．这使他处理了卡丹解三次方程时的不可约情况．他把恒等式

$$\left(2\cos\frac{1}{3}\varphi\right)^3 - 3\left(2\cos\frac{\varphi}{3}\right) = 2\cos\varphi$$

用到方程

$$x^3 - 3a^2x = a^2b \quad a > \frac{1}{2}b$$

只需令 $x = 2a\cos\frac{1}{3}\varphi$，而 φ 可由 $b = 2a\cos\varphi$ 求得．

牛顿爵士（1642—1727）对三角学做出了很多贡献．在他的《分析》（De Analysi，1669）里，他把 $\sin x$，$\cos x$，$\arcsin x$ 和 e^x 展开成级数．1673年莱布尼兹（G. W. Leibniz，1646—1716）独立得到 $\sin x$，$\cos x$，$\arctan x$ 的展开式．格雷哥利（James Gregory，1638—1675）看到牛顿的《分析》后，于1671年得出其他的级数，其中有

$$\tan x = x + \frac{x^3}{3} + \frac{2}{15}x^5 + \frac{17}{315}x^7 + \cdots$$

$$\sec x = 1 + \frac{x^2}{2} + \frac{5}{24}x^4 + \frac{61}{720}x^6 + \cdots$$

$$\arctan x = x - \frac{x^3}{3} + \frac{x^5}{5} - \cdots \quad -1 \leqslant x \leqslant 1$$

1676年牛顿得到

$$\sin n\phi = n\sin\phi + \frac{(1 - n^2)n}{3!}\sin^3\phi + \cdots$$

和 $\cos n\phi$ 的式子，并且告诉了莱布尼兹．

瑞士人约科布·伯努利（Jakob Bernoulli，1654—1705）在1702年得到

$$\sin n\phi = \cos^n\phi - \frac{n(n-1)}{2!}\cos^{n-2}\phi\sin^2\phi + \cdots$$

$$\cos n\phi = \frac{n}{1}\cos^{n-1}\phi\sin\phi - \frac{n(n-1)(n-2)}{3!}\cos^{n-3}\phi\sin^3\phi + \cdots$$

18 世纪初叶,虚数被引入三角学.英国人柯塔斯(Roger Cotes,1682—1716)于 1714 年在伦敦哲学学报(*Philosophical Transactions*)上发表了一个公式,用现代的写法是

$$\phi i = \log(\cos\phi + i\sin\phi)$$

实际上,法国人棣莫弗(Abraham de Moivre,1667—1754)在 1707 年已经有公式

$$\cos\phi = \frac{1}{2}(\cos n\phi + i\sin n\phi)^{\frac{1}{n}} + \frac{1}{2}(\cos n\phi - i\sin n\phi)^{\frac{1}{n}}$$

这与他在 1722 年发表的定理

$$(\cos\phi + i\sin\phi)^n = \cos n\phi + i\sin n\phi$$

显然是有联系的.

欧拉在 1748 年给出了公式

$$e^{\phi i} = \cos\phi + i\sin\phi$$

并于 1777 年提出将 $\sqrt{-1}$ 记为 i,并得到了公认.

双曲函数是意大利人利卡蒂(Vincenzo Riccati,1707—1775)于 1757 年发表的,他有定义

$$\sin hz = \frac{1}{2}(e^z - e^{-z})$$

$$\cos hz = \frac{1}{2}(e^z + e^{-z})$$

法国人兰伯特(Johann Heinrich Lambert,1728—1777)对双曲函数的理论做了进一步的发展.

三角函数的周期性问题是法国人拉尼(Thomas Fantet de Lagny,1660—1734)在 1710 年阐明的.把三角函数作为数的观点是德国人卡斯纳(Abraham Gotthelf Kastner,1719—1800)在 1759 年提出的.

综上所述,用代数符号的欧洲三角学在 17 世纪以后,逐渐地成为一门分析的科学而进入了高等数学的领域.

七、中国人与三角学

中国和其他文明古国一样,它在用晷表进行一些天文测量时,也是首先对直角三角形的性质做了研究的.汉代的《周髀算经》已认识到直角三角形各边之比的重要性.中国人对直角三角形的各边给定了勾、股、弦的名称,在实际应用中,用勾、股、弦之比,已经能解决测高、测距的问题了,所以没有必要为三角函数起专门的名称.

6 世纪以后,印度的天文、数学书和佛经一起流传到中国,并且有印度天文学家服务于中国司天监等政府机关中.瞿昙悉达任职太史监时,曾于开元六年(718)翻译了印度的"九执历法".他编辑的《开元占经》中介绍了圆弧的量法以及弧的正弦表等,但是没有引起中国数学家的注意.

宋代的沈括(1031—1095)是中国第一个对弧、弦、矢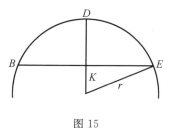
之间的关系加以考虑的数学家,他在《梦溪笔谈》卷十八
里给出了由弦和矢的长度来求弧长的近似公式,这就是沈
括的"会圆术".

图 15

如图 15,设圆的直径$=d$,半径$=r$,弦 $BE=c$,矢
$DK=v$,弧 $BDE=s$.

沈括的计算结果相当于公式

$$c=2\sqrt{r^2-(r-v)^2}$$

$$s=c+\frac{2v^2}{d}$$

元代郭守敬等人编制的《授时历》(1280)中曾多次反复地应用了沈括的"会圆术",
配合使用了相似三角形各线段间的比例关系,从而在推算"赤道积度"、"赤道内外度"方
面,创立了新的方法.实际上这是一种球面三角法的研究.然而,中国的球面三角学并没
有因此而得到进一步的发展.

明末,徐光启(1562—1633)奉命督修历法,主持历局(1629),除了推荐李之藻以外,
又重用几个西洋学者进局共事.历局从成立时开始到 1634 年止,编译了一部作为修改历
法根据的《崇祯历书》.《崇祯历书》共 137 卷,其中介绍平面三角学与球面三角学的专门
著作,有邓玉函(Jean Terrenz,1576—1630,瑞士人,1621 年来华)编的《大测》二卷和《割
圆八线表》六卷,罗雅谷(Jacqaes Rho,1593—1638,意大利人,1622 年来华)编的《测量全
义》十卷.

邓玉函在《大测》的序言里,说"大测者,测三角形法也.…… 测天者所必须,大于他
测,故名大测".从名义看来,此书应是球面三角学或天文学,但其内容仅有"解义"六篇,
主要说明三角八线的性质、造表方法和用表方法.关于三角测量方面,根本不谈球面三角
法.它讲的造表方法有所谓"六宗"、"三要法"和"二简法".所谓"六宗"是指求内接正六
边形、正四边形、正三边形、正十边形、正五边形、正十五边形的边长,也就是求 $30°,45°,$
$60°,18°,36°,12°$ 的正弦值.所谓"三要法"是指:

(1)正弦与余弦的关系式

$$\sin^2 A+\cos^2 A=1$$

(2)倍角公式

$$\sin 2A=2\sin A\cos A$$

(3)半角公式

$$\sin\frac{A}{2}=\frac{1}{2}\sqrt{\sin^2 A+(1-\cos A)^2}$$

然后,用"六宗"为依据,用"三要法"为工具,就可以造出三角函数表了.所谓"二简法"是
指下列二式:

(1)$\sin A=\sin(60°+A)-\sin(60°-A)$;

(2)$\sin(A\pm B)=\sin A\cos B\pm\cos A\sin B$.

利用这两个公式,可以算出一些用"三要法"不能计算的正弦值.

《割圆八线表》是一个有度有分的五位小数的三角函数表,其中包括正弦、余弦、正切、余切、正割、余割六线,另外二线是正矢与余矢,可由余弦与正弦推得.

罗雅谷编的《测量全义》中的三角学内容较《大测》为多,在平面三角学中除正弦定理与正切定理外,尚有余弦定理、积化和差的公式等;在球面三角学方面有直角三角形、一般三角形的一些公式.从内容而论,此书尚不及黎奇蒙塔的《论三角》所介绍的完整.

波兰传教士穆尼阁(J. Nicolas Smogolenski,1611—1656)于1646年来中国.薛凤祚(?—1680),方中通(1633—1698)向穆尼阁学习科学知识.薛凤祚后来编成《历学会通》一书,于1664年刊行.

《历学会通》内容十分庞杂,其中数学部分主要有《比例对数表》一卷(1653)、《比例四线新表》一卷与《三角算法》一卷(1653).薛凤祚《三角算法》中所介绍的平面三角法与球面三角法,较《崇祯历书》更为完整.平面三角中包含有正弦定理、余弦定理、正切定理、半角定理等.这些公式除余弦定理外都是配合对数计算的.例如半角定理

$$\log \tan \frac{A}{2} = \frac{1}{2}\{[\log(s-b) + \log(s-c)] - [\log s + \log(s-a)]\}$$

其中 $s = \frac{1}{2}(a+b+c)$.

球面三角中除《崇祯历书》所介绍的正弦定理与余弦定理外,尚有半角公式、半弧公式、德氏比例式(Delambre's analogies)、纳氏比例式(Napier's analogies)等.

清初的梅文鼎(1633—1721)是研究天文学和数学的大家,有著作七十余种.梅文鼎的《平三角举要》五卷,《弧三角举要》五卷(1684)中详尽地介绍了前人的结果,并且自己也补充了若干方法和公式.梅文鼎《堑堵测量》、《环中黍尺》两书论球面三角,其中有不少创造性成果.

法国人杜德美(Petrus Jartoux,1668—1720)于1701年到中国.1708年康熙为了要测绘全国地图,请杜德美到冀北,辽东等地指导大地测量工作.杜德美曾以三个三角级数公式传入中国而没有证明.蒙古族数学家明安图(?—1765)任钦天监监正,经过长期钻研,用连比例的方法证明了欧洲人的三个公式并且发明了另外的六个公式,著《割圆密率捷法》,未成而死.此书后由他的学生陈际新于1774年续成的.

1874年曾纪鸿撰《圆率考真图解》一卷.他首先用几何图形证明下列二式:

(1) $\dfrac{\pi}{4} = \arctan \dfrac{1}{2} + \arctan \dfrac{1}{3}$;

(2) $\dfrac{\pi}{4} = \arctan \dfrac{1}{4} + \arctan \dfrac{1}{5} + \arctan \dfrac{5}{27} + \arctan \dfrac{1}{12} + \arctan \dfrac{1}{13}$.

并且利用反正切函数的幂级数展开式

$$\arctan x = x - \frac{1}{3}x^3 + \frac{1}{5}x^5 - \frac{1}{7}x^7 + \cdots$$

计算 π 值到100位小数,经过核对,其中是有错误的.

第十四讲　　解析几何

一般认为,现代数学是从解析几何与微积分的两大发明开始的.这两门科学都因它们应用的广泛性和本身的科学性而深受欢迎.差不多经历了一百多年的时间,解析几何的方法准确地导向了微积分的发明.

解析几何是何人发明的,什么时候发明的,这些是涉及解析几何本身内容的问题.古代希腊人有过大量代数式的几何学;埃及人、罗马人在测量工作中,希腊人在画地图的工作中,都有过坐标的概念.希腊人阿波洛尼斯(Apollonius)研究了大量的圆锥曲线问题,获得了许多相当于近代解析几何里的曲线性质.14 世纪的奥雷斯姆(Nicole Oresme)探究了解析几何的一个方面,他给出某种规律,用独立变量(称为"经"longitudo)去表示从属变量(称为"纬"latitudo),而且允许独立变量可有微小的增量.可是,一直要等到代数符号大量的发展和运用以后,现代形式的解析几何才具有今天高度有用的形式.许多科学史家认为 17 世纪的两个法国人笛卡儿(René Descartes)和费马(Pierre de Fermat)是现代解析几何学的创始人.

一、笛卡尔

笛卡儿(René Descartes)于 1596 年 3 月 31 日出生于 Tours 的某地,他的父亲是一个富有的律师.当他八岁的时候,被送进一个耶稣会的学校读书.因为他身体不好,他被准许每天早上可以在床上读书,迟迟起床.这种习惯他一直保持到老,笛卡儿认为早晨休息沉思冥想的时刻是他最有创造性的辰光.1647 年他告诉过帕斯卡(Pascal),为了研究数学,最好是早晨在床上沉思而无人去打扰他.

1612 年笛卡儿离开学校,20 岁毕业于 Poiters 大学,去巴黎,进入上流社会.在那里,他遇到了梅多格(Mydorge)和梅森(Mersenne)和他们一起研究数学.当时有地位的年轻人或者参加军队或者在教会里任职,笛卡儿在 1617 年在 Orange 王子莫里斯(Maurice)的军队里当了一个文官.离开军队以后,他花了四五年时间游历了德国、丹麦、荷兰、瑞士,然后在巴黎定居了二三年,他一直在研究数学和哲学,并且钻研光学仪器的理论与构造.1628 年他移居荷兰,在那宁静自由的环境中,住了二十年,写出了许多著名作品.1649 年笛卡儿勉强地答应瑞典女王克里斯蒂娜(Christina)的邀请,去了斯德哥尔摩,几个月以后,因患肺炎,1650 年 2 月 11 日在那里去世.

笛卡儿定居荷兰后,先写了一本《世界体系》(Le Monde,1634),这是一部讨论宇宙物质结构的著作,包括一种宇宙漩涡理论,谈到行星是转动不息的并且是在绕日的轨道中运行的. 由于他害怕教会,怕受到对伽利略(Galilei)那样的迫害,没有发表. 然后他从事于写作一部普遍科学的哲学专著《正确推理和探究科学真理的方法论》[①]. 此书有三个著名的附录:《折光》(La Dioptrique),《陨星》(Les Météores) 和《几何》(La géométrie).《几何》部分包括了他关于解析几何和代数的思想,这是笛卡儿所写的唯一的数学书. 1641 年,笛卡儿发表了一本《沉思录》(Meditationes) 简释了他在《方法论》中的哲学观点. 1644 年,笛卡儿发表了《哲学原理》(Principia Philosophiae),其中有些是不正确的自然定律和一种自相矛盾的宇宙漩涡理论.

笛卡儿生活的时代的特征是:(1)科学家关于自然规律的研究开始向宗教的教条挑战,(2)教会本身亦有清教徒与天主教会激烈的争论. 因此,笛卡儿就怀疑他在学校里所得到的一切知识. 他反对经院哲学,主张科学的革新.

笛卡儿和培根(Francis Bacon,1561—1626)一样,很重视方法论和认识论,他也认为传统的经院哲学的方法不能给人以真正的知识. 培根用经验的归纳法来代替经院哲学的方法,而笛卡儿则用理性的演绎法来代替. 由于笛卡儿只承认演绎法,就使得他把一般原理看成先于具体事实的出发点,因而陷入了唯心论的先验论. 笛卡儿认为,理性演绎法的标本,就是传统的几何学. 这个方法就是从几个一望而知的,清楚明白的,"不证自明的"公理出发(笛卡儿认为这些公理不是从经验得来,而是先天就有的),一步一步地推演出其他许多命题,以构成一个知识的系统. 笛卡儿认为像这样得来的知识是最可靠的知识,他要求哲学知识也应该像几何的公理和命题一样清楚、明白,一样可靠.

笛卡儿《方法论》的第三个附录《几何》有 100 页,它又分为三卷.《几何》第一卷中,阐明用代数方法解几何题的原则,但内容是超过古代希腊人的. 对希腊人来说,一个数相当于某个线段的长度,两数的乘积相当于某个矩形的面积,三个数的乘积相当于某个长方体的体积,如此而已. 笛卡儿则不把 x^2 看作面积,而看作 $1:x=x:x^2$ 的比例第四项,对于已知的 x,x^2 是可作的. 因此,取定了一个单位长度后,一个数的任意次乘幂,或几个数的乘积,都可以用尺、规作图方法做出来了.

例如,假定某个几何问题,归结到寻求一个未知长度 x,经过代数运算,知道 x 满足方程 $x^2=ax+b^2$,其中 a 与 b 是已知的长度. 由代数学,知道

$$x=\frac{a}{2}+\sqrt{\frac{a^2}{4}+b^2}$$

(笛卡儿不考虑负根). 他画出 x 的方法是:图 1,作直角三角形 NLM,其中 $LM=b,NL=\frac{a}{2}$. 延长 MN 到 P,使 $NP=NL=\frac{a}{2}$. 于是 x 就是 MP 的长度,因为

$$x=MP=NP+MN=$$
$$\frac{a}{2}+\sqrt{\left(\frac{a}{2}\right)^2+b^2}$$

---

① *Discours de la méthode pour bien conduire sa raison et chercher lavérité dans les sciences*,1637.

这种问题,求的是一个确定的唯一的长度,可以称为确定的作图问题,实际上不是解析几何.笛卡儿进一步考虑的是"不确定"的问题,就是说,它的结果有许多长度是可以作为答案的.这些长度的端点构成一条曲线.他说,"也要求发现并且指出这条包括所有端点的曲线".笛卡儿用长度 x 表示未知的长度 y,最后得到一个不定方程,他说,对于每一个 x,y 满足一个确定的方程,因而就可以画出来的.如果方程是一次或二次的,那么就可以用直线和圆把 y 画出来.

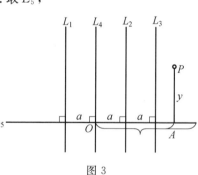

图 1

笛卡儿在一根轴上记下 x 的长度,再在与这轴有一个固定角的另一根轴上记下 y 的长度,如图 2.于是画出所有点,它的 x,y 是满足已知的方程,例如,关系式 $y=x^2$,可以按比例第四项的方法,对于一个固定的 x_i,求得它的对应的 y_i 来.这些 x_i,y_i 就是关系式 $y=x^2$ 所表示的曲线上的点.

笛卡儿对于从运动学所得到的代数关系式的曲线特别感兴趣.《几何》中有这样的例题(用我们现在的说法):图 3,已知五直线 L_1,$\cdots$,L_5.设 p_i 表示一点 p 到 L_i 的距离.取 L_5,L_4 为 x 轴,y 轴,使

$$p_1 p_2 p_3 = a p_4 p_5$$

求点 P 的轨迹.

(这轨迹是个三次曲线,牛顿称之为笛卡儿的抛物线,有时又称为三叉戟(trident)).

一般地,在平面上有 $m+n$ 条直线,求所有这样的点 P 的轨迹:从这 P 作直线与 $m+n$ 条直线分别交于已知的角(这 $m+n$ 个交角不一定相等的),设 P 到它与直线 L_i 的交点的长度是 p_i,a 为常数,使

$$p_1 p_2 \cdots p_m = a \cdot p_{m+1} \cdot p_{m+2} \cdots p_{m+n}$$

这个问题是古代希腊的帕普斯(Pappus)问题(3 世纪)的推广.帕普斯问题,用上述记号,可以表示为

$$p_1 p_2 = a p_3 p_4$$

轨迹是一条圆锥曲线.

笛卡儿说,帕普斯问题的推广,导致得到高于二次的曲线.笛卡儿用他的新方法处理一般性的问题,他的贡献是伟大的.据说,笛卡儿就是由于想解决这个问题而促使他发明解析几何的.根据笛卡儿解题的意思,可以归纳出他的方法是:

(1)选定一条直线作为基线(如图 3 中的 L_5);

(2)在基线上取一点为原点(如 L_5 上的 O);

(3)x 值是基线上的长度,从原点量起的(如 OA);

(4)y 值是从基线出发的线段的长度(如线段 AP).

图 3 中的 L_4 与 L_5 垂直,就构成直角坐标系.如果 L_4 与 L_5 的交角不是直角,那么就构成斜角坐标系.

笛卡儿有了曲线方程的思想以后,进一步断言:(1)坐标系的选择是与曲线的次数无关的;(2)坐标系的选择应使所得的曲线方程愈简单愈好;(3)用同一个坐标系,写出两个不同的曲线的方程,用代数方法联立地解这两个方程,可以求出这两条曲线的交点.

在《几何》第二卷中,除谈论了一些曲线的分类之外,提出了一种作曲线切线的方法.方法如下:如图 4,设已知曲线的方程是 $f(x,y)=0$,设曲线上的切点 P 的坐标是 (x_1,y_1).设 Q 是 x 轴上的一点,坐标为 $(x_2,0)$,则以 Q 为圆心,通过点 P 的圆的方程为

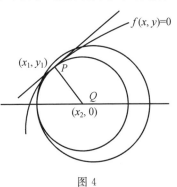

图 4

$$(x-x_2)^2+y^2=(x_1-x_2)^2+y_1^2$$

此式与 $f(x,y)=0$ 消去 y,就得圆与曲线的交点的横坐标所满足的方程.现在要确定 x_2,使上述含 x 的方程有两个等于 x_1 的等根;这样,圆与曲线就相切于点 P. Q 就是 x 轴与曲线的法线的交点,所以只要这个圆画出来,就容易做出所要作的切线.例如,要作抛物线 $y^2=4x$ 在点 $(1,2)$ 处的切线.我们有

$$(x-x_2)^2+y^2=(1-x_2)^2+4$$

此式与 $y^2=4x$ 消去 y 后,得

$$(x-x_2)^2+4x=(1-x_2)^2+4$$

即

$$x^2+2x(2-x_2)+(2x_2-5)=0$$

这个 x 的二次方程要有等根,它的判别式要等于零,即

$$(2-x_2)^2-(2x_2-5)=0$$

由此,得

$$x_2=3$$

于是以 $(3,0)$ 为圆心而通过 $(1,2)$ 的圆画出来了.在点 $(1,2)$ 作该圆的半径的垂线就是所要作的切线.笛卡儿把这种作切线的方法应用到各种曲线,包括有名的称为笛卡儿的卵形线①.这种方法告诉我们作切线的一般方法.但是应该说明,在某些复杂情况下,所要用的代数运算却是很麻烦的.这也是初等解析几何明显的缺点,就是知道了要做什么,但是没有能把它做好的技巧.于是,人们就着手寻求更好的方法,去作曲线的切线.

《几何》第三卷中有关于高次方程的解法,用到称为"笛卡儿符号法则"确定一个方程正根、负根的限数.在《几何》中,笛卡儿规定用最初的字母表示已知数,用最末的几个

---

① 设一个动点到两个固定点的距离是 r_1,r_2,满足关系式 $r_1+mr_2=a$(其中,m 与 a 为常数),这动点的轨迹就是笛卡儿卵形线.有心的二次曲线是它的特殊情况.

字母表示未知数.他还首创了今天我们用的指数表示法,如 a^3, a^4 等等,改进了韦达的记法,并且用字母表示任意的数量,正的或负的.在《几何》第三卷中,还可找到待定系数法的应用.例如,在前一段抛物线的例题中,我们令判别式为零,从而求得 x_2 的数值,使方程

$$x^2 + 2x(2-x_2) + (2x_2-5) = 0$$

有相等的根 $x = 1$.我们也可以使

$$x^2 + 2(2-x_2)x + (2x_2-5)$$
$$\equiv (x-1)^2 \equiv x^2 - 2x + 1$$

这里,我们必须使 x 的同次项的系数相等,即

$$2(2-x_2) = -2 \quad 与 \quad 2x_2 - 5 = 1$$

由此二式,就能得到 $x_2 = 3$.

笛卡儿《几何》一书不是对解析几何方法的系统的叙述,也不是一本一般教科书那样的著作.读此书的人必须从其中某些孤立的例证叙述中,巧妙地领会和总结出笛卡儿所要阐明的思想和方法.书中有 32 张图,但是找不到哪一张是明显地标出坐标轴的.这书是不容易读的,许多模糊不清之处是笛卡儿故意搞的,他只约略地指出作图的方法和证法,把细节留给了读者.他把自己的工作比作建筑师的工作,即立下计划,指明什么是应该做的,而把具体的操作留给木工和瓦匠.1649 年,德博纳(F. de Beaune)出了一本附有解释的《几何》的拉丁文译本,也编入了范朔顿(Frans van Schooten,1615—1660)的注解.这个本子和 1659—1661 年的修订本是广泛流传的.经过一百年左右,解析几何的内容逐渐地变成今天的教科书的样子.我们今天所用的专门名词,坐标、横坐标、纵坐标是 1692 年莱布尼兹(Leibniz)提出的.

笛卡儿发明了解析几何的方法,贡献是伟大的.是什么引起他有此发明的动机呢?这是有几种传说的.一个故事说,1619 年笛卡儿所属的军队驻在多瑙河畔 Neuberg 的小村庄时,他在 11 月 10 日晚上做了一个梦,醒来就创立了新的方法.另一个故事,类似于牛顿看见苹果落地那样,说笛卡儿的第一个想法来自他仰视房里墙角与天花板之间有一只苍蝇在活动,他想如果知道了苍蝇离开两墙距离的关系式,苍蝇的行径是可以画出来的.尽管这个故事是不足凭信的,但却有一定的数学价值.

笛卡儿在数学其他方面的贡献,还有:关于凸多面体的公式 $v - e + f = 2$[①](1635 年,此式欧拉于 1752 年得到的),关于摆线(cycloid)的切线作法,现称笛卡儿叶形线 $x^3 + y^3 - 3axy = 0$ 的研究,以及研究高次的抛物线 $y^n = px$ $(n > 2)$,等等.

二、费马

费马(Pierre de Fermat)1601 年 8 月 20 日生于法国南部的 Toulouse,1665 年 1 月 12 日卒于 Castres.他是皮革商人之子,是一个自学成才的数学家.费马于 30 岁时成为

---

① v 是顶点数,e 是棱数,f 是面数.

Toulouse 议会的议员. 他精通法律, 廉洁奉公, 业余时间则深究数学, 在数论、解析几何、概率论三方面都有重要贡献. 因为费马性情谦和, 对著述无意发表, 所以在他活着的时候, 没有印行过完整的著作. 费马的许多论述散见于他的旧纸堆里, 在他给朋友的书信中以及在书的边缘和空白处, 后人把它们汇集成书, 在 Toulouse 出版(1670,1679), 共有两卷. 第一卷是有关数论的, 即所谓丢番图算术的; 第二卷是论几何的, 有极大极小和重心的论述, 还有各类问题的解答(这些问题后来成为微积分的一部分), 还有球切面, 曲线求长等等的讨论. 1853 年布拉星纳(E. Brassinne) 把费马与笛卡儿, 帕斯卡(Pascal), 罗伯瓦(Roberval), 惠更斯(Huygens) 诸人的通信录加上注释后在巴黎出版.

费马对几何的研究是从研究希腊的几何学特别是从阿波洛尼斯几何学开始的. 阿波洛尼斯《论平面轨迹》(on Plane Loci) 一书, 久已失传. 费马则利用代数知识把这书重新写了出来, 从而打算对轨迹问题进行一般的研究, 而后者是希腊人所没有能做到的.

费马考虑任意曲线和曲线上的一般的点 J (图 5). J 的位置用 A, E 两个字母写出: A 是从点 O 沿底线到点 Z 的距离, E 是从 Z 到 J 的距离. 他所用的坐标就是我们所说的斜坐标, 但 y 轴没有明显地标出, 而且是不用负数的. 实际上他的 A, E 就是现在采用的 x, y.

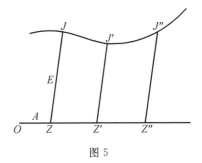

图 5

费马的一般原理是: "只要在最后的方程里有两个未知量, 我们就得到一个轨迹, 一个量的末端就描绘出一条直线或曲线". 图 5 中, 对于不同位置的 E, 它的末端 J, J', J'', … 就把"线"描出来了. 费马的未知量 A 和 E, 实际上是变数, 也就可以说, 联系 A 和 E 的方程是不确定的. 费马用韦达的方法, 用一个字母表示一类的数, 写出联系 A 和 E 的方程 B 然后说明它们所描绘的曲线. 例如, 他写出"D in A aequetur. in E", 用我们的记号就是 $Dx = By$, 并且指明它代表一条直线, 他又给出 $d(a-x) = by$. 指明它也表示一条直线, 方程 $B^2 - x^2 = y^2$ 表示一个圆; $a^2 - x^2 = ky^2$ 表示一个椭圆; $a^2 + x^2 = ky^2$ 和 $xy = a$ 各表示一条双曲线; $x^2 = ay$ 表示一条抛物线. 因为费马不用负的坐标, 所以他的方程不能像他所说的那样表示整个曲线. 但是费马有坐标轴可以平行移动或旋转的思想, 因为他对一些较复杂的二次方程能够简化到简单的形式. 他肯定地说: 一个联系 A 和 E 的方程, 如果是一次的, 就表示直线的轨迹; 如果是二次的, 就表示圆锥曲线.

费马继承了希腊人的思想, 用代数方法重述了阿波洛尼斯的工作, 强调由轨迹所得的方程. 笛卡儿则不从希腊人的传统入手, 完全独创地利用代数方法把几何问题变成一个代数方程问题, 接着就解出所得到的代数方程, 最后按照解的要求做出图形来. 因此, 解析几何中的许多基本思想无疑是由笛卡儿首创的. 笛卡儿为了研究几何而从事于代数方程的解法讨论. 代数方程是千变万化的, 有些是与几何作图无关的, 因此这个代数方程论已成为初等代数的基础部分.

三、解析几何在 17 世纪以后的进展

笛卡儿与费马对解析几何的创建是有巨大贡献的.但是解析几何的主要思想——用代数方程表示曲线并研究曲线——并没有被当时的数学家热情地接受,并且广泛地利用起来.究其原因,可有下列诸端①:

(1) 费马的论述迟至 1679 年才出版问世;

(2) 笛卡儿强调了几何作图的讨论,对于方程与曲线的主要思想,不够突出,还有,笛卡儿的书写得使人难懂;

(3) 许多数学家反对把代数、算术与几何混淆起来.

韦达认为数的科学和几何量的科学是平行的,但是有区别的.牛顿虽然对解析几何也有贡献,而且在微积分里使用了它,但是反对把代数和几何混淆起来,他在《普遍的算术》中说:"方程是算术计算的表达式,它在几何里,除了表示真正几何量(线,面,立体,比例)间的相等关系以外,是没有地位的.近来把乘、除和同类的计算法引入几何,是轻率的而且违反这一科学的基本原则的 …… 因此,这两门科学不容混淆,近代人混淆了它们,就失去了简单性,而这个简单性正是几何的一切优点所在."

(4) 有些数学家认为代数缺乏严密性,他们认为算术和代数从几何得到逻辑的核实,因而代数不能替代几何,或与几何并列.一些人说,把代数应用到几何等于"错误地把符号当作几何",有人把瓦利斯(John Wallis,1616—1703)《论圆锥曲线》一书讥为"符号的结痂".

但终究有很多人逐渐采用了解析几何并且扩展了解析几何.解释清楚笛卡儿的思想是首要的事情.范朔顿将《论几何》译成拉丁文,于 1649 年出版,并再版了几次,这本书不但在文字上便于所有的学者,而且增添一些评论,阐发了笛卡儿原来的简要叙述.

瓦利斯在《论圆锥曲线》(*De Sectionibus Conicis*,1655)中,第一次得到圆锥曲线的方程.他是为了阐明阿波洛尼斯的结果,把阿波洛尼斯的几何条件翻译成代数条件,从而得到这些方程.于是他把圆锥曲线定义为对应于含有 x 和 y 的二次方程的曲线,并且证明这些曲线确实就是几何里的圆锥曲线.瓦利斯很可能是第一个用方程来推导圆锥截线性质的人.他的书对于传播解析几何的思想大有帮助,又普及了一种思想:把圆锥截线看作平面曲线,而不看作圆锥与平面的交线.瓦利斯强调代数推理是有效的,他又是第一个有意识地引进负的纵横坐标的人.

牛顿的《流数法与无穷级数》(*The Method of Fluxions and Infinite Series*)大约成书于 1671 年,是用拉丁文写的,但第一次出版的,却是柯尔森(John Colson)的英译本,于 1736 年出版的.此书中有许多解析几何的应用,按方程描绘曲线等等.

古代的希腊人偏爱几何,认为几何是使他们能够得到严密性的唯一途径,甚至在 17 世纪,数学家们还觉得应当用几何的方法去证明代数上的公式和论证.可以说,直到

---

① 参见 M. Kline, *Mathematical Thought from Ancient to Modern Times*, New York, 1972, 317-318.

1600 年,数学的主体是几何学,加上一些代数和三角的附属物. 由于笛卡儿,费马,瓦利斯和牛顿等人的努力,人们逐渐地认识到,代数不仅仅是适合于它本身目的一套有效的方法,而且也是解决几何问题的极好途径. 笛卡儿领会到代数的用处,但只认为代数方法是一种技巧. 瓦利斯和牛顿则清楚地看到代数提供了优越的方法论,意识到代数本身是一门极重要的科学. 于是,代数在数学中的地位大大地提高了,成为占优势的实体. 欧拉在他的《无穷小分析引论》(*Introductio in analysin Infinitorm*,1748)中,赞扬代数大大优越于希腊人的综合法.

1. 新的曲线

笛卡儿由运动学得到过一些新的曲线,例如对数螺线(极坐标方程为 $\rho = a^{\theta}$),并对悬链线,旋轮线等有过研究.

费马从代数方程开始,研究了一些曲线,他把方程 $x^m y^n = a$,$y^n = ax^m$,$r^n = a\theta$ 的曲线仍称为双曲线,抛物线和(费马的)螺线.

笛卡儿由轨迹开始,研究它的方程;费马由方程开始,探求方程表示的轨迹.

用了笛卡儿和费马的方法,数学家们对希腊人讨论过的曲线有了新的进一步的研究,并讨论了一些新的曲线. 这里,用现在的表达方法,举出几个例子.

阿格纳西(Agnesi)的箕舌线,图 6,设 OA 为圆 $x^2 + y^2 - 2ay = 0$ 的直径,OP_1 为圆的任意一条弦,OP_1 与点 A 的切线交于 B. 由 P_1 与 B 作坐标轴 Ox,Oy 的平行线,设它们相交于 P. 求点 P 的轨迹.

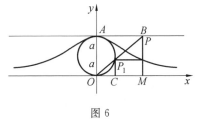

得到的曲线如图 6,它的方程是

$$x^2 y = 4a^2(2a - y)$$

图 6

这曲线是一位女数学家阿格纳西(Maria Gaetana Agnesi,1718—1799)得到的,称为箕舌线(witch).

尼科梅德斯(Nicomedes)蚌线,图 7,过 y 轴上一个定点 A 作直线,交 x 轴于点 P_1,在这直线上找一点 P,使 $P_1 P = \pm b$(b 是个常数),求点的轨迹.

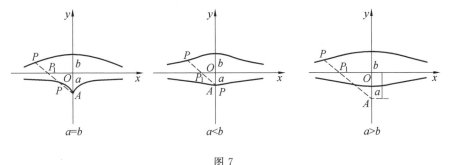

图 7

用极坐标方法解此题. 取 A 为极点,y 轴为极轴,得轨迹的方程:$\rho = a\sec\theta \pm b$.

它的直角坐标方程是

$$(x - a)^2(x^2 + y^2) = b^2 x^2$$

这曲线是公元前 180 年,希腊人尼科梅德斯为了探究三等分角问题首先研究的,但

只是用到 $a=b$ 一种情况的一部分(x 轴上方的一支).

伯努利(Bernoulli)[①]双纽线:设两个固定点 S_1,S_2 间的距离是 $2a$,动点 P 到 S_1,S_2 的距离分别是 r_1,r_2.设 $r_1 \cdot r_2 = a^2$,求动点 P 的轨迹(图 8).

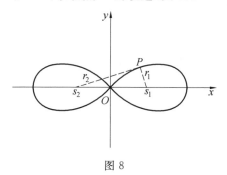

图 8

这曲线是 1694 年约科布·伯努利引进的.直角坐标方程是
$$(x^2 + y^2)^2 = 2a^2(x^2 - y^2)$$

极坐标方程是
$$\rho^2 = 2a^2 \cos 2\theta$$

事实上,伯努利双纽线是一族叫作卡西尼(Cassini)卵形线的一个特例.这族曲线是卡西尼(Jean-Dominique Cassini,1625—1712)引进的,但迟至 1749 年才由他的儿子发表的.卡西尼卵形线的定义是:线上的任何点到两个固定点 S_1,S_2 的距离 r_1,r_2 的乘积等于 b^2,b 是正常数.设 S_1 与 S_2 间的距离是 $2a$(图 9).

卡西尼卵形线的直角坐标方程为
$$(x^2 + y^2)^2 - 2a^2(x^2 - y^2) + a^4 = b^4$$

极坐标方程为

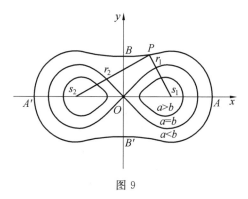

图 9

$$\rho^4 - 2\rho^2 a^2 \cos 2\theta \cdot a^4 = b^4$$

当 $b=a$ 时,就是伯努利所引进的双纽线;当 $b>a$ 时,是一个没有自交点的卵形线;当 $b<a$ 时,是两个卵形线.

---

① 约科布·伯努利(Jokob Bernoulli,1654-1705).

2. 坐标变换, 极坐标, 参数方程

德维特 (Jan de Witt, 1625—1672) 在他的《曲线初步》(*Elementa Curvarum Linearum*, 1659) 中曾把 x 和 y 的某些二次方程化为标准型. 斯特林 (James Stirling) 在他的《牛顿的三次曲线》(*Lineae Tertii Ordinis Neutoninae*, 1717) 中把 x 和 y 的一般的二次方程化为几种标准型.

牛顿和伯努利对于特殊曲线已经引进了极坐标系. 赫尔曼 (Jacob Hermann) 在 1729 年宣称极坐标的普遍运用, 可以自由地应用极坐标去研究曲线, 他还给出了从直角坐标到极坐标的变换公式. 欧拉扩充了极坐标的使用范围而且明确地使用三角函数的记号, 从而使当时的极坐标系成为现代的极坐标系.

曲线的参数方程表示法是在欧拉的《引论》(*Introductio*, 1748) 中引进的, 那里 x 和 y 是用第三个变量表示出来的. 在《引论》中欧拉系统地讨论了平面解析几何.

3. 立体解析几何

笛卡儿在《几何》的第二卷中指出, 一个含有三个未知数 (这三个数定出轨迹上的一点 C) 的方程所代表的 C 的轨迹是一个平面, 一个球面或是一个更复杂的曲面. 显然, 笛卡儿领会到他的方法是可能推广到研究三维空间的曲线和曲面的, 但是他没有深入研究下去.

费马在 1643 年的一封信里, 简短地叙述了他的关于空间解析几何的思想, 谈到了柱面, 椭圆抛物面, 双叶双曲面和椭球面. 断言: 含有三个未知数的方程表示一个曲面.

拉伊雷 (La Hire) 在他的《圆锥截线新论》(*Nouveaux élémens des sections coniques*, 1679) 里, 对空间解析几何作了较为特殊的讨论. 为了表示曲面, 他先用三个坐标表示空间的点 P (图 10), 然后写出曲面的方程.

约翰·伯努利在 1715 年给莱布尼兹的一封信中引进了现在通用的三个坐标平面.

克雷罗 (Clairaut) 在他的《关于双重曲率曲线的研究》(*Recherche sur les courbes à double courbre*, 1731) 一书中不仅给出了一些曲面的方程, 而且指出描述一条空间曲线需要两个曲面方程. 他还指出通过一条曲线 C 的两个

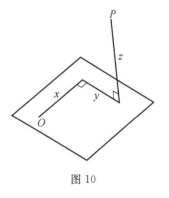

图 10

曲面的方程 $f_1(x, y, z) = 0, f_2(x, y, z) = 0$ 的某种组合 (例如, 相加: $f_1 + f_2 = F(x, y, z) = 0$), 那么 $F = 0$ 表示通过 C 的另一个曲面的方程. 由此, 克雷罗说明怎样可以得到这些空间曲线的投影的方程, 也就是求垂直于投影平面的柱面的方程. 克雷罗写出了几个二次曲面的方程, 还指出关于 x, y 和 z 的齐次方程表示顶点在坐标系原点的一个锥面.

欧拉在他的《引论》(1748) 中系统地研究了空间解析几何, 得到了六种曲面: 锥面, 柱面, 椭球面, 单叶和双叶双曲面, 双曲抛物面 (这是欧拉发现的) 以及抛物柱面. 欧拉研究了一般的三个变量的二次方程

$$ax^2 + by^2 + cz^2 + dxy + exz + fyz + gx + hy + kz = e$$

研究了坐标系的平移和旋转.

平移变换

$$x = x' + \lambda, y = y' + \mu, z = z' + \upsilon$$

其中 (λ, μ, υ) 是新坐标系的原点.

旋转变换

$$x = x' \cos \alpha_1 + y' \cos \alpha_2 + z' \cos \alpha_3$$
$$y = x' \cos \beta_1 + y' \cos \beta_2 + z' \cos \beta_3$$
$$z = x' \cos \gamma_1 + y' \cos \gamma_2 + z' \cos \gamma_3$$

其中, $\alpha_1, \beta_1, \gamma_1; \alpha_2, \beta_2, \gamma_2; \alpha_3, \beta_3, \gamma_3$ 分别是两两垂直的三直线 OX', OY', OZ' 的方向余弦.

欧拉和笛卡儿一样, 主张按方程的次数来进行空间曲面的分类. 欧拉认为次数是线性变换下的不变量.

第十五讲 微 积 分

一、哪些问题促使微积分的创立

微积分的产生是数学史上的伟大创造. 它从生产技术和理论科学的需要中产生, 又反过来广泛而深远地影响生产技术和科学的发展. 如今, 微积分已是广大科学工作者以及技术人员不可缺少的工具. 微积分的产生是经过长时期的酝酿, 而在 17 世纪末叶经牛顿和莱布尼兹二人独立完成的.

积分的思想在古希腊时代已有萌芽. 公元前 5 世纪德谟克利特(Democritus)创原子说, 把物体看作由大量微小部分叠合而成, 从而求得锥体体积是等底等高柱体体积的 $\frac{1}{3}$. 阿基米德(Archimedes)在求抛物线弓形面积和回旋锥体体积问题时也有积分的思想. 极限的思想曾散见于各个时代的著作中. 例如, 中国《庄子·天下篇》[①] 中的"一尺之棰", 芝诺[②](Zeno)的悖论, 欧多克斯(Endoxus)的"穷竭法", 刘徽的"割圆术", 祖暅原理, 卡瓦列利(Cavalieri)原理等等都和极限有直接的联系, 但这些都只能说对极限有些模糊的认识而已.

克莱恩(M. Kline)认为: 微积分的创立, 首先是为了处理 17 世纪主要的科学问题的. 他说有下述四种主要类型的问题有待微积分去解决[③].

第一类是: 已知物体移动的距离表示为时间的函数的公式, 求物体在任意时刻的速度和加速度; 反过来, 已知物体的加速度表示为时间的函数的公式, 求速度和距离. 这类问题是研究运动问题时直接出现的, 困难在于: 17 世纪所论的速度和加速度每时每刻都在变化. 例如, 要计算瞬时速度, 移动的距离和所用的时间都将是 0, 而 $\frac{0}{0}$ 是无意义的. 但在物理学中, 每一个运动的物体在它运动的每一时刻是必有速度的. 反过来, 已知速度公式求移动距离的问题, 也遇到同样的困难.

第二类问题是求曲线的切线. 这是一个几何问题, 但对于科学的应用有巨大的影响. 17 世纪的科学家都热衷于研究光学, 费马, 笛卡儿, 惠更斯, 牛顿研究透镜的设计, 就要

---

① 公元前 3,4 世纪.

② 公元前 5 世纪.

③ M. Kline, *Mathematical Thought from Ancient to Modern Times*, New York, 1972, 342-344.

研究光线射入透镜的投射角,但投射角是光线与曲线的法线所成的角,法线是与切线垂直的,所以问题归结为要求曲线的切线.另外,在运动学的研究中亦遇到:"运动物体在它的轨迹上任一点处的运动方向就是轨迹的切线方向"的问题.

第三类问题是求函数的最大值与最小值.从炮筒射出炮弹,炮弹的射程(水平距离)依赖于发射角,即炮筒对地面的倾斜角.怎样求得最大射程的发射角呢? 17 世纪的伽利略(Galileo Galilei,1564—1642)得出炮弹从不同发射角所得的不同的最大高度,并且断言:在真空中,发射角是 45° 时射程最大.对行星运动的研究也涉及最大值和最小值的问题,例如求行星离开太阳的最远和最近的距离.

第四类问题包括:(1)求曲线长(例如,行星在已知时间内移动的距离);(2)曲线围成的面积;(3)曲面围成的体积;(4)物体的重心;(5)一个体积相当大的物体(例如行星)作用于另一物体上的引力等等.

二、牛顿、莱布尼兹以前,先驱者的贡献

贝尔(E. T. Bell)说,谈论牛顿的微积分历史的时候,探讨这个科目的先驱者的贡献,似乎比其他科目的先驱者在发展过程中的作用更重要些.我们今天所用的微积分以及它们在几何学和力学中的应用,都可回溯到许多人在这些方面的孤立的创造,这些创造都是能导致微积分的发明的①.

上节里,克莱恩提出的四类问题中,第一类:从距离(作为时间的函数)求瞬时速度的问题以及它的逆问题,后来就被推广为计算一个变量对另一个变量的变化率的问题和它的逆问题.而牛顿是第一个有效地解决一般变化率问题的人,我们将于下一节里加以论术.

关于求曲线的切线的方法,有费马,笛卡儿,巴罗(Isaac Barrow,1630—1677)等人的探索.

费马《求最大值和最小值的方法》(1637)介绍的求切线的方法实质上就是现在的方法.设 PT 是曲线上一点 P 处的切线(图 1). TQ 的长叫次切线.费马是想求出 TQ 的长度,从而知道 T 的位置,最后就能做出切线 TP.

设 QQ_1 是 TQ 的增量,长度为 E. 因为 $\triangle TQP \backsim \triangle PRT_1$,所以 $TQ : PQ = E : T_1R$.

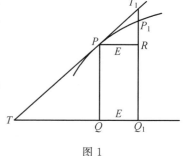

图 1

费马说,TR_1 和 P_1R 是差不多的,因此

$$TQ : PQ = E : (Q_1 T_1 - QP)$$

如果把 PQ 叫作 $f(x)$,那么就有

$$TQ : f(x) = E : [f(x+E) - f(x)]$$

---

①   E. T. Bell, *The Development of Mathematics* (2nd Ed), New York, (1945), 145.

于是

$$TQ = \frac{E \cdot f(x)}{f(x+E) - f(x)}$$

费马认为,用 E 除上述分式的分子和分母,然后令 $E=0$(费马说"去掉 E 项"),就得到 TQ.

费马用他的求切线的方法处理了许多问题.他的方法实质上要涉及极限理论,但在形式上则是雷同于现在微积分的标准方法的.

笛卡儿在他的《几何》中着重谈了曲线的切线问题.他的方法是纯代数的,不涉及极限概念,但仅对方程 $y=f(x)$($f(x)$ 是简单的多项式)的曲线有用,因此不及费马的方法普遍.

巴罗是剑桥大学的数学教授,精通希腊文和阿拉伯文[1].他的《几何讲义》(*Lectiones Geometricae*,1669)对微积分是一个巨大贡献,他是应用几何方法处理问题的.巴罗是牛顿的老师,1669 年巴罗将教授席位让给牛顿.

巴罗的几何方法的特点在于反映了那个时代的思想:利用微分三角形(或称特征三角形).他是从三角形 PRQ 出发的(图 2),这个三角形是增量 PR 产物.因为 $\triangle PRQ \backsim \triangle PMN$,他就说,切线的斜率

$$\frac{QR}{PR} = \frac{PM}{MN}$$

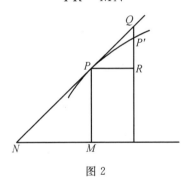

图 2

巴罗说,当 PP' 足够小的时候,可以把它和点 P 切线的一段 PQ 等同起来.图 3 中的三角形 PRP' 就是所谓特征三角形,其中 PP' 既是曲线的弧长,又是切线的一部分,这种特征三角形的思想并非巴罗的独创,帕斯卡(Pascal)在求面积时也用过.

巴罗求曲线的切线的方法如下:他用了曲线的方程,例如 $y^2 = px$,用 $x+e$ 代替 x,用 $y+a$ 代替 y.这时

$$y^2 + 2ay + a^2 = Px + Pe$$

消去 $y^2 = px$,得到

$$2ay + a^2 = pe$$

---

① 1852 年李善兰与伟烈亚力(Alexander wylie)合译欧几里得《原本》后九卷时根据的是巴罗 1660 年的英译本.

然后,他"去掉"a 和 e 的高次幂(如果有的话),这相当于用图 3 中的 PRP' 代替图 2 中的 PRP'. 因此

$$\frac{a}{e}=\frac{p}{2y}$$

他说明 $\frac{a}{e}=\frac{PM}{NM}$,所以

$$\frac{PM}{NM}=\frac{p}{2y}$$

因为 PM 就是 y,所以可以算出 NM(即次切线),从而知道 N 的位置.

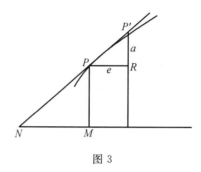

图 3

巴罗求曲线切线的方法实质上与费马的是一致的.

关于求函数最大值和最小值的问题,费马在他的《求最大值和最小值的方法》中阐明了他的方法,举出了下面的例子:已知一个线段,要找出其上的一点,使所分成的两部分线段组成的矩形最大.设整个线段的长是 B,它的一部分的长是 A,那么矩形的面积是 $AB-A^2$.费马用 $A+E$ 代替 A,此时另一部分就是 $B-(A+E)$,而矩形的面积是 $(A+E)(B-A-E)$.费马将这两个面积等同起来(因为他认为,当取最大值时,这两个函数,即两个面积,应该是相等的).所以

$$AB+EB-A^2-2AE-E^2=AB-A^2$$

两边消去相同的项,并用 E 除两边,得到

$$B=2A+E$$

然后令 $E=0$(费马说"去掉"E 项),得到 $B=2A$.因此这个矩形应是正方形.

费马认为他的方法是能普遍运用的,他说:如果 A 是自变量,A 增加到 $A+E$,那么当 E 变成无限小而当函数经过极大值(极小值)时,函数的前后两个值将是相等的.把这两个值等同起来,用 E 除方程,再使 E 消失,就可以从所得的方程求出使函数取最大值(最小值)的 A 值.这个方法的思想实质上是与费马求曲线切线的方法的思想相一致的.这里是令两个函数值相等,而求切线时是由两个三角形相似导出而已.对于在开始时引进非零的 E,最后又要令 $E=0$,它的合理性,费马却没有加以说明.

求面积、体积、重心、曲线长的问题是 17 世纪数学家们探索的问题.刻卜勒(J. Kepler,1571—1630)在他的《测量酒桶体积的新科学》(1615)中首先研究了面积、体积问题.他认为圆的面积就是无穷多个三角形的面积的和,每个三角形的顶点在圆心,底在圆周上.由圆的内接正多边形的面积公式,可知圆周长乘上半径除以 2,就可得到圆的面

积. 同样, 刻卜勒认为球的体积是无穷多个小圆锥的体积的和, 每个小圆锥的顶点在球心, 底在球面上. 他把圆锥看成非常薄的圆盘的和, 从而算出圆锥的体积. 最后他证明球的体积是半径乘球面积的三分一. 刻卜勒认为面积就是直线之和, 一条直线可以看作无穷小的面积. 用无穷多个同维的无穷小元素之和来确定曲边形的面积和体积是刻卜勒方法的精华.

伽利略对面积的认识与刻卜勒的想法有相似之处. 伽利略证明了在时间速度 v 曲线下的面积就是距离. 假定一个物体以变速 $v = 32t$ 运动, 这个速度在图 4 中用直线 OB 表示, 那么在时间 OA 通过的距离就是面积 OAB. 伽利略认为 OAB 是由像 $A'B'$ 那样无穷多个不可分的单位堆 积而成的. 因为 AB 是 $32t$, OA 是 t, 所以 OAB 的面积是 $16t^2$.

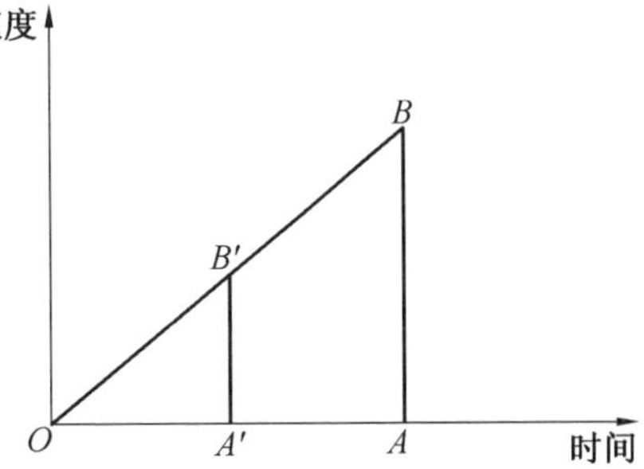

图 4

意大利人卡瓦列利(Bonaventra Cavalieri, 1598—1647)是伽利略的学生, Bologna 大学的教授. 卡瓦列利的最大贡献是"不可分原理", 就是把伽利略等人关于"不可分"的思想发展成几何的方法, 出版了《用新的方法推进连续体的不可分量的几何学》(1635). 他认为面积是无数个等距平行线段构成的, 体积是无数个平行的平面面积构成的; 他分别把这些元素叫作面积和体积的不可分量. 简言之, 卡瓦列利认为: 线是由无穷多个点构成的, 面是由无穷多条线构成的, 立体是由无穷多个面构成的.

卡瓦列利的原理可用下例来说明, 为了证明平行四边形 $ABCD$ 的面积是三角形 ABD 或 BCD 的面积的两倍(图 5), 他证明当 $GD = BE$ 时, $GH = FE$. 由此, 三角形 ABD 和 BCD 是分别由无穷多条等长线段 GH, EF 构成的, 所以三角形 ABD 和 BCD 一定有相等的面积.

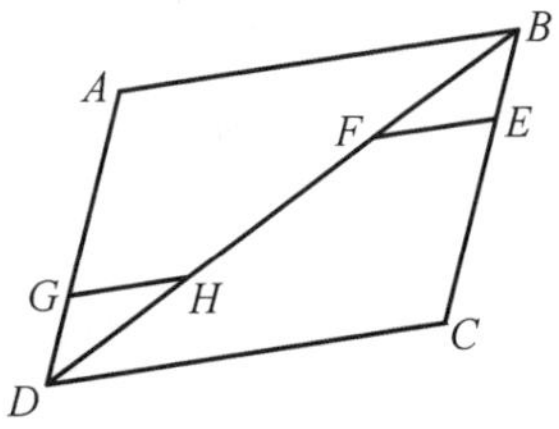

图 5

在中学立体几何教科书里的卡瓦列利原理是: 如果两个立体有相等的高, 而且平行于底面并且与底面距离相等的两个截面的面积总是相等, 那么这两个立体的体积相等[①]. 卡瓦利利用了他的原理, 证明了圆锥的体积是外接圆柱体积的三分之一, 据此可以证明球体的体积等于 $\dfrac{4\pi r^3}{3}$.

古代希腊数学家是用穷竭法计算面积、体积的. 对于不同的曲线形面积是用不同的直线形去逼近的, 17 世纪的数学家则用统一的方法求曲线形面积的. 例如, 计算抛物线 $y = x^2$ 下方, 从 $x = 0$ 到 $x = B$ 的面积(图 6), 利用了无穷多个矩形的面积. 当这些矩形的

---

① 5～6 世纪我国数学家祖暅早有同样的原理: 幂势既同, 则积不容异. "幂"是截面积, "势"是立体的高. 意思是说, 两个同高的立体, 如果在等高处的截面面积恒相等, 那么两个立体的体积相等. 因此, 这个原理应该称为"祖暅原理".

宽度 d 越来越小时,它们面积的和就越来越接近于曲线下的面积.设底宽都是 d,则由 $y=x^2$,这些矩形的和就是

$$d \cdot d^2 + d \cdot (2d)^2 + d \cdot (3d)^2 + \cdots + d \cdot (nd)^2 \qquad (1)$$

即

$$d^3(1 + 2^2 + 3^2 + \cdots + n^2)$$

亦即

$$d^3\left(\frac{2n^3 + 3n^2 + n}{6}\right) \qquad (2)$$

因为 $d = \dfrac{OB}{n}$,所以式(2)成为

$$OB^3\left(\frac{1}{3} + \frac{1}{2n} + \frac{1}{6n^2}\right) \qquad (3)$$

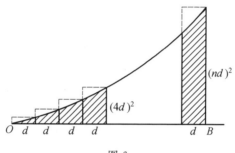

图 6

当时的数学家认为当 n 是无穷大时,最后两项是可以省略不计的,因此抛物线 $y=x^2$ 下方,从 $x=0$ 到 $x=B$ 的面积是 $\dfrac{OB^3}{3}$.因为当时的人对极限概念仅有些粗糙的认识,所以没有深究最后两项的省略问题.

对于别种曲线,那么就用问题中的曲线的特性代替抛物线的特性,用相同的步骤得出类似于式(1)的级数,再由式(1)通过一些技巧性的运算得到类似于式(2)的式子.事实上,这个时期的数学家已能求得 $y=x^n$ 一类曲线下的面积.费马在 1636 年已经得到了如下的结果(用我们今天的记法):对于除了 -1 以外的有理数 n,有

$$\int_0^a x^n \mathrm{d}x = \frac{a^{n+1}}{n+1}$$

李善兰《方圆阐幽》(1845)中叙述他创造的尖锥求积术,例如第八条指出,由平面积 ax^n 积迭起来的尖锥体,高为 h,底面积 ah^2,它的体积是 $\dfrac{ah^2 \cdot h}{n+1}$,这个命题相当于定积分 $\int_0^h ax^n \mathrm{d}x = \dfrac{ah^{n+1}}{n+1}$.第十条指出,同高的许多尖锥可以合并为一个尖锥,这相当于定积分

$$\int_0^h a_1 x \mathrm{d}x + \int_0^h a_2 x^2 \mathrm{d}x + \cdots + \int_0^h a_n x^n \mathrm{d}x$$

$$= \int_0^h (a_1 x + a_2 x^2 + \cdots + a_n x^n) \mathrm{d}x$$

李善兰尖锥术的理论虽不十分严谨,但在微积分未有中译本之前,他的独立创造,很

有意义的.

英国人瓦利斯(John Wallis,1616—1703)是把分析方法引入微积分做了很多工作的学者.在他的《无穷的算术》(1655)中,他运用分析法和不可分法解决了许多面积问题,得到广泛而有用的结果.

瓦利斯为了求 π 的数值,他从求圆 $x^2+y^2=1$ 的四分之一面积$\left(即\dfrac{\pi}{4}\right)$入手,这就相当于求 $\int_0^1 (1-x^2)^{\frac{1}{2}}\,\mathrm{d}x$ 的值,但是瓦利斯不知道推广的二项定理,所以他不能直接地求得此值.于是,他计算

$$\int_0^1 (1-x^2)^0\,\mathrm{d}x,\int_0^1 (1-x^2)^1\,\mathrm{d}x,$$

$$\int_0^1 (1-x^2)^2\,\mathrm{d}x,\int_0^1 (1-x^2)^3\,\mathrm{d}x,\cdots$$

得到的是

$$1,\frac{2}{3},\frac{8}{15},\frac{16}{35},\cdots$$

他用归纳的方法和插入法,算得了 $\dfrac{\pi}{4}$ 的值,并且经过复杂的推理,得到 $\dfrac{\pi}{2}$ 的有名的无穷乘积的表达式

$$\frac{\pi}{2}=\frac{2\times2\times4\times4\times6\times6\times8\times8\times\cdots}{1\times3\times3\times5\times5\times7\times7\times9\times\cdots}$$

圣·文森特(St. Vincent)的格雷哥利(J. Gregory)在他的《几何》(1647)中给出等轴双曲线与对数函数之间的重要关系.他用穷竭法证明:对于曲线 $y=\dfrac{1}{x}$(图 7),如果 x_i 选择得使面积 $a,b,c,d,\cdots$ 相等,那么 y_i 便构成几何数列[①].这意味着从 x_0 到 x_i 的面积之和(这些和是构成算术数列的),是与 y_i 的对数值成比例的,用现在的符号可写为

$$\int_{x_0}^x \frac{\mathrm{d}x}{x}=K\log y$$

因为 $y=\dfrac{1}{x}$,这结果就是我们熟悉的积分公式.1665 年左右牛顿也注意到双曲线下的面积与对数函数之间的关系,写入他的《流数法》中.牛顿用二项式定理展开 $\dfrac{1}{1+x}$,得到

$$\log_e(1+x)=\int \frac{\mathrm{d}x}{1+x}=\int (1-x+x^2-x^3+\cdots)\mathrm{d}x$$

$$=x-\frac{x^2}{2}+\frac{x^3}{3}-\cdots$$

关于曲线的长度的研究,格雷哥利(James Gregory,1638—1675),惠更斯(Christian Huygens,1629—1695)等人亦做出了很多的贡献.

---

① 例如:由 $a=b$,可得 $y_1y_2=y_1^2$.

综上所述,牛顿和莱布尼兹的先驱者们在求曲线的切线、函数对自变量的变化率问题、求面积等等问题上是做出了不少成绩的,然后又发觉这些问题之间有着内在的联系.例如伽利略认为在速度时间的图形下的面积就是距离,因为距离的变化率必定是速度,所以如果把面积看作是"和",它的变化率必定是面积函数的导数.他们认识到了导数的概念,也有积分作为和的极限的概念,并且也认识到积分可由微分的逆过程求得的性质.格雷哥利在他的《几何的通用部分》(1668)中证明过切线问题是面积问题的逆问题.巴罗在《几何讲义》中亦提出过求曲线的切线问题和面积问题之间的关系.

在研究了大量特殊问题之后,探索这些问题之间的关系,追求解决这些问题的普遍方法,已成为当时的数学家迫切的任务了.格雷哥利说,数学的真正划分不是分成几何和算术,而是分成普遍的和特殊的.而这所谓普遍的数学则是由两位杰出的思想家牛顿和莱布尼兹所提供的.

三、牛 顿

牛顿(Isaac Newton)1642 年圣诞节生于英格兰的 Woolsthorpe 的一个村庄里.牛顿的父亲是个农庄主人,在牛顿出生前两个月去世的,因此母亲经管了丈夫留下的农庄.牛顿幼时入学,喜欢制作一些玩具,学习成绩并不出众.19 岁时(1661)牛顿进入剑桥大学的三一学院.他对数学发生兴趣,有人说他是从捡到了一本占星术的书开始的.他觉得欧几里得的《原本》是容易的,但笛卡儿的《几何》是不易读的.他在老师巴罗的鼓舞下,自己做了一些实验,并且学习了哥白尼、刻卜勒、伽利略、韦达、瓦利斯和巴罗的著作.牛顿研究了数学并且有了许多创造.牛顿 23 岁时(1665)推广了二项式定理,并且从事流数术的创造.1665 ~ 1666 年,由于鼠疫流行,学院暂停教学,牛顿在 Woolsthorpe 家乡研究流数术,已能求得一个曲线在任意一点处的切线和曲率半径.同时研究一些物理问题,完成了他的第一个光学实验,得出了关于万有引力理论的基本原理.关于这些发现,牛顿自己什么也没说过.

1667 年牛顿回到剑桥,得硕士学位,并被选为三一学院的研究员.1669 年巴罗(39岁)辞去他的教授席位,推荐牛顿担任 Lucas 数学讲座教授.牛顿不能算是一个成功的教员,他的独创性的材料没有受到同事和学生的重视.当时只有巴罗和后来的哈雷(Edmond Halley,1656—1742)认识到牛顿的伟大,并给他以鼓励.

牛顿 1672 年、1675 年关于光学的论文,一再受到当时某些权威人士的非难打击,他差不多下了决心不再发表他的论著了.

1673 ~ 1683 年,牛顿在剑桥基本上讲授关于代数、方程论的课程.1679 年,他结合月球运动的研究运用测量地球半径的新方法验证了万有引力定律,并且应用于行星的运动.牛顿没有发表此事.1684 年哈雷到剑桥与牛顿讨论:是什么力使行星绕日运行的轨道是椭圆形的问题.这种关于天体力学的研究,构成了牛顿的伟大著作《原理》第一卷的主要内容.受到哈雷的资助,1687 年牛顿的《自然哲学的数学原理》(*Philosophia Naturalis Principia Manhematica*)第一版出版了.虽然这本书给牛顿带来巨大的名望,但它是很难读懂的. 他自己对别人说,他是故意使它难懂的,"目的是为了避免遭到数学知识浅薄的人的抑制." 足见,牛顿对于他早年受到的一些非难,始终耿耿于怀的.

牛顿对于化学、流体静力学、流体动力学等都有兴趣和研究,可以说,牛顿对于科学的兴趣要比对于数学的兴趣大得多. 牛顿晚年转向于神学的研究.

1689 年,牛顿代表剑桥参加议会.1692 年以后,牛顿身体有病,神经衰弱,停止了对数学的创造性工作,但仍处理了许多当时公认的难题.1695 ~ 1722 年,他担任伦敦的不列颠造币厂监督.1703 年,他被选为皇家学会会长,每年改选,都得连任,一直到他逝世.1705 年,牛顿被封为爵士(sir).1727 年病逝,终年 85 岁,葬于威斯敏斯特教堂(Westminster Abbey).

牛顿的著作,《原理》的内容是他创作不久就发表的. 其余的著作,差不多都是因为受到人们的拥戴然后发表的. 根据出版的年代,牛顿的著作有:

《自然哲学的数学原理》,1687.

《光学》,其中有两个附录:(1) 关于三次曲线;(2) 用无穷级数求曲线长度与面积,1704.

《普遍的算术》,1707.

《运用无穷多项方程的分析学》(*De Analysi per Aequationes Numero Terminorum Infinitas*),写成于 1669 年,1711 年才出版.

《光学讲义》,1729.

《流数术和无穷级数》,拉丁文稿写成于 1671 年,直到 1736 年才出版了柯尔森(J. Colson) 的英文译本.

此外,值得一提的是牛顿 1676 年给皇家学会秘书奥登伯(H. Oldenburg) 的涉及数学方法的两封重要的信件. 牛顿在信中讲了他的扩充二项式定理的早期思想,他写出

$$(P + PQ)^{\frac{m}{n}} = P^{\frac{m}{n}} + \frac{m}{n}AQ + \frac{m-n}{2n}BQ + \frac{m-2n}{3n}CQ + \cdots$$

其中 A 表第一项,即 $P^{\frac{m}{n}}$;B 表第二项,即 $\left(\frac{m}{n}\right)AQ$;$C$ 表第三项,等等.

牛顿最大的数学贡献是流数术的发明.1669 年,牛顿曾将要点与巴罗讨论过,这就是《分析学》一书的内容.1671 年,牛顿写出流数术,但直到 1736 年才印出来. 牛顿认为点的连续运动就成为曲线,点的横坐标、纵坐标都是变量. 他把变量称为流(fluent),变量的变化率称为流数(fluxion).

流 x 的流数记为 $\dot{x}$,$\dot{x}$ 的流数记为 $\ddot{x}$,….

流 y 的流数记为 $\dot{y}$,$\dot{y}$ 的流数记为 $\ddot{y}$,….

流数 x 的流记为 $\dot{x}$,$\dot{x}$ 的流记为 $\ddot{x}$,….

流数 y 的流记为 $\dot{y}$,$\dot{y}$ 的流记为 $\overset{\prime\prime}{y}$,….

牛顿在《流数术》中提出微积分的基本问题:

(1) 已知连续运动的路径,求给定时刻的速度. 即已知两个流之间的关系,求它们的

流数之间的关系，这是微分的问题.

（2）已知运动的速度，求给定时间内经过的路程.即已知两个流数之间的关系，求它们的流之间的关系.这是积分和微分方程的问题.

对第（1）类问题，牛顿给出的例题是：给定两个流 x 和 y 的关系为

$$x^3 - ax^2 + axy - y^3 = 0$$

如果 0 是"无穷小的时间间隔"（这相当于时间的微分 $\mathrm{d}t$），那么 $\dot{x}0$ 就是 x 的无穷小增量，他称作为 x 的瞬（相当于 $\mathrm{d}x = \dfrac{\mathrm{d}x}{\mathrm{d}t} \cdot \mathrm{d}t$）；$\dot{y}0$ 就是 y 的无穷小增量，是 y 的瞬（相当于 $\mathrm{d}y = \dfrac{\mathrm{d}y}{\mathrm{d}t} \cdot \mathrm{d}t$）.将 $x + \dot{x}0$ 代 x，$y + \dot{y}0$ 代 y，原式成为

$$\left.\begin{array}{l} x^3 + 3x^2\dot{x}0 + 3x\dot{x}0\dot{x}0 + \dot{x}^3 0^3 - \\ ax^2 - 2ax\dot{x}0 - a\dot{x}0\dot{x}0 + \\ axy + ay\dot{x}0 + a\dot{x}0\dot{y}0 + ax\dot{y}0 - \\ y^3 - 3y^2\dot{y}0 - 3y\dot{y}0\dot{y}0 - \dot{y}^3 0^3 \end{array}\right\} = 0$$

由原设 $x^3 - ax^2 + axy - y^3 = 0$，消去这些项，然后全式除以 0，得

$$3x^2\dot{x} - 2ax\dot{x} + ay\dot{x} + ax\dot{y} - 3y^2\dot{y} +$$
$$3x\dot{x}\dot{x}0 - a\dot{x}\dot{x}0 + a\dot{x}\dot{y}0 - 3y\dot{y}\dot{y}0 + \dot{x}^3 00 - \dot{y}^3 00 = 0$$

因为 0 是无穷小量，弃去含 0 的各项，得 $\dot{x}$ 与 $\dot{y}$ 之间的关系

$$3x^2\dot{x} - 2ax\dot{x} + ay\dot{x} + ax\dot{y} - 3y^2\dot{y} = 0$$

牛顿在这里，用到了无穷小量.

牛顿在《光学》第二个附录《曲线求长、求积》（写于 1676 年，发表于 1704 年）里，说他已放弃了无穷小量的想法，批判了扔掉含 0 项的做法，他说："在数学中，最微小的误差也不能忽略，…… 数学的量并不是由非常小的部分组成的，而是用连续的运动来描述的. 直线不是一部分的一部分的连接，而是由点的连续运动画出的，因而是这样生成的；面是线的运动，体是由面的运动，角是由边的旋转，时间段落是由连续的流动生成的 …… 随我们的意愿，流数可以任意地接近于尽可能小的等间隔时段中产生的流量的增量. 精确地说，它们是最初增量的最初的比，它们也能用和它们成比例的任何线段来表示的."

这就是牛顿的新概念：最初和最后比的方法. 他考虑函数 $y = x^n$. 为了求出 y 或 x^n 的流数，设 x"由流动"成为 $x + 0$，此时 x^n 就成为

$$(x + 0)^n = x^n + n0x^{n-1} + \frac{n^2 - n}{2}0^2 x^{n-2} + \cdots$$

x 和 y 的增量的比，即

$$0 \text{ 和 } n0x^{n-1} + \frac{n^2 - n}{2}0^2 x^{n-2} + \cdots$$

的比. 都用 0 来除，这个比就是

$$1 \text{ 和 } nx^{n-1} + \frac{n^2 - n}{2} 0 x^{n-2} + \cdots \text{ 的比}$$

"现在设增量消失,它们的最后比就是 1 比 nx^{n-1}."因此 x 的流数和 x^n 的流数的比就等于 1 比 nx^{n-1}.用我们今天的说法,就是 y 对于 x 的变化率是 nx^{n-1}.这是最初增量的最初比 (the prime ratio of the nascent increments).就逻辑性而论,这种说法并不比前述的方法好多少,但牛顿认为这个方法避免了无穷小量.

牛顿还给出了几何的解释.在图 8 中,AB 是横坐标,BC 是纵坐标,VCH 是切线,Ec 是纵坐标的增量,它的延长线交 VH 于 T,Cc 是曲线的增量,直线 Cc 延长至 K,于是有三个小三角形:直线三角形 CEc,曲边三角形 CEc 和直线三角形 CET,显然,第一个最小,第三个最大.现在设纵坐标 bc 移向 BC,那么点 c 将与点 C 相合,CK 与曲线 Cc 都将与切线 CH 重合,Ec 就等于 ET,曲边三角形 CEc 的"最后的形式"和三角形 CET 相似,它的"消失的"各边 CE,Ec,Cc 与三角

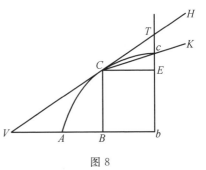

图 8

形 CET 的边 CE,ET,CT 成比例.所以 AB,BC,AC 的流数,在它们的消失的增量的最后比中,和三角形 CET 或三角形 VBC 的边成比例.牛顿用这个例子,说明在流数术中,没有必要在几何学中引用无穷小量.

在《流数术》中,牛顿做出了一些应用,例如求曲线的切线,求函数的最大值和最小值、曲率、拐点.他也得到了曲线下的面积和曲线的长度,给出了曲率半径的正确公式.他还附录了一个简要的积分表.

对于第(2)类问题:已知 $\dot{x}$ 和 $\dot{y}$ 之间的关系,要求出 x 和 y 之间的关系.这要比仅仅积分的函数难得多.牛顿对这类问题只给出了一些特殊解,用的是他自己也没有证明过的方法.

牛顿处理了关于流数是齐次的三种问题:(ⅰ)有 $\dot{x}$,$\dot{y}$,还有 x 或 y;(ⅱ)有 $\dot{x}$,$\dot{y}$,x 和 y;(ⅲ)有 $\dot{x}$,$\dot{y}$,$\dot{z}$ 和它们的流.

(ⅰ)类问题最简单,就是只要解 $\frac{dy}{dx} = f(x)$ 的问题.在(ⅱ)类问题中,牛顿处理了 $\frac{\dot{y}}{\dot{x}} = 1 - 3x + y + x^2 + xy$,他是用逐步逼近法去解的.他从 $\frac{\dot{y}}{\dot{x}} = 1 - 3x + x^2$ 出发,先得到作为 x 的函数的 y,将这个 y 代入原式右边,再做.牛顿叙述了这种做法,但未予证明.关于第(ⅲ)类问题,他解了 $2\dot{x} - \dot{z} + yz = 0$.他先假定了 x 和 y 之间的一种关系,例如 $x = y^2$,于是 $\dot{x} = 2y\dot{y}$.这时,方程成为 $4y\dot{y} - \dot{z} + \dot{y}y^2 = 0$,从此得到 $z = 2y^2 + \frac{y^3}{3}$.这类问题可以认为是偏微分方程的问题,牛顿实际上只得到了一个特殊积分.

在《流数术》中,还有牛顿求数字方程近似根的方法.在《分析》中也有解释的.牛顿

给出的例题 $y^3-2y-5=0$ 最早出现于瓦利斯的《代数》①(1685) 书中. 牛顿的方法如下：已知方程 $y^3-2y-5=0$ 的根在 $y=2$ 和 $y=3$ 之间. 设 $y=2+p$, 代入原式得 $p^3+6p^2+10p-1=0$. 略去 p 的高次项, 得 $10p-1=0$. 令 $p=0.1+q$ 代入上式, 得 $q^3+6.3q^2+11.23q+0.061=0$, 由 $11.23q+0.061=0$, 得 $q=-0.005\,4$. 用 $q=-0.005\,4+r$ 再代入关于 q 的方程, 同法得 $r=-0.000\,048\,53$. 最后, 得到

$$y=2+0.1-0.005\,4-0.000\,048\,53=2.094\,551\,47$$

1690 年英国人拉福森 (Joseph Raphson) 在《一般方程的分析》中提出了一种与牛顿解法相似的方法. 区别在于牛顿是每次由新的方程去求得 p,q,r 诸值的, 而拉福森则每次由代入在方程而得出它们的. 例如在牛顿的三次方程中, 拉福森由 $p^3+6p^2+10p-1=0$ 求得 $p=0.1$ 后, 就用 $2.1+q$ 代入原方程, 得 $q=-0.005\,4$. 然后用 $2.094\,6+r$ 代入原方程, 得 $r=-0.000\,048\,53$, 也得 $y=2.094\,6-0.000\,048\,53=2.094\,551\,47$. 拉福森的文章里没有提到牛顿, 也许他认为这些差别足以说明自己亦是独创的.

教科书中所谓"牛顿近似解法"实际上不是牛顿的方法而是拉福森的修正形式. 拉福森用 $a-\dfrac{f(a)}{f'(a)}$ 表示方程的第二近似根, 而牛顿没有这种表示法. 当然, 拉福森那时没有用 $f(a),f'(a)$ 这样的写法, 而是用多项式来表示它们的. 看来, 这种迭代法宜称为牛顿 — 拉福森法较妥.

在《普遍的算术》中, 牛顿有许多关于方程论的论述, 例如实系数方程的虚根成对出现, 实系数方程的根的上限, 用方程各项系数表示根的 n 次幂之和等等.

牛顿的《原理》是第一部力学的系统著作, 也是第一部关于地球和天体运动的主要数学论述. 它是科学史上极有影响的巨著. 在相对论发明以前, 一切物理学、天文学的论述都是以牛顿的《原理》为依据的.

牛顿是一位精巧的实验工作者, 也是一个非常善于分析的人. 一般认为, 他是世上最伟大的数学家之一, 他对物理问题的悟察并用数学方法来处理它们的能力更是史无前例的. 人们赞扬牛顿的伟大, 例如, 莱布尼兹曾说"从古以来的数学研究, 牛顿几乎做了一大半的工作"；拉格朗日 (Lagrange) 称牛顿是"空前的最伟大的天才, 他使人们一下子认识了宇宙的体系".

然而, 牛顿对于自己的工作是十分谦逊的. 他说："我不知道世人是怎样看我的. 自己觉得, 好像我是一个在海边玩耍的小孩, 不时地寻找一些比平常更光滑、更美丽的贝壳, 而未知的真理的海洋正在我的面前呢！"牛顿不忘前人之功, 曾说,"如果说我有什么远见, 那是因为我是站在伟人的肩上之故."

牛顿终生未娶, 勤奋好学, 有时一天要花十八、十九个小时在写作上. 他工作时专心一致, 高度集中思想, 所以有过一些由于他"心不在焉"而闹出的笑话.

---

① 牛顿关于流数术的理论亦发表于该书中, 该书的 390 页至 396 页是牛顿写的. 如果当初他写出来就发表的话, 那也许可以避免与莱布尼兹有谁先发现的争论.

四、莱布尼兹

莱布尼兹(Gottfried Wilhelm Leibniz,1646—1716)生于莱比锡. 他 15 岁入莱比锡大学,攻读法律,勤奋地学习各门科学. 那时,德国大学的水平是很低的,欧几里得的几何亦讲不清楚,高等数学更是没有的. 莱布尼兹自学的兴趣极广,他学习了拉丁文,希腊文、梵文,史学,神学,语言学,生物学,地质学,数学,外交和创造的艺术. 他是帕斯卡之后第一个创造计算机的人,他也想创造蒸汽机,还致力于推进德国的统一. 斯特洛伊克(D. J. Struik) 说"莱布尼兹的努力是在追求一种普遍方法,只想有了这种方法就能获得知识,就能做出发明,就能了解宇宙的本质的统一性. 他所试着去建立的'一般科学'有许多方面,其中的一些引导他达到数学上的发现;他对一个'一般特征'的追求,引导到排列、组合和符号逻辑;他追求一种'普通语言',其中一切思想错误将作为计算的错误出现,这不仅是引导出符号逻辑而且还引导出在数学记号上的许多革新. 很少人像他那样能了解形式和内容的统一性. 他的微积分的发明应当了解成与这一哲学背景相反对的情况,这是他在追求关于变化和运动中的一个'普通语言'的结果. "①

1666 年,莱布尼兹写了《组合的艺术》(De Arte Combinatoria),这是一本关于一般推理的著作,使他获得了 Altdorf 大学的博士学位,成为一个法学教授. 1671 年,莱布尼兹写了一篇力学论文,制作了他的计算机. 此后,莱布尼兹受到了当时德国的一些公爵的赏识,为他们服务. 1672 年 3 月,莱布尼兹作为 Mainz 公爵的大使出差去巴黎. 在巴黎,莱布尼兹结识了惠更斯等一些科学家和数学家,从此,激起了他对数学的兴趣. 1673 年莱布尼兹到伦敦,遇到伦敦皇家学会秘书奥登伯(Oldenberg) 等科学家和数学家,于是他更深入地钻研了笛卡儿,帕斯卡等人的著作. 1676 年,他受聘为 Hanover 公爵的顾问,兼管图书馆工作. 1700 年,他受聘于 Brandenberg 公爵,为他在柏林工作. 莱布尼兹的大半生为公爵们服务,卷入了各种政治活动,其中包括使 George Ludwig 继承了英国的王位(称为乔治一世) 的活动. 他又不息地想调和德国的旧教和新教的信仰. 他钻研学问兴趣之浓和范围之广是为当时人所不及的. 贝尔(E. T. Bell) 称为莱布尼兹为"万能先生(Master of all trades). "②

1682 年莱布尼兹和孟克(Otto Mencke) 创办数学期刊《学艺》(Acta Eruditorum),自任主编,他的许多数学论文载于该刊. 莱布尼兹 1669 年提议建立德国科学院,1700 年柏林科学院终于开始成立. 1716 年,莱布尼兹去世.

在《论组合的艺术》(1666) 中,莱布尼兹对自然数列、平方数列有精辟的论述. 例如,平方数列

$$0,1,4,9,16,25,36$$

第一阶差是

---

① D. J. Struik, A Concise History of Mathematics, New York, 1947.

② E. T. Bell, Men of Mathematics, Vol 1. London, 1957.

$$1,3,5,7,9,11$$

第二阶差是

$$2,2,2,2,2$$

莱布尼兹说,自然数列 $0,1,2,3,\cdots,n$ 的第二阶差都是零;平方数列的第三阶差都是零.他说,如果数列是从 0 开始的,那么第一阶差之和就是数列最后一项的值,在平方数列中

$$1+3+5+7+9+11=36$$

莱布尼兹 1673 年在伦敦把这些结果告诉了佩尔(John Pell).佩尔对他说,这个结果,别人亦已有过了,要他研究求抛物线下面积的问题.

莱布尼兹研究无穷级数,得到了

$$\frac{\pi}{4}=1-\frac{1}{3}+\frac{1}{5}-\frac{1}{7}+\frac{1}{9}-\cdots$$

和

$$\arctan x=x-\frac{1}{3}x^3+\frac{1}{5}x^5-\frac{1}{7}x^7-\cdots$$

1674 年,他写信告诉了奥登伯,后者回信说,牛顿和格雷哥利都曾有过这些结果并用以求圆的面积.1676 年以后,莱布尼兹从事于求积问题的研究,一些结果后来发表于《学艺》上.莱布尼兹利用数列的思想,把曲线下面积看成无穷多个小矩形之和,并且用记号 $\int$ 表示和,得到一些公式

$$\frac{y^2}{2}=\int y\,\frac{\mathrm{d}y}{\mathrm{d}x},\quad \int x\,\mathrm{d}y=xy-\int y\,\mathrm{d}x$$

$$\int x^2=\frac{x^3}{3},\quad \int x^n=\frac{x^{n+1}}{n+1},\cdots$$

在研究笛卡儿几何学时,莱布尼兹较早地注意到求曲线切线的问题和它的反问题.他是在帕斯卡和巴罗曾用过的特征三角形上建立他的理论的.这个三角形(图 9)由坐标无穷小量的差 $\mathrm{d}y,\mathrm{d}x$ 和弦 PQ 组成.莱布尼兹认为弦 PQ 就是曲线在 P 与 Q 之间的无穷小部分,也可以认为弦 PQ 是曲线在点 T 的切线的一部分.虽说这三角形是无穷小的,但他坚持说这三角形是与确定的三角形相似的,即相似于由切线、切点的纵坐标、次切线构成的 $\triangle STU$,亦相似于切点纵坐标、法线、次法线构成的 $\triangle VUT$,即

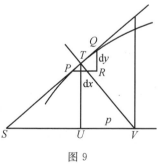

图 9

$$\triangle PRQ \backsim \triangle SUT \backsim \triangle VUT$$

他得到

$$\frac{\mathrm{d}y}{\mathrm{d}x}=\frac{TU}{SU},\frac{\mathrm{d}y}{\mathrm{d}x}=\frac{p}{y}$$

在 1676,1677 年的文稿中,莱布尼兹给出一些正确的微分公式,但没有证明

$$\mathrm{d}x=1,\mathrm{d}x^2=2x\,\mathrm{d}x,\mathrm{d}x^n=nx^{n-1}\mathrm{d}x$$

$$\mathrm{d}(ax) = a\mathrm{d}x , \mathrm{d}(x - y + z) = \mathrm{d}x - \mathrm{d}y + \mathrm{d}z$$

$$\mathrm{d}(uv) = u\mathrm{d}v + v\mathrm{d}u$$

$$\mathrm{d}\left(\frac{u}{v}\right) = \frac{v\mathrm{d}u - u\mathrm{d}v}{v^2}$$

$$\mathrm{d}\left(\frac{1}{x}\right) = -\frac{\mathrm{d}x}{x^2} , \mathrm{d}(\sqrt{x}) = \frac{\mathrm{d}x}{2\sqrt{x}} , \cdots$$

他意识到求切线的最好方法是求 $\dfrac{\mathrm{d}y}{\mathrm{d}x}$. 1677 年,莱布尼兹给出一例如下:设曲线的方程是

$$A + By + Cx + Dxy + Ey^2 + Fx^2 + Gy^2x + Hyx^2 = 0$$

求得

$$\frac{\mathrm{d}y}{\mathrm{d}x} = -\frac{C + Dy + 2Fx + Gy^2 + 2Hxy}{B + Dx + 2Ey + 2Gxy + Hx^2}$$

这就是 $\dfrac{TU}{SU}$ 之比,次切线 SU 即可求得.已知曲线上一点的坐标,就可得这一点的次切线的长和切线方程.

关于反切线的问题,莱布尼兹有一个例题:设某曲线的次法线与纵坐标成反比,求这曲线的方程.就是,在图 9 中,已知 $p \cdot y = b$(常数),求 x 与 y 满足的方程.

已有

$$\frac{\mathrm{d}y}{\mathrm{d}x} = \frac{p}{y}$$

即

$$p\mathrm{d}x = y\mathrm{d}y$$

因为

$$p = \frac{b}{y}$$

所以

$$\mathrm{d}x = \frac{y}{p}\mathrm{d}y = \frac{y^2}{b}\mathrm{d}y$$

得

$$\int \mathrm{d}x = \int \frac{y^2}{b}\mathrm{d}y$$

故得

$$x = \frac{y^3}{3b}$$

莱布尼兹还解决了其他的反切线问题.

由此,莱布尼兹看出求曲线的切线的正问题和反问题之间的关系和重要性,而且他还说这个求曲线切线的反问题相当于通过求和来求面积、体积.

1680 年,莱布尼兹认为差是相反于求和的.因此,为了得到曲线下的面积(图 10),他

就计算矩形的和,并说可以忽略剩余的"三角形,因为它们同矩形相比是无穷小,……. 我用 $\int y\,\mathrm{d}x$ 表示面积.……"

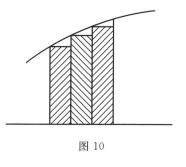

图 10

对于弧的元素,他有

$$\mathrm{d}s=\sqrt{\mathrm{d}x^2+\mathrm{d}y^2}$$

对于曲线绕 x 轴旋转而得到的旋转体体积,他有

$$v=\pi\int y^2\,\mathrm{d}x$$

莱布尼兹把他的研究成果,写成一篇文章,题为"一种求极大、极小和切线的新方法,它也适用于分式和无理量,以及这种新方法的奇妙类型的计算",1684 年发表于《学艺》上. 这是世界上最早的微积分文献. 这篇文章只有 6 页,说理含糊不清. 伯努利兄弟[①]说它"与其说是解释,不如说是谜". 但是,尽管杂乱无章,它是有划时代的意义的.

对于数学记号,莱布尼兹更是费过一番苦心的. 他选定的 $\mathrm{d}x,\mathrm{d}y,\dfrac{\mathrm{d}y}{\mathrm{d}x}$,对于 n 阶微分用 $\mathrm{d}^n x$,积分记号用 $\int,\iint$,对数记号用 $\log x$ 等等都是沿用至今的标准记号.

五、牛顿、莱布尼兹以后的微积分

牛顿和莱布尼兹总结了前人的工作,经过各自独立的研究把速率问题、切线问题、最大值和最小值问题以及求和问题全部归结为微分和反微分问题,从而都得到了解决. 两人的功绩是伟大的.

牛顿、莱布尼兹二人发明微积分孰先孰后的争论,我们不想多讲. 一般的公论是:牛顿发现微积分的思想早一些(1665 ~ 1669),但直到 1687 年才在他的《原理》中发表出来,莱布尼兹是微积分主要思想的独立发明者,且在 1684 年就发表了他的论文.

牛顿和莱布尼兹创立了微积分这门学科. 但一门新生的学科不可能一开始就是完整无缺的. 事实上,牛顿和莱布尼兹虽然在计算方面得到了许多前人无法得到的结果,但是他们都没有清楚地理解也没有严密地定义他们的基本概念. 牛顿的瞬或无穷小量有时是零,有时不是零而是有限的小量. 莱布尼兹对 $\mathrm{d}x,\mathrm{d}y,\dfrac{\mathrm{d}y}{\mathrm{d}x}$ 的解释也是十分含糊的. 这种逻辑上的缺陷当时就引起了一些人反对微积分,尽管如此,17,18 世纪的数学家应用微积分这种新方法解决了许多问题并开辟了许多新的学科,如级数论、微分方程、变分法、函数论等等,同时对微积分的基本概念如极限、连续、可微等等亦逐步地进行了深入的探讨.

---

① 伯努利兄弟:Jakob Bernoulli(1654—1705),约科布(Jakob)也叫 James 或 Jacques. Jakob 的弟弟 John Bernoulli(1667—1748),约翰(John)也叫 Johann 或 Jean. 二人都对微积分做出过重要的贡献.

下面,我们略述一些牛顿、莱布尼兹以后,微积分研究的进展史实.

1. 罗尔定理

罗尔(Michel Rolle,1652—1719)在他的《任意次方程的一个解法的证明》(1691)中给出了著名的现在以他的名字命名的定理,即如果函数在 x 的两个值,如说 a 和 b 处等于 0,那么在 a 与 b 之间的某个 x 值上,函数的导数等于 0. 罗尔叙述了定理,但没有证明.

2. 洛比达法则

约翰·伯努利(John Bernoulli,1667—1748)有一个著名的定理,它是用来求一个分式当分子、分母都趋于 0 时的极限的. 这个定理由约翰·伯努利的学生洛比达(Guillaume F. A. l'Hospital,1661—1704)编入一本对微积分有影响的著作,《无穷小分析》(1696)中,现在通称为洛比达法则.

3. 泰勒级数

泰勒(Brook Taylor,1685—1731)在研究有限差计算的一本书《增量法及其逆》(1715)中推导出他在 1712 年叙述过的定理

$$f(a+h) = f(a) + f'(a)h + f''(a)\frac{h^2}{2!} + f'''(a)\frac{h^3}{3!} + \cdots$$

泰勒的方法是不严密的,他也没有考虑到收敛的问题.

4. 麦克劳林定理

泰勒的定理在 $a=0$ 时就是现在所谓麦克劳林定理,记如

$$f(x) = f(0) + xf'(0) + \frac{x^2}{2!}f''(0) + \frac{x^3}{3!}f'''(0) + \cdots$$

麦克劳林(Colin Maclaurin,1698—1746)在他的《流数法》(1742)中说明这是泰勒结果的一个特殊情形,但是历史上却把它作为一个独立的定理而归功于麦克劳林. 实际上,斯特林(James Stirling,1692—1770)在《微分法》(1730)中也已给出过这一特殊情形.

5. 积分技术的发展

为了计算积分

$$\int \frac{a^2\,\mathrm{d}x}{a^2-x^2}$$

约翰·伯努利曾作变换

$$x = a \cdot \frac{b^2-t^2}{b^2+t^2}$$

把积分化为如下形式

$$\int \frac{\mathrm{d}t}{2at}$$

这就立即积出一个对数函数来了. 约翰·伯努利在 1702 年的科学院《纪要》上发表了以下的事实

$$\frac{a^2}{a^2-x^2} = \frac{a}{2}\left(\frac{1}{a+x} + \frac{1}{a-x}\right)$$

于是,原来的积分立即可以计算出来. 这样,就引入了部分分式的方法. 莱布尼兹也同时

独立地发现了这个方法,载入 1702 年的《学艺》.

6. 微分方程

牛顿在处理微积分问题时常用无穷级数来解一阶微分方程问题.

变量分离法是莱布尼兹想到的. 1691 年莱布尼兹把形如 $\frac{y\mathrm{d}x}{\mathrm{d}y}=f(x)g(y)$ 的方程,写成

$$\frac{\mathrm{d}x}{f(x)}=\frac{g(y)\mathrm{d}y}{y}$$

就能两边进行积分. 他又把一阶齐次方程 $y'=f\left(\frac{y}{x}\right)$ 化成积分:他令 $y=vx$,代入方程,使变量可以分离. 1694 年约翰·伯努利在《学艺》上对变量分离法和齐次方程求解作了更完整的说明.

1695 年,约科布·伯努利提出了求解现名约科布·伯努利方程

$$\frac{\mathrm{d}y}{\mathrm{d}x}=P(x)y+Q(x)y^{n}$$

的问题. 莱布尼兹利用变量替换 $z=y^{1-n}$ 把方程化为 y 和 y' 的一次方程,约科布·伯努利是用变量分离法解出的,他们的文章发表于 1696 年的《学艺》上.

克雷罗(Alexis Claude Clairaut)在 1734 年提出和处理了现名的克雷罗方程

$$y=xy'+f(y')$$

得到方程的通解是 $y=cx+f(c)$;并由参数方程 $y=-pf'(p)+f(p)$, $x=-f'(p)$ 消去 p ,得出方程的奇解.

利卡蒂方程

$$\frac{\mathrm{d}y}{\mathrm{d}x}=a_{0}(x)+a_{1}(x)y+a_{2}(x)y^{2}$$

是利卡蒂(J. F. Riccati)1724 年在《学艺》上提出的.

利卡蒂利用变量替换,把二阶微分方程化为一阶微分方程的想法成为处理高阶常微分方程的主要方法.

数　学　年　表

　　此年表罗列古今数学史上各项重要的创造发明和著名数学家主要成就的年代. 对于公元前的年代,用负号"—"表示.

材料来源

1. M. Kine,*Mathematical Thought from Ancient to Modern Times*,Oxford Univ. Press,New York,1973.

　　北京大学数学系译,《古今数学思想》,上海科技出版社,(1979—1981).

2. H. Eves,*An Introduction to the History of Mathematics*,4th. Ed. ,Holt,Rinehart and Winston,New York,1976.

3. 钱宝琮,中国数学史,科学出版社,1981.

4. R. C. James,*Mathematics Dictionary*,4th. Ed. ,Van Nostrand Reinhold Co,New York,1976.

5. 有关杂志上的文章.

数学年表

—4000	埃及日历.
—2900	Gizeh 金字塔.
—2000	中国罗盘"司南".
—1500	埃及日晷.
—1100	中国甲骨文中反映十进制记数法,干支计时方法测定分至.
—800——700	中国历法定出朔日.
	中国二十八宿成体系.
—540	毕达哥拉斯(Pythagorus,—569——500).
	几何学、算术、音乐.
—500	中国的筹算.
	中国的四分历 ——1 回归年为 365. 25 日,十九年七闰.
—450	芝诺(Zeno,—495——435)有关时空与数学的悖论.
—440	希波克拉底(Hippocarates,—460——377)研究月形,倍立方问题.
—430	安提丰(Antiphon)化圆为方问题,穷竭法.
—425	希皮阿斯(Hippias)利用割圆曲线三等分任意角.
	西图拉斯(Theodorus)无理数.

−410	德谟克利特(Democritus)原子说,认为线段、面积、体积由有限个不可分割的原子构成.
−380	柏拉图(Plato)学派,正多面体、不可公度量.
−370	欧多克斯(Eudoxus)不可公度量,穷竭法,天文学.
−350	梅纳科莫斯(Menaechmus)圆锥曲线.
	塞马力达斯(Thymaridas)一次方程组解法.
−340	亚里士多德(Aristotle)演绎法.
−330	中国诸子百家的著作,其中有很多关于数学的定义和命题.
−300	欧几里得(Euclid)《原本》十三卷.
−240	尼科梅德斯(Nicomedes)蚌线,三等分角.
−230	埃拉托逊(Eratosthenes)素数,筛法.
−225	阿波洛尼斯(Apollonius)圆锥曲线,平面轨迹、切线、阿氏圆.
	阿基米德(Archimedes)用穷竭法求圆面积、球体积,计算 π 值,阿氏蝶线,无穷级数.
−221	秦始皇统一中国,万里长城.
−140	希帕克(Hipparchus)天文学,星表,将圆周分为 360 度,三角术,圆弦表.
−100	《周髀算经》,我国最古的天文学著作,阐明盖天说和四分历法,有相当繁复的数字计算,引用了勾股定理.
75	海伦(Heron)面积,体积计算,开方法,海伦公式.
100	《九章算术》载录 246 个应用问题及其解法,是当时世界上内容最丰富的数学问题集.
	梅内劳斯(Menelaus)球面三角学,梅氏定理
150	多勒梅(C. Ptolemy)三角学,弦表,测地术,《大汇编》.
250	丢番图(Diophantus)数论,方程及不定方程.
263	刘徽《九章算术注》,割圆术,$\pi = \dfrac{157}{50}, \dfrac{3\,927}{1\,250}$,著《海岛算经》.
265	王蕃,天文学,$\pi = \dfrac{142}{45}$.
300	帕普斯(Pappus),《数学集成》,圆锥曲线
	赵爽《句股圆方图注》严格证明了句股定理及有关恒等式,并且对二次方程解法提供新的意见.
320	亚姆利库(Iamblichus)数论,方程组解法.
390	泰恩(Theon)修订欧几里得《原本》.
450	《孙子算经》,"物不知数"是世上最早的一次同余式问题.
460	普罗克斯(Proclus)评注家.
470	祖冲之(429—500)、祖暅父子著《缀术》,求得 3.141 592 6 < π <

3.141 592 7，又得近似分数 $\frac{22}{7}$，$\frac{355}{113}$．祖暅原理：“幂势既同则积不容异”．

500	《张邱建算经》，百鸡问题．
510	博埃斯（Boethius）编写修道士用的算术与几何用书．
	阿耶巴多（Āryabhata），《历书》，给出正弦表，角的间隔为 $3°45'$，三角恒等式，连分数，印度记数法．
550	甄鸾《五曹算经》、《五经算》、《数术记遗》．
600	刘焯，内插公式推算日、月、五星的经行度数，改进了 206 年刘洪所造乾象历法中的公式．
620	王孝通《辑古算术》介绍带从立方法，解决了许多大规模工程中提出的求三次方程求正根问题．
628	婆罗笈多（Brahmagupta）给出不定方程 $ax \pm by = c$ 的通解；给出 $ax^2 + bx = c$ 的根是 $x = \left[\sqrt{ac + \left(\frac{b}{2}\right)^2} - \frac{b}{2} \right] \div a$.
641	Alexandria（埃及阿历山大城）图书馆焚毁．
656	唐高宗显庆元年，在国子监内始设算学馆，以李淳风等注解的十部算经作为课本，因此有《算经十书》之名．
718	瞿昙悉达《开元占经》，印度数学开始传入中国．
727	僧一行（张遂）著《大衍历法》，创立自变量不等间距的内插公式．
766	婆罗笈多的著作传到 Bagdad（巴格达城）．
820	花剌子摸人摩西之子穆罕默德（Mohammed ibn Mǔsa al-knowǎrizmi）著书介绍印度记数法，印度数学和中国数学，"代数""算法"等词起源于他的著作．
850	摩诃毗罗（Mahavira，印度人）算术与代数，零的运算法则．
870	塔比（Tabit ibn Qorra）翻译希腊文的数学著作为阿拉伯文．
920	阿尔巴塔尼（Al-Battǎni）天文学，正弦用在三角术中，余切表，正弦定理的证明．
980	阿卜尔－维法（Abū'l-Wefâ）三角函数表，固定开口的圆规作图法．
1020	阿尔－卡尔希（Al-Karkhi）无理数运算．
1050	贾宪《黄帝九章算法细草》，创"增乘开方法""开方作法本源图"（二项展开式系数表，即贾宪三角）．
1079	奥玛·海牙姆（Omar Khayyam）用求圆锥曲线交点的方法解三次方程．
1084	宋神宗元丰七年，翻刻现传本的《算经十书》．
1091	沈括《梦溪笔谈》，高价等差级数和的"隙积术"，求弓形弧长的"会圆术"．

1095	第一次十字军东征.
1100	刘益《议古根源》,"正负开方术".
1146	第二次十字军东征,大量的印度、中国、阿拉伯数学传入欧洲.
1150	婆什伽罗(Bhāskara),无理数运算,无理方程.
1202	利翁拿多·斐波那契(Leonardo Fibonacci)《算法全书》,印度——阿拉伯数字传入欧洲.算术、代数、几何,斐波那契数列.
1240	纳瑟尔-埃丁(Nasir Eddin)《论四边形》,三角学成为独立学科,试图证明欧氏《原本》的第五公设.
1247	秦九韶《数书九章》,增乘开方(高次方程的数值解法),大衍求一术(一次同余式理论),三斜求积术.
1248	李冶《测圆海镜》(1248),《益古演段》(1259),天元术(用筹算列解方程的方法),句股九容.
1250	欧洲各国大学开始创办.
1261	杨辉《详解九章算法》附《九章算法纂类》共 12 卷,杨辉算书共有五种,介绍贾宪三角,贾宪算法,"垛积术".
1271	马可波罗(Marco Polo)开始旅行.
1280	郭守敬《授时历》高次"招差术".
1299	朱世杰《算学启蒙》.
1303	朱世杰《四元玉鉴》,"四元术"(四元高次方程组的解法).
1360	奥雷斯姆(Nicole Oresme)坐标思想,分数指数.
1408	《永乐大典》编成.
1427	阿尔·卡西(Al-Kashi)《算术之钥》《圆书》,介绍中国宋元数学,高次幂开方法,十进小数.
1435	阿尔培提(Alberti)投影,透视法.
1470	黎奇蒙塔(Regiomontanus,又名 Johann Müller)《论各种三角形》,三角学,球面三角学,八位数字的正弦表.
1489	维特曼(Johann Widman)算术,代数,用"+"、"—"符号表示正、负.
1492	哥伦布(Christopher Columbus,1451—1506)发现美洲.
1494	帕奇欧里(Pacioli)印刷出版《汇编》,集纳前人关于算术,代数的研究成果以及复式簿记.
1506	费尔洛(Scipione del Ferro)三次方程解法.
	菲奥(Antonio Maria Fior)三次方程解法.
1525	罗特夫(Rudolff)代数,十进小数.
	施蒂费尔(Stifel)代数,二项系数.
	布丢(Buteo)算术.
1530	哥白尼(Copernicus)三角,行星理论.
1545	费尔拉里(Ferrari)四次方程.

塔尔塔里亚(Tartaglia)三次方程,算术,火炮术.

卡丹(Cardano)三次方程.

1550　雷提库斯(Rhaeticus)用直角三角形的边定义六种三角函数,三角函数表.

1557　雷科德(Robert Recorde)算术,代数,几何,用"+"、"-"表加、减法;"="表等号.

1572　邦别利(Bombelli),不可约三次方程有三根,引入虚数.

1573　奥托(Valentin Otho 或 Otto)得 π 值 $\frac{355}{113}$.

1580　韦达(Francois Viete 或 Vieta)代数,几何,三角,数学记号,方程的数值解,方程论.

1583　克拉维斯(C. Clavius)算术,代数,几何,历法.

1590　卡塔底(P. A. Cataldi)连分数.

斯蒂芬(S. Stevin)十进分数,指数理论,复利表.

1592　程大位《算法统宗》.

1600　哈里奥特(Thomas Harriot)代数,用">"、"<"记号.

布琪(Jobst Bürgi)对数.

伽利略(Galileo Galilei)落体,摆,射体,天文学,望远镜.

利玛窦(Matteo Ricci)来中国,第二次到北京.

1607　徐光启译毕欧几里得《原本》前六卷.

1608　发明望远镜.

利玛窦、李之藻《圜容较义》,比较图形关系的几何学.

利玛窦、徐光启《测量法义》.

1610　刻卜勒(Kepler)行星运动定律,体积,几何学连续性原理.

罗多夫(Ludolf van Ceulen)π 的计算.

1613　李之藻编译《同文算指》,西方笔算传入中国.

1614　纳皮尔(Napier)对数,算筹.

1615　布列格斯(Henry Briggs)常用对数,对数表.

1620　根特(Gunter)对数尺,测量学中的根特链.

1630　奥特雷德(Oughtred)代数符号,计算尺,自然对数表.

1634　《崇祯历书》,内有邓玉函(Jean Terrenz)编的《大测》二卷和《割圆八线表》六卷,罗雅谷(Jacqaes Rho)撰的《测量全义》十卷.

1635　费马(Fermat)数论,极大值与极小值,概率,解析几何,费马"大定理".

卡瓦列利(Caralieri)卡氏原理.

1637　笛卡儿(Descartes)解析几何,$F+Y=E+2$,叶形线,卵形线,符号法则.

1640	笛沙格(Desargues)射影几何学.
1650	帕斯卡(Blaise Pascal)圆锥曲线,摆线,概率,帕斯卡三角形,计算机械.
	瓦利斯(John Wallis)代数,虚数,弧长,指数,无穷大的符号,收敛于 $\frac{\pi}{2}$ 的无穷乘积,早期的积分法.
	范朔顿(Frans van Schooten)笛卡儿、韦达著作的汇编者.
	梅卡托(Nicolaus Mercator)三角学,天文学,用级数计算对数.
1660	勃龙克尔(W. Brouncker)求抛物线和摆线之长度,无穷级数,连分数,首任英国皇家学会主席.
1662	梅文鼎《历学骈枝》,梅文鼎有天文学和数学著作七十余种,其孙梅瑴成于 1761 年编成《梅氏丛书辑要》六十卷.
	英国皇家学会成立.
1664	薛凤祚根据穆尼阁(J. Nicolas Smogolenski)所授的科学知识,编成《历学会通》,其中有《比例对数表》一卷,《比例四线新表》一卷与《三角算法》一卷.
1666	法国研究院成立.
1670	巴罗(Barrow),切线,微积分基本定理.
	格雷哥利(James Gregory),光学,二项定理,函数展开成级数,天文学.
	惠更斯(Huygens)概率,渐伸线,摆钟,光学.
1675	格林尼治(Greenwich)天文台建成.
1680	牛顿(Isaac Newton),流数术,力学,流体静力学,流体动力学,万有引力,三次曲线,级数,方程的数值解.
1682	莱布尼兹(Leibniz)微积分,行列式,多项式定理,符号逻辑,记号,计算机械.
1690	洛比达(Marquis de l'Hospital)实用微积分,不定式.
	哈雷(Halley),天文学,死亡率表与人身保险,翻译家.
	约科布·伯努利(Jakob,James,Jacques Bernoulli)等时曲线,对数螺线,概率.
	拉伊雷(de la Hire)曲线,幻方.
1700	约翰·伯努利(John,Jean Bernoulli)实用微积分.
	赛瓦(Giaranni Ceva)几何学.
	派伦(A. Parent)立体解析几何学.
1706	威廉·琼斯(William Jones)用 π 表圆周率.
1715	泰勒(B. Taylor)级数展开式,几何学.
1720	棣莫弗(De Moivre)保险统计学,概率论,复数,斯特林(Stirling)公

式.

1723	梅瑴成等编《数理精蕴》共五十三卷,是一部介绍从 17 世纪初年以来传入的西洋数学的百科全书.

1723　梅瑴成等编《数理精蕴》共五十三卷,是一部介绍从 17 世纪初年以来传入的西洋数学的百科全书.

1726　《古今图书集成》.

1731　克雷罗(Alexis Clairant) 空间解析几何.

1733　萨克里(G. Saccheri) 非欧几何的先驱者.

1740　麦克劳林(C. Maclaurin) 级数展开式,高次平面曲线.

1742　哥德巴赫(C. Goldbach) 哥德巴赫猜想.

1750　欧拉(Euler) 记号,$e^{i\pi}=-1$,欧拉线,四次方程,ϕ 函数,β 函数,γ 函数,应用数学.

1758　蒙蒂克拉(J. E. Montucla)《数学史》二卷本出版、新版四卷本成书于 $1799\sim1802$.

1770　兰伯特(J. H. Lambert) 非欧几何学,双曲函数,地图投影,π 的无理性.
　　　克莱姆(G. Cramer) 克莱姆法则.

1774　明安图《割圜密率捷法》,三角函数,反三角函数展开成幂级数.

1780　拉格朗日(Lagrange) 变分法,微分方程,力学,方程的数值解,企图将微积分严格化(1799),数论.

1794　法国创立 École Polytechnique,École Normale. 蒙日(Monge) 画法和几何学,曲面的微分几何学.

1796　焦循《里堂学算记》,天文学,三角学,方程论.
　　　汪莱《衡斋算学》至 1805 年共出七册,几何学,代数方程论.

1797　凡塞尔(Wessel) 复数的几何表示法.

1799　阮元《畴人传》,罗士琳《续传》(1840),
　　　诸可宝《三编》(1886),黄钟骏《四编》(1898).

1800　高斯(Gauss) 正多边形作法,数论,微分几何,非欧几何,代数基本定理,天文学,测量学.

1803　卡诺(Lazare N. M. Carnot) 几何学.

1805　拉普拉斯(Laplace) 天体力学,概率论,微分方程.
　　　勒让德(Legendre)《几何学原理》(1794),数论,椭圆函数,最小乘方,积分.

1806　阿淦(Argand) 复数的几何表示.

1810　热尔冈(Gergonne) 几何学,Annales 的编辑者.

1814　李锐《开方说》,方程论.

1819　霍纳(Horner) 方程的数值解法.

1822　傅里叶(Fourier) 热的数学理论,傅氏级数.
　　　庞雪莱(Poncelet) 射影几何学,只用直尺的作图法.

1826	Crelle's Journal.
	对偶原理(Poncelet,Plücker,Gergonne).
	椭圆函数(Abel,Gauss,Jacobi).
1827	柯西(Cauchy)分析的严格化,复变函数,无穷级数,行列式.
	阿贝尔(Abel)代数,分析.
1828	格林(Green)数学物理.
1829	罗巴切夫斯基(Lobachevsky),非欧几何学.
	普吕克(Plücker)高级解析几何.
1830	泊松(Poisson)数学物理,概率论.
	皮考克(George Peacock)符号代数.
	雅各皮(Jacobi)椭圆函数,行列式.
1832	鲍耶(Bolyai)非欧几何学.
	伽罗瓦(Galois)群论,方程论.
1834	史坦纳(Steiner)高级综合几何,射影几何学.
1836	Liouville's Journal.
1837	三等分任意角、二倍立方被证明为不能用尺、规做成.
1839	Cambridge Mathematical Journal,在1855改成Quarterly Journal of Pure and Applied Mathematics.
1841	Archiv der Mathematik und Physik.
1842	Nouvelles annales de Mathématiques.
1843	汉米尔顿(Hamilton),四元数.
1844	格拉斯曼(Grassmann)扩张的演算.
1848	斯陶特(Staudt)《位置几何学》,摆脱度量关系的射影几何学.
1849	狄利克雷(Dirichlet)数论,级数.
1850	曼海姆(Mannheim)现代计算尺.
1852	戴煦《求表捷法》幂级数,对数,三角函数表的造法.
	沙尔(Chasles)高级几何学,几何学史.
1854	黎曼(Riemann)分析,非欧和何学,黎曼几何.
	布尔(Boole),布尔代数.
1855	达瑟(Zacharis Dase)闪电计算机.
1856	李善兰,幂级数,对数,微积分,李善兰恒等式,与伟烈亚力(Alexander Wylie)共译欧氏《原本》后九卷.
1857	凯莱(Cayley)矩阵,代数,高维几何学.
1858	麦比乌斯(Möbius)梅氏带.
1865	伦敦数学会成立. Proceedings of the London Mathematical Society.
1870	李(Sophus Lie)李群论.
1872	Société Mathématique de France 成立.

F. 克莱恩(F. Klein) 爱尔兰根(Erlangen) 纲领.

戴德金(Dedekind)，无理数理论.

华蘅芳介绍西方数学家的代数学、三角学、微积分与概率论，至 1887 年共译数学书六种，计八十二卷. 1892 年华蘅芳汇刻自己的著作八种，题名为《算草丛存》.

1873	埃米德(Hermite) 证明 e 的超越性.
	布洛卡特(Brocard) 三角形的几何学.
1874	G. 康托(Geory Cantor) 集合论，无理数，超越数，超限数.
1877	西尔维斯特(Sylvester) 代数，不变性理论.
1878	American Journal of Mathematics.
1881	奇勃斯(Gibbs) 向量分析.
1882	林德曼(Lindemann)π 的超越性，证明不可能用尺、规化圆为方.
1884	Circolo Matematico di Palermo 意大利巴勒摩数学会成立.
1887	Rendiconti(巴勒摩数学会学报).
	克罗耐克(Kronecker)《论数的概念》，第一个直观主义派.
1888	American Mathematical Society 成立.
	Bulletin of the Amer. Math. Soc.
1889	皮阿诺(Peano) 自然数公理.
1890	魏尔斯特拉斯(Weierstrass) 数学的算术化.
	Deutsche Mathemaker-Voreinigung 成立.
1892	Jahresbericht(德国).
1893	约当(Jordan) 约当容度.
1894	斯提捷(Stieltjes) 斯提捷积分.
1895	庞加莱(Poincaré) 拓扑学.
1896	阿达玛(Hadamard)、泊桑(Vallée Poussin)，证明质数定理.
1898	波莱尔(Borel) 测度.
1899	希尔伯特(Hilbert)《几何基础》，1900 年提出数学上未解决的 23 个问题.
1903	勒贝格(Lebesgue) 勒贝格积分，勒贝格测度.
	罗素(Russell)《数学的原理》.
1906	弗勒锡(Frechet) 和黎兹(Riesz) 抽象空间，泛函分析.
	马尔可夫(Mapkob) 马尔可夫链.
1907	布劳威尔(Brouwer)《数学基础》.
	M. 康托(Morritz Cantor)《数学史》四卷出版.
1913	嘉当(Cartan) 李代数表示论.
1914	豪斯道夫(Hausdorff) 点集拓扑学.
1916	爱因斯坦(Einstein) 一般相对论.

1918	韦尔（Weyl）流形论.
1921	纳脱（Emmy Noether，女）理想论.
1922	巴拿赫（Banach）巴拿赫空间.
1929	陈建功《三角级数论》.
	冯·诺伊曼（Von Neumann）算子谱论.
1930	苏步青微分几何理论.
	德拉姆（De Rham）多维流形.
	李俨，钱宝琮分别研究中国数学史，发表著作.
1932	柯尔莫戈罗夫（Колмогоров）概率论公理化体系.
	范德瓦尔登（Van der Waerden）代数学.
1934	莫尔斯（Morse）大范围变分理论.
1935	中国数学会成立.《数学学报》1936 年创刊.
	赫维兹（Hurwitz）同伦群.
1939	布尔巴基（Bourbaki）学派《数学原本》第一卷出版.
	杜灵（Turing）用数学理论破译密码成功提出计算机能操纵自动机的观点.
1940	陈省身，拓扑学，微分几何.
	英国和美国海军的运筹小组发展运筹学，战后大量用于经济部门，现代运筹学的发端.
1941	华罗庚，《堆叠素数论》.
1942	柯尔莫戈罗夫和维纳（Weiner）分别研究火炮的自动跟踪，形成随机过程的预测和滤波理论.
	1948 年维纳写成《控制论》.
1944	冯·诺伊曼发表对策论，用于经济和军事中战略决策.
	第一台电子计算机 ENIAC 投入运转.
1945	全新存贮通用电子计算机 EDVAC 建成.
1958	算法语言 ALGOL(58)，后改进成 ALGOL(60)，ALGOL(68).
1965	扎德（Zadeh）提出模糊集合论.
1967	奇洛德（Guilloud）在 CDC_{6600} 系统算得 π 的 500 000 位小数值.
1973	陈景润定理.
1976	哈肯（Haken）和阿佩尔（Appel）宣布用计算机证明了四色问题.
1978	瓦格斯塔夫（Wagstaff）把费马大定理的上界提高到 12 500.

第二编
数学史论文、译文

关于三次方程的公式解^①

我国古代数学家对高次方程的数值解法是一项独特的成就.7 世纪王孝通的《缉古算经》里有许多解决工程问题的三次、四次方程.13 世纪秦九韶的增乘开方法对高次方程的数值解法基本上和现在通常所谓的霍纳方法^②是相同的.在[1] 有详细的叙述.

阿拉伯人奥玛·海牙姆(Omar Khayyam,1044—1123？)在其《代数》(1079)中利用圆锥曲线对一般三次方程 $x^3 + Bx = C(B, C$ 均为正数) 提出过几何的解法.海牙姆将方程 $x^3 + Bx = C$ 写成 $x^3 + b^2 x = b^2 c$,因此 $b^2 = B, b^2 c = C$.他作一个通径为 b 的抛物线(图1),再作直径为 $QR = c$ 的半圆.设 P 为抛物线与半圆的交点,则 QS 即三次方程 $x^3 + b^2 x = b^2 c$ 的解.

海牙姆的证明如下:由抛物线

$$x^2 = by$$

即

$$x^2 = b \cdot PS \qquad (1)$$

得

$$\frac{b}{x} = \frac{x}{PS} \qquad (2)$$

由直角三角形 QPR

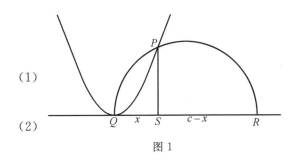

图 1

$$\frac{x}{PS} = \frac{PS}{c - x} \qquad (3)$$

因此

$$\frac{b}{x} = \frac{PS}{c - x} \qquad (4)$$

由式(1)

$$PS = \frac{x^2}{b}$$

代入式(4),得

---

① 原载《中学数学研究与讨论》1979 年第二期.

② 霍纳(W. G. Horner,1786—1837) 英国人,1819 年发表了《连续近似求解任意次方的数值方程的新方法》.

$$\frac{b}{x}=\frac{b}{c-x}$$

即

$$b^2c-b^2x=x^3$$

可知 $QS=x$ 为方程 $x^3+b^2x=b^2c$ 的解. 参见[4].

阿拉伯人关于三次方程的几何解法只能得到表示未知数的线段长度, 没有获得三次方程的公式解, 即利用方程中的系数表示解的代数表示式.

古代巴比伦人利用配方法对于二次方程已得到它的公式解. 对于一般的三次方程的公式解则一直要到 16 世纪由意大利的数学家才获得解决. 斯齐波·德尔·费尔洛 (Scipione dal Ferro, 1456—1526) 在 1500 年前后解出了方程 $x^3+mx=n$. 当时的数学家们有严守秘密的风气, 费尔洛没有发表他的发现, 只给他的学生 Antonio Maria Fior 讲过. 1535 年 Fior 同塔尔塔里亚[①](Tartaglia, 1500—1557) 挑战, 同解三十个三次方程的题目. 塔尔塔里亚已经解出过形如 $x^3+mx^2=n(m,n$ 为正数$)$ 的方程, 完全解出了三十个问题, 其中包括 $x^3+mx=n$.

1539 年卡丹 (G. Cardano, 1501—1576) 央求塔尔塔里亚将发明告诉他, 并且表示愿意严守秘密. 但后来卡丹背弃了诺言, 将塔尔塔里亚的结果据为己有, 发表在他自己的《大法》(Ars magna) 里. 三次方程的解的公式应该称为塔尔塔里亚公式, 但是通常却称为卡丹公式. 关于这段纠纷的故事, 可看[2,3].

卡丹发表的方法是从解方程 $x^3+6x=20$ 开始的. [4] 中讨论它的一段情况

$$x^3+mx=n \tag{5}$$

其中, m,n 均为正数.

卡丹 (塔尔塔里亚) 引进二数 t 与 u, 设

$$t-u=n \tag{6}$$

且

$$tu=\left(\frac{m}{3}\right)^3 \tag{7}$$

得到方程 (5) 的解为

$$x=\sqrt[3]{t}-\sqrt[3]{u} \tag{8}$$

t 与 u 可从由式 (6)(7) 构成的二次方程得出

$$t=\sqrt{\left(\frac{n}{2}\right)^2+\left(\frac{m}{3}\right)^3}+\frac{n}{2},\ u=\sqrt{\left(\frac{n}{2}\right)^2+\left(\frac{m}{3}\right)^3}-\frac{n}{2} \tag{9}$$

卡丹在根号前只取正号, 并且得到 t 与 u 之后, 只取它们的正的三次根. 由 (8), 他得到 x 的一个解.

卡丹用几何法证明 (8) 是方程 (5) 的解. 他把 t 与 u 看成边长为 $\sqrt[3]{t},\sqrt[3]{u}$ 的两个立方体

---

① 这是 Niccolo Fontana 的绰号, 因为他是个口吃者.

的体积,$t-u=n$;乘积$\sqrt[3]{t}\cdot\sqrt[3]{u}$ 为以$\sqrt[3]{t}$,$\sqrt[3]{u}$ 为边的矩形的面积,它等于$\dfrac{m}{3}$. 卡丹说方程的解 x 就是这两个立方体的边长之差,即 $x=\sqrt[3]{t}-\sqrt[3]{u}$.

　　如图 2,从线段 AC 截去 BC,那么 AB 上的立方体等于 AC 上的立方体减去 BC 上的立方体再减去以 AC,AB,BC 为边长的长方体体积的三倍. 也就是

$$(\sqrt[3]{t}-\sqrt[3]{u})^3=t-u-3(\sqrt[3]{t}-\sqrt[3]{u})\cdot\sqrt[3]{t}\cdot\sqrt[3]{u}$$

因此 $x=\sqrt[3]{t}-\sqrt[3]{u}$,$t-u=n$,$\sqrt[3]{t}\cdot\sqrt[3]{u}=\dfrac{m}{3}$ 满足方程 $x^3=n-mx$. 这就是说,用系数 m,n 可表达方程(5)的解.

图 2

　　塔尔塔里亚,卡丹还得到方程 $x^3=mx+n$,$x^3+mx+n=0$,$x^3+n=mx$ 的解. 当时的欧洲人只处理正数系数的方程而且对方程的解都要分别地给出几何的验证.

　　卡丹的书中能解形如 $x^3+6x^2=100$ 的方程. 他知道怎样消去 x^2 项,因为系数为 6,用 $y-2$ 代 x,能得到 $y^3=12y+84$. 对于方程 $x^6+6x^4=100$,令 $x^2=y$,从而可作为三次方程来处理. 在卡丹的书中出现了负数的根,尽管他认为负数是虚构的;他对虚数是无知的. 由于他避免负数,他必须分别地处理各种类型的三次方程以及作为辅助的求 t 与 u 的二次方程,所以其叙述冗繁,今天的读者看来是厌烦的.

　　卡丹在解三次方程过程中遇到了困难但是不能解决它. 当 $\left(\dfrac{n}{2}\right)^2+\left(\dfrac{m}{3}\right)^3<0$ 时,t 与 u 为复数,而方程(5)却有三个不同的实数解. 这种实数解不能用算术、代数的方式来表示. 塔尔塔里亚称之为不可约情况.

　　韦达(F. Vieta,1540—1603)在 1591 年讨论了这种不可约情况. 韦达从恒等式

$$\cos 3A=4\cos^3 A-3\cos A \tag{10}$$

开始. 设 $z=\cos A$,则得

$$z^3-\frac{3}{4}z-\frac{1}{4}\cos 3A=0 \tag{11}$$

　　设有方程

$$x^3+mx-n=0 \tag{12}$$

　　令 $x=kz$(其中 k 是特定的),则得

$$z^3+\frac{m}{k^2}z-\frac{n}{k^3}=0 \tag{13}$$

　　因此,$\dfrac{m}{k^2}=-\dfrac{3}{4}$,得

$$k=\sqrt{\frac{-4m}{3}} \tag{14}$$

对于这个 k

$$-\frac{n}{k^3} = -\frac{1}{4}\cos 3A \tag{15}$$

于是

$$\cos 3A = \frac{4n}{k^3} = \frac{\dfrac{n}{2}}{\sqrt{\dfrac{-m^3}{27}}} \tag{16}$$

若方程的三个解都是实数,则 m 必为负数而 k 为实数. 又因 $\left(\dfrac{n}{2}\right)^2 + \left(\dfrac{m}{3}\right)^3 < 0$,可知 $|\cos 3A| < 1$,因此,从函数值表可得 $3A$ 的值. 式(11)为恒等式,对于任意的 A 都成立的. 式(13)乃(11)的特例. 由式(16)决定的 A,其 $\cos A$ 满足式(13). 由式(16)得到 $3A$ 的值,从而求得 A 值. 但 $A+120°$, $A+240°$ 亦满足式(16),所以
$$\cos A, \cos(A+120°), \cos(A+240°)$$
都能满足式(13). 因此得到方程(12)的三个解为
$$k\cos A, k\cos(A+120°), k\cos(A+240°)$$
其中 $k = \sqrt{\dfrac{-4m}{3}}$.

三次方程有三个解,但是直到 1732 年欧拉(Leonhard Euler,1707—1783)才对三次方程的卡丹公式解给出完整的写法. 他利用方程 $x^2+x+1=0$ 的复数解 ω, ω^2,得到(8)中 t 与 u 的三次根分别为
$$\sqrt[3]{t}, \omega\sqrt[3]{t}, \omega^2\sqrt[3]{t}$$
和
$$\sqrt[3]{u}, \omega\sqrt[3]{t}, \omega^2\sqrt[3]{n}$$
在两组数中各取一数,使所取的二数的乘积为实数 $\dfrac{m}{3}$(参看式(7)).

因为 $\omega \cdot \omega^2 = \omega^3 = 1$,因此得方程(5)的三个解
$$
\left.
\begin{aligned}
x_1 &= \sqrt[3]{t} - \sqrt[3]{u} \\
x_2 &= \omega\sqrt[3]{t} - \omega^2\sqrt{u} \\
x_3 &= \omega^2\sqrt[3]{t} - \omega\sqrt[3]{u} \\
t &= \sqrt{\left(\frac{n}{2}\right)^2 + \left(\frac{m}{3}\right)^3} + \frac{n}{2}, \ u = \sqrt{\left(\frac{n}{2}\right)^2 + \left(\frac{m}{3}\right)^3} - \frac{n}{2}
\end{aligned}
\right\} \tag{17}
$$

1770 年拉格朗日(J. L. Lagrange,1736—1813)对方程 $x^3+nx+p=0$ 引进 $x=y-\dfrac{n}{3y}$,得到关于 y^3 的二次方程. 这个二次方程的二根形如(9)中的 t 与 u 二值,最后得到原方程的公式解,与(17)相仿. 这就是教科书[5]上对方程 $x^3+px+q=0$,令 $x=y+z$, $yz = -\dfrac{p}{3}$,获得方程的公式解的思想.

参考文献

[1] 钱宝琮. 中国数学史[M]. 北京：科学出版社，1964.

[2]CAJORI F. A Hist. of Math[M]. London：MacMillan，1922：133-134.

[3]SMITH D E. Hist. of Math，Vol. 2[M]. Giun：Giun，1925：460.

[4]MORRIS KLINE. Mathematical Thought from Ancient to Modern Times[M]. Oxford：Oxford Univ. Press，1972：194，264-267.

[5]FINE H B. A College Algebra[M]. London：Ginn and Company，1904：484.

三等分一个任意角是不可能的^①

　　小明和大庆听王老师说过,三等分一个角是不可能的.他们觉得有些奇怪.小明说:"我能用圆规和直尺作一个等边三角形.等边三角形的三个内角都是 60° 角."大庆说:"我能用圆规和直尺作一个角的平分线,能把你作好的 60° 角平分,得到一个 30° 角."小明说:"这样,我们不是把一个直角(90° 角)三等分了吗?为什么王老师说是不可能呢?"

　　小明和大庆去问王老师,王老师认为他们二人都没有听清楚他的话,就完整地重说了一遍:"只用圆规和直尺是不能把任意一个角三等分的."王老师着重地指出,这句话有两个意思:① 只用圆规和直尺,② 三等分的是任意一个角.小明和大庆用圆规和直尺把一个 90° 角三等分了,但是不能说明任何大小的角都可以三等分.

　　王老师又说:"只用圆规和直尺三等分一个任意角几千年前就有人提出来了,是有名的几何三大问题之一.实际上,这是不可能做到的."

　　小明和大庆问王老师,怎么知道实际上不可能呢?王老师要他们先做一个题目:

　　设有任意的一个角 $\angle CAD$,作 $CD \perp AD$,由此做出一个矩形 $ABCD$.延长 BC 到 F,联结 AF,AF 与 CD 交于 E.如果 $EF = 2AC$,那么可以证明 $\angle EAD = \frac{1}{3} \angle CAD$.

　　王老师提醒他们,可以利用 EF 的中点 M 去试证这个问题.小明和大庆的证法如下:直角三角形 ECF 中,M 是斜边 EF 的中点,所以 $EM = MF = CM$.(图 1)

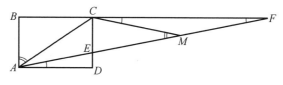

图 1

　　因为 $EF = 2AC$,所以 $AC = CM$.

　　等腰三角形 ACM 内,$\angle CAM = \angle CMA$.

　　$\angle CMA$ 是等腰三角形 CMF 的外角,所以 $\angle CMA = 2\angle MFC$.

　　因为 $BF \parallel AD$,所以 $\angle MFC = \angle EAD$.

　　所以 $\angle CAM = \angle CMA = 2\angle MFC = 2\angle EAD$.

　　由此 $\angle CAD = \angle CAM + \angle EAD = 3\angle EAD$.

---

① 　原载《中学生》1980 年 9 月号.

就是说 $\angle EAD = \dfrac{1}{3}\angle CAD$.

小明和大庆很高兴:$\angle CAD$ 是任意的一个角,这不是已经把它三等分了吗? 王老师说他们二人的证法是对的,但是他们是在"如果 $EF = 2AC$"这个假定之下证得的. AC 是可以知道的,$EF = 2AC$ 也是可以知道的. 问题是点 E 在 CD 的哪个地方,也就是 $DE = ?$ 王老师说,要求这个点 E,必须先求得一个圆弧和一条双曲线的交点. 大家知道,只用圆规和直尺是不能做出那条双曲线的. 因此,只用圆规和直尺是不能把任意角三等分的.

小明和大庆终于明白了,只用圆规和直尺要三等分一个任意角确实是不可能的.

九宫图的奥妙^①

我国汉朝时候的人,把 1,2,3,4,5,6,7,8,9 九个数字排成一个三行、三列的方阵,称为九宫图.这个方阵有一个特点,就是每行、每列、每一条对角线的三个数字之和都等于 15.6 世纪的甄鸾(zhēn luán)给出了九宫图的记忆方法:"二四为肩,六八为足,左三右七,戴九履一,五居中央."(图1)13 世纪的杨辉对九宫图的构造方法,有个十六字的口诀:"九子斜排,上下对易,左右相更,四维挺出."现在如法来做(图2).

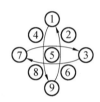

图1

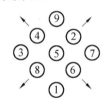

图2

但是为什么要这样排列呢?让我们用代数知识来研究一下.

假设 A,B,C,D,E,F,G,H,I 九个字母代表从 1 到 9 的九个数字,$A+B+C+D+E+F+G+H+I=1+2+3+\cdots+9=45$. 每行、每列、每条对角线上的数字之和都是 15.现在把中间的一行、一列、两条对角线上的数字加起来,就有 $(D+E+F)+(B+E+H)+(A+E+I)+(C+E+G)=4\times15$,也就是 $(A+B+C+D+E+F+G+H+I)+3E=60,45+3E=60.E=5$.因此中央的一个数必须是 5.

现在来考虑,1 放在什么位置上? 1 或者放在角上(A,C,I,G),或者放在行(列)中间(B,F,H,D).假设 1 放在 A 处,那么因为 $A+E+I=15$,就有 $1+5+I=15$,所以 $I=9$.因为 $C+F+I=15$,就有 $C+F+9=15$,所以 $C+F=6$.C 和 F 不能都是 3,所以 C 和 F 必须是 2 和 4.如果 $C=2$,那么 $1+B+2=15,B=12$.如果 $C=4$,那么 $1+B+4=15$,$B=10$,这些都是不可能的.因此 1 不能放在 A,C,I,G 四个角上,只能放在 B,F,H,D 这些位置上.现在将 1 放在 H 处,那么 $B=9$.如果 $C=2$,那么 $A=4$.因为对角线 $4+5+I=15$,所以 $I=6$.由 $2+F+I=15$,得 $F=7$,由 $D+5+F=15$,得 $D=3$.最后得到 $G=8$.(图3)

这样就得到了九宫图.

一般地说，一个 n 行、n 列的方阵有 n^2 个数字，全部数字之和 $S=1+2+3+\cdots+n^2=\dfrac{n^2}{2}(n^2+1)$.

设方阵的每行、每列、每条对角线上的 n 个数字之和为 N，那么 $N=\dfrac{S}{n}=\dfrac{n}{2}(n^2+1)$.

A	B	C
D	E	F
G	H	I

I	B	C
D	5	F
G	H	9

4	9	2
D	5	F
G	1	I

九宫图是三行、三列的方阵，所以 $n=3$，共有 $n^2=9$ 个数字

$$S=\dfrac{n^2}{2}(n^2+1)=\dfrac{9}{2}(9+1)=45, N=\dfrac{S}{n}=\dfrac{45}{3}=15$$

如果 $n=4$，就是用 $1,2,3,\cdots,16$，十六个数字排成一个四行、四列的方阵，全部数字之和是 $S=\dfrac{4^2}{2}(4^2+1)=136$，而每行、每列、每条对角线上四个数字之和 $N=\dfrac{S}{n}=\dfrac{136}{4}=34$.

图 3

请你思考一下，这个四四方阵应该怎样排列？

盈不足术[①]

1978年版的《初中数学》第二册第33页上有一个"我国古代问题".该题选自《九章算术·盈不足》,原题是:"今有大器五、小器一容三斛;大器一、小器五容二斛.问大、小器各容几何?答曰:大器二十四分斛之十三,小器二十四分斛之七."

《九章算术》的原编者提示了解法:"术曰:假令大器五斗,小器亦五斗,盈一十斗.令之大器五斗五升,小器二斗五升,不足二斗."刘徽的注是:"按大器容五斗,大器五,容二斛五斗.以减三斛,余五斗,即小器一所容.故曰小器亦五斗,小器五,容二斛五斗,大器一容五斗,合为三斛.课于两斛,乃多十斗.令之大器五斗五升,大器五,合容二斛七斗五升,以减三斛,余二斗五升,即小器一所容.故曰小器二斗五升.大器一容五斗五升,小器五合容一斛二斗五升,合为一斛八斗.课于二斛,少二斗.故曰不足二斗.以盈不足维乘之为实.并盈不足为法,除之."

现在我们来解释上述的"术"和刘徽的"注".

1.设大器容量是5斗,那么5个大器共25斗,按题意:5个大器,1个小器共30斗(1斛 = 10斗),于是1个小器容30 − 25 = 5 = 5斗.如果是这样,那么题目第二句:1个大器 + 5个小器 = 5 + 5×5 = 30斗,比原设的2斛(20斗)多出10斗.

2.设大器容量是5斗5升,那么5个大器共5.5×5 = 27.5斗,1个小器的容量是30 − 27.5 = 2.5斗.按题目第二句:1个大器 + 5个小器 = 5.5 + 2.5×5 = 18斗,比原设的20斗少2斗.

3.问题到此,变成:设大器容5斗,则盈10斗;设大器容5.5斗,则不足2斗.

4.《九章算术》盈不足术的原文是:"置所出率,盈不足各居其下.令维乘所出率,并以为实,并盈不足为法.……"按照此术,现在这个题目,用算筹布置,可得:

所出率	50	55
盈、不足	100	20
维乘得	1 000	5 500
实		6 500
法		120

所出率就是假设的大器容量,单位用升."维乘"就是交错相乘.

---

① 原载《中学数学》1981年第二期.

实:$50 \times 20 + 100 \times 55 = 1\,000 + 5\,500 = 6\,500.$

法:$100 + 20 = 120.$

于是得大器的容量是

$$\frac{6\,500}{120} \text{升} = \frac{6\,500}{120} \cdot \frac{1}{100} \text{斛} = \frac{13}{24} \text{斛}$$

5. 求小器容量,可布置算筹如下:

所出率	50	25
盈、不足	100	20
维乘得	1 000	2 500
实		3 500
法		120

于是,小器的容量是

$$\frac{3\,500}{120} \text{升} = \frac{7}{24} \text{斛}$$

对于一个算术(代数)问题,我们任意假定一个数值作为它的答数,依题 验算,如果完全符合题意,那么我们所假定的数就是原题的答数了 —— 但这是"猜"出来的. 如果验算所得的结果与题中的已知数不相等,或者有余,或者不足;我们可以通过两次不同的假设把原来的问题改造成一个盈亏类的问题,用盈不足术就可解出所求的答数.

我们现在用代数方法解题时,经常设 x 为所求的数,按照题意列出方程 $f(x)=0$,解这个方程,就得出 x 所代表的答数. 古代人不知道怎样列方程,无法直接解题;但是对于一个 x 的任意值是会求出 $f(x)$ 的对应值的. 因此,通过两次假设,算出 $f(a_1) = b_1$,$f(a_2) = -b_2$ 之后,就可用盈不足术,得出

$$x = \frac{a_1 b_2 + a_2 b_1}{b_1 + b_2} = \frac{a_2 f(a_1) - a_1 f(a_2)}{f(a_1) - f(a_2)}$$

当 $f(x)=0$ 是一次方程时,解得的 x 值是正确的. 当 $f(x)=0$ 不是一次方程时,右边所得的数值是 x 的一个近似值. 设 $f(x)$ 是在区间 $a_1 \leqslant x \leqslant a_2$ 上的一个单调连续函数,$f(a_1) = b_1$,$f(a_2) = -b_2$,正、负相反,那么 $f(x)=0$ 在 a_1, a_2 间的实根约等于

$$\frac{a_2 f(a_1) - a_1 f(a_2)}{f(a_1) - f(a_2)} = a_2 + \frac{(a_2 - a_1) f(a_2)}{f(a_1) - f(a_2)} = a_1 + \frac{(a_2 - a_1) f(a_1)}{f(a_1) - f(a_2)}$$

这个公式所表示的 x 是经过 (a_1, b_1) 和 $(a_2, -b_2)$ 的直线在 OX 轴上的截距,它和曲线 $y = f(x)$ 在 OX 轴上的截距相差很小. 这就是现在某些教科书中所称的"弦位法"和"假借法",它的本源就是中国的盈不足术.

中国的盈不足术传到阿拉伯国家后,被称为"契丹算法",就是中国算法的意思. 1202年 Fibonacci 的算术书里,介绍这种算法时称它为 elchataym,还是"契丹算法"的意思,又称它为 regula augmenti et decrementi,这就是"盈和不足法则"的意思. 由于用盈不足术解题时要通过两次假设,所以欧洲各国的算术书中后来都称为"假借法"(regula falsi, reghel der valsches positien, rule of false position). 16,17 世纪时候,欧洲人的代数还没有发展到充分利用符号的阶段,中国盈不足术的算法便长期地盛行于欧洲大陆.

秦九韶"三斜求积"公式的来历[①]

南宋的秦九韶(1202—1261)是一位数学大家,有著作《数书九章》(1247)传世."三斜求积"是该书中的一题.这个"三斜求积"术是怎样发明的,他在该题中没有说明;但从书中"斜荡求积"题的解题过程中,可以知道"三斜求积"术的来历.如图1,设 h 为 a 边上的高,则三角形的面积

$$S = \frac{1}{2}ah$$

$$DC = \sqrt{b^2 - h^2}, BD = a - \sqrt{b^2 - h^2}$$

$$c^2 = [a - \sqrt{b^2 - h^2}]^2 + h^2$$

即

$$c^2 = a^2 + b^2 - 2a\sqrt{b^2 - h^2}$$

$$a\sqrt{b^2 - h^2} = \frac{1}{2}(a^2 + b^2 - c^2)$$

两端平方,得

$$a^2 b^2 - a^2 h^2 = \left(\frac{a^2 + b^2 - c^2}{2}\right)^2$$

$$a^2 h^2 = a^2 b^2 - \left(\frac{a^2 + b^2 - c^2}{2}\right)^2$$

故得

$$S^2 = \frac{1}{4}\left[a^2 b^2 - \left(\frac{a^2 + b^2 - c^2}{2}\right)^2\right]$$

解题的主导思想是"有理化",这是秦九韶的创见.

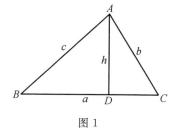

图 1

---

① 原载《中学数学》1981 年第二期,署名古人元.

质数研究古今谈^①

公元前 3 世纪,希腊数学家欧几里得的《原本》第九卷里有关于质数的两个命题:

命题 14　如果一个数是能被几个质数除尽的最小的数,那么除了这几个质数以外,它再也不能被其他的质数除尽了.

这就是说,如果 N 是质数 $p_1,p_2,\cdots,p_n$ 的乘积,那么这种将 N 分解成质数乘积的方法是唯一的.这个命题一般称为算术的基本定理.

命题 20　有质数大于任何已知的质数.

这就是说,质数的个数无限多.欧几里得对这个命题的证法是第一流的.他说:如果质数的个数是有限的,比如说有 n 个,$p_1,p_2,\cdots,p_n$.数 $A=(p_1,p_2,\cdots,p_n)+1$ 如果是质数,那么 A 大于 $p_1,p_2,\cdots,p_n$ 中的任何一数,于是得到第 $n+1$ 个质数.如果 A 是个合数,那么 A 必定能被某个质数 q 除尽,但 q 绝不是 $p_1,p_2,\cdots,p_n$ 中的任何一数,因为用 $p_1,p_2,\cdots,p_n$ 中任何一数去除 A 时有余数 1,因此,这个 q 是第 $n+1$ 个质数.总起来说,质数的个数不能是有限多个.

公元前 2 世纪,希腊人埃拉托逊有寻找质数的筛法.方法是:写下从 2 到数 N 的数

$$2,3,4,5,6,7,\cdots,N$$

划去 2 以后的 2 的倍数,划去 3 以后的 3 的倍数,划去 5 以后的 5 的倍数,…… 直到划去不大于 $\sqrt{N}$ 的质数的倍数,那么最后留下的就是不大于 N 的全体质数.用这个筛法,我们可得 100 以内的 25 个质数如下

$$2,3,5,7,11,13,17,19,23,29,31,37,41,43,47,53,59,61,67,71,73,79,83,89,97$$

我们把不大于数 N 的质数的个数记如 $\pi(N)$,例如 $\pi(8)=4$,即不大于 8 的质数有 4 个,它们是 $2,3,5,7$;$\pi(11)=5$;$\pi(100)=25$.

自从 17 世纪解析几何与微积分兴起以后,数学的研究有了很多方面的进展.由于要对代数学、数学分析学等学科在基础方面作深入的研究,很多数学家又开始对整数论进行了探讨,因此对质数的研究又重视起来.19 世纪以后,一些数学家在寻求质数发生的规律、质数的分布等方面,做了许多工作,也仍留下了不少未解决的问题.

1870 年恩斯特·梅塞尔改进了希腊人的筛法,得到 $\pi(10^8)=5\ 761\ 455$.1893 年丹麦数学家贝特森得到 $\pi(10^9)=50\ 847\ 478$.1959 年美国数学家 D. H. 莱麦说 $\pi(10^9)$ 应该是

①　原载《上海教育》1981 年第十二期.

50 847 534,并且得到 $\pi(10^{10}) = 455\ 052\ 511$.

一个大的数是否是质数,确实没有可靠的检验方法.19 世纪的一些数学家花了近 80 年的时间,得到当时最大的质数是一个 39 位的数

$$2^{127} - 1 = 170\ 141\ 183\ 460\ 469\ 231\ 731\ 687\ 303\ 715\ 884\ 105\ 727$$

这是 1876 年法国数学家阿纳托尔·卢卡斯得到的.1952 年在英国剑桥,用计算机 EDSAC 系统得到了一个 79 位的质数

$$180(2^{127} - 1)^2 + 1$$

在这以后,许多计算机确定了:当 n 为 521,607,1 279,2 203,2 281,3 217,4 253,4 423,9 689,9 941,11 213 和 19 937 时,$2^n - 1$ 都是质数.

能不能有表示质数的公式呢? 就是说,对于正整数 n,有没有一个函数 $f(n)$,使 n 用正整数 $1,2,3,\cdots$ 代入后,得出的 $f(n)$ 一定是个质数? 可惜,还没有找到这种公式! 例如,$f(n) = n^2 - n + 41$,对于 $n < 41$,得到的确实都是质数,但 $f(41) = (41)^2$ 却是一个合数.又如,$g(n) = n^2 - 79n + 1\ 601$,对 $n < 79$,都能得到质数,但 $g(80) = 1\ 681 = (41)^2$ 又是合数了.再如,设 p 是个小于 37 的奇质数,且

$$N = \frac{2^p + 1}{3}$$

得出表 1 中的质数,这些 N 都是质数.但 $p = 37$ 时

$$N = \frac{2^{37} + 1}{3} = 45\ 812\ 984\ 491$$

$$= 1\ 777 \times 25\ 781\ 083$$

表 1

p	$N = \dfrac{2^p + 1}{3}$	p	$N = \dfrac{2^p + 1}{3}$
3	3	17	43 691
5	11	19	174 761
7	43	23	2 796 203
11	683	29	178 956 771
13	2 731	31	715 827 883

1640 年左右,法国数学家费马曾说,n 为非负整数时,$f(n) = 2^{2^n} + 1$ 是一个质数.但是 1732 年,瑞士数学家欧拉指出

$$f(5) = 2^{2^5} + 1 = 641 \times 6\ 700\ 417$$

是个合数!

1837 年德国数学家狄利克雷证明了下述定理:设 a 与 d 为互质的整数,由算术级数

$$a, a + d, a + 2d, a + 3d, \cdots$$

可得无限多个质数.

这个定理是欧几里得定理的扩充,但它本身的证明是极难懂的.

不大于 N 的质数的个数记为 $\pi(N)$,请看表 2.

表 2

N	10	100	1 000
$\pi(N)$	4	25	168
$\dfrac{\pi(N)}{N}\%$	40%	25%	17%
N	100 000	1 000 000	1 000 000 000
$\pi(N)$	9 592	78 948	50 847 534
$\dfrac{\pi(N)}{N}\%$	10%	8%	5%

可见,质数的分布有由密到稀的趋势,$\pi(N)/N$ 称为最初 N 个整数中质数分布的密度. 德国数学家高斯研究了当时的质数表($N=3\ 000\ 000$)曾说过:当 N 极大时,$\pi(N)/N$ 的值逼近于 $1/\log_e N$,也就是

$$\lim_{N\to\infty}\frac{\pi(N)}{N/\log_e N}=1$$

高斯的这一条猜想曾在 1896 年分别被法国数学家阿达玛和比利时数学家泊桑独立证明.

因数表、质数表对于质数问题的研究是很有价值的. 三百年来,许多数学家花了极大的劳动,辛勤地制作了很多的质数表. 现用的最好的因数表是美国数学家 D. N. 莱麦(他是前述 D. H. 莱麦的父亲)所制的,其中 $N=10\ 000\ 000$.

在质数问题上还有许多未经证明的猜想. 其中一个是孪生质数问题,一个是哥德巴赫猜想.

所谓孪生质数,就是形如 p 和 $p+2$ 的质数,例如 3 和 5,5 和 7,11 和 13,29 和 31,5 519 和 5 521 等等. 问题是:这种相差为 2 的"质数对"是否有无穷多对?

普鲁士数学家哥德巴赫在一封 1742 年 6 月 7 日给欧拉的信中提出这样的猜想:每一个大于 2 的偶数都是两个质数的和,例如 $4=2+2,6=3+3,50=43+7,100=97+3$ 等等. 欧拉在当月 30 日的回信中说,他相信这个猜想,但他不能证明它. 直到今天,仍然没有人能完全地证明这个命题——这就是著名的"哥德巴赫猜想".

1770 年英国数学家华林将哥德巴赫猜想发表出来,又加上了一条(也是哥德巴赫说的):"每一个奇数或是质数,或是三个质数的和." 这实质上就是:"每一个 $\geqslant 9$ 的奇数都是三个奇质数的和."——这是哥德巴赫猜想的推论.(因为设 n 为奇数,质数 $p<n$,则 $n-p$ 必为偶数)

1937 年,苏联数学家维诺格拉多夫证明了"充分大的奇数可表示为 3 个质数的和",这也是哥德巴赫猜想的推论. 从这还可推出:"每一个充分大的正整数都可表示为 4 个质数的和."

1938 年,我国数学家华罗庚证明了"几乎全体偶整数能表示为两个质数的和"."几乎全体"就不是"每一个". 华罗庚的定理可以改述为:"任取一个偶数,它能表示为两个质数的和的概率接近 1."

1966 年,我国数学家陈景润证明了"每一个充分大的偶数都能表示为 1 个质数与一个不超过 2 个质数乘积的和". 就是说:如果 N 是充分大的偶数,$p_1,p_2,p_3,p_4,\cdots$ 是质数,那么 $N=p_1+p_2\cdot p_3$. 这个定理简记作($1+2$).

猜想与验证[①]

让我们沿着两位数学家的思路,来研究一个立体几何问题.这两位数学家的名字,暂不宣布;很早就提出来,将对我这段叙述的优点有所损减的.

1. 从类比提出问题

多面体是由平面围成的,正像多边形由直线围成一样;多面体在空间正像多边形在平面上一样.多边形比较简单,比多面体容易理解,研究多边形的问题亦比研究多面体的问题容易些.研究了多边形的一个问题,我们应该试找一下多面体的类似的问题.这样做,往往能引出一些有趣的问题来的.

例如,我们知道任何三角形(不论其形状和大小)的内角之和都是180°,或2直角,或π(弧度).更一般地说,n边形的内角之和为$(n-2)\pi$.现在,我们来试找一下有关多面体的类似的事实.

2. 详尽的试探

我们的目标,似乎不很清楚.想寻求有关多面体的角的总和,但是怎样的角呢?

多面体的每一棱处有一个二面角,它是由交成这棱的两个平面构成的.多面体的每一顶点处有一个立体角,它是由交于这顶点的面(至少是三个面)构成的.我们要考虑的是哪一类角呢? 同一类角的总和有什么性质呢? 一个四面体的6个二面角之和是多少? 4个三面角之和是多少?

但是四面体的二面角之和、三面角之和都是与四面体的形状有关的,所以得不出什么结论.多扫兴,我们真想四面体能像三角形那样简单呀!

不过,我们不必放弃原来的主意,我们还没有试过一切的可能情况.多面体还有一种角(实际上,这类角倒是常见的):多面体的每个面上有n个边(即多面体的n条棱),这n边形有n个内角.这种角称为多面体的面角.我们试求一下:多面体的所有的面角之和是多少? 设多面体面角之和为$\sum\alpha$,图1.

3. 观察

看来没有什么窍门,只能用实验试试.对一些多面体,计算它们的面角之和,$\sum\alpha$.先取一个立方体(图2).立方体的每面是一个正方形,每个正方形的内角之和是2π,有6个面,所以$\sum\alpha=6\times2\pi$.

---

① 原载《中学数学》1982年第三期.钱克仁节译自 G. Polya,*Mathematical Discovery*,Vol. II(1967),149-157.

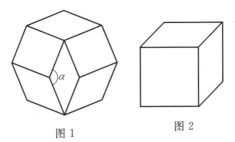

图 1　　　　　　　　　图 2

再取正四面体、正八面体试试,图 3,4.

图 3　　　　　　图 4

对于一般的多面体亦试试. 例如,五棱柱(底为五边形,图 5),它有两种面:5 个四边形和 2 个五边形,所以

$$\sum \alpha = 5 \times 2\pi + 2 \times 3\pi = 16\pi$$

再看一个"塔"(立方体上加一个四棱锥,图 6),它有 9 个面:5 个正方形,4 个三角形,所以

$$\sum \alpha = 5 \times 2\pi + 4 \times \pi = 14\pi$$

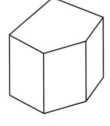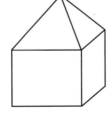

图 5　　　　　　图 6

把观察的结果列成表 1,来加深我们对这些多面体的认识. 设多面体的面数记为 F.

表 1

多面体	F	$\sum \alpha$
立方体	6	12π
四面体	4	4π
八面体	8	8π
五棱柱	7	16π
塔	9	14π

到此为止,能看出什么规律、模型或性质吗?

4. 用一种主意再观察

收集了材料,不用一种指导思想去考察是得不出有用的结果的.

在我们这里,我们是可以找到出路的. 在"3. 观察"中,我们反复计算了多面体每个面上的角之和,而得出多面体面角的总和 $\sum\alpha$,这个 $\sum\alpha$ 的数值是完全正确的. 现在,换个办法,计算一下多面体每个顶点处的面角之和. 一个顶点处的面角之和是多少,我们并不确切知道,只知道它小于 2π(我们只谈凸多面体). 设多面体的顶点数是 V,那么有

$$\sum\alpha < 2\pi V.$$

把这个关系与已有的材料核实一下,如表 2.

表 2

多面体	F	$\sum\alpha$	V	$2\pi V$
立方体	6	12π	8	16π
四面体	4	4π	4	8π
八面体	8	8π	6	12π
五棱柱	7	16π	10	20π
塔	9	14π	9	18π

由表 2 看出 $2\pi V$ 大于 $\sum\alpha$,而且它们的差是常数

$$2\pi V - \sum\alpha = 4\pi = 4\pi$$

这是一种巧合吗? 仅是一种巧合是靠不住的. 我们不能因为这种关系对于所考察的多面体适合,就说对于一般的任何凸多面体亦都适合. 这样,我们获得了一个"猜想"

$$(?)\ \sum\alpha = 2\pi V - 4\pi$$

式子前面的问号提醒我们:它仅是猜想,还没有证明.

5. 考验猜想

再验核一些情况. 还有两个正多面体,正十二面体和正二十面体,分别有 $F=12$ 和 $F=20$. 再看一般的柱体,n 棱柱(底是 n 边形),n 棱锥(底是 n 边形),双 n 棱锥(两个 n 棱锥合成的,两个锥顶在公共底面的两侧,公共底面不是双棱锥的一个面). 这样,我们扩充了表 2 得到表 3.

表 3　表 2 的扩充

多面体	F	$\sum\alpha$	V	$2\pi V$
十二面体	12	36π	20	40π
二十面体	20	20π	12	24π
n 棱柱	$n+2$	$(4n-4)\pi$	$2n$	$4n\pi$
n 棱锥	$n+1$	$(2n-2)\pi$	$n+1$	$(2n+2)\pi$
双 n 棱锥	$2n$	$2n\pi$	$n+2$	$(2n+4)\pi$

猜想式(?)都得到了验证. 这是令人高兴的,但不能作为一种证明.

6. 进一步的考虑

在计算 $\sum\alpha$ 时,我们多次用到多面体各个面上的角之和. 这个办法,不妨再一般地应用一下.

引用一些记号. 设

$$s_1,s_2,s_3,\cdots,s_F$$

分别表示第一个面,第二个面,第三个面,……,最末一个面上所有的边数. 我们得

$$\sum \alpha = \pi(s_1-2)+\pi(s_2-2)+\cdots+\pi(s_F-2)$$

$$=\pi(s_1+s_2+\cdots+s_F-2F)$$

这里,$s_1+s_2+s_3+\cdots+s_F$ 是多面体的 F 个面上所有边数的总和. 在这个总和里,多面体的每条棱都算了两次(因为棱是相邻两个面的交线),所以

$$s_1+s_2+s_3+\cdots+s_F=2E$$

E 是多面体的棱数. 由此,我们得

$$(!)\quad \sum \alpha = 2\pi(E-F)$$

我们得到了第二个关于 $\sum \alpha$ 的式子. 式(?)只是一个猜想而这里的式(!)却是证得的,这里有本质上的区别. 从式(?)与式(!)消去 $\sum \alpha$,就得关系式

$$(??)\quad F+V=E+2$$

这个关系式还没有被证明,所以记如(??). 尽管式(!)是证明过的,式(??)和式(?)却都是值得怀疑的. 式(?)和式(??)两者同时为真,同时为假,它们是等价的.

7. 验证

大家熟知的关系式(??)以及式(?)都是欧拉发现的. 欧拉当时并不知道笛卡儿在早先已得到过同样的关系式了. 在笛卡儿的佚文中有他关于这方面的几句话,而这些佚文是在欧拉死后近一个世纪才印行的[①].

欧拉对这个问题有过两篇文章和另外的一个注记[②]. 注记谈了四面体立体角之和是与四面体的形状有关的问题. 总的来说,我们前面所讲的种种是沿着欧拉第一篇文章的思想进行的. 在该文中,欧拉谈了他的发现是怎样得到的,给出了各式各样的验证,但没有做出正规的证明. 我们来跟随欧拉的想法做下去. 集纳已得的几个表,应用多面体的棱数 E,得到表 4.

用表 4,猜想关系式(??)是得以验证的,当然,这不能算作证明.

表 4

多面体	F	V	E
四面体	4	4	6
立方体	6	8	12
八面体	8	6	12
十二面体	12	20	30
二十面体	20	12	30
塔	9	9	16
n 棱柱	$n+2$	$2n$	$3n$
n 棱锥	$n+1$	$n+1$	$2n$
双 n 棱锥	$2n$	$n+2$	$3n$

---

① Descartes,全集,Vol. X,pp. 265-269.

② Euler,*Opera Omnia*,*ser*. 1,Vol. 26,pp. XIV-XVI,71-108,217-218.

8. 再作考虑

欧拉在他的第二篇文章中是想证明式(??)的,可是他失败了,在证明中有一个根本性的缺陷.但事实上,上述的一些考虑已经很接近于证明了,只要把已做的事情再次认清一下就行了.

我们来仔细研究关系式(!)的意义.特别地,设想多面体变形的时候的情况.设想多面体连续地变形时,它的面逐渐地倾斜了,线、交点、多面体的棱和顶点都在连续地变了.但即使如此,多面体的"总图"或"形态结构",即它的面、棱、顶点之间的联结关系却都是不变的.因此,面数 F,棱数 E,顶点数 V 都是不变的.这样的变化,要影响到每一个面角 α 的大小的,但根据已证的式(!),可知所有面角的总和 $\sum \alpha$ 是不变的.于此,我们有了利用这种变化的机会.这种变化可使所给的多面体变成容易认清的图形,从而更容易计算出那个不变的 $\sum \alpha$ 值.

事实上,我们选定多面体的一个面作为"底".将这个底放平,其他各面都倒向底的平面,最后整个多面体就正射到底的平面上.立方体正射的结果如图7,一个一般多面体正射的结果如图8.得到的是倒塌了的多面体,展平在两个重叠的多边形之间,这两个多边形有相同的边框的.下叶(即铺开的底)是完整不分的,上叶则分为 $F-1$ 个小多边形,F 是多面体的面数.设上下两叶公有的多边形边框的边数为 r.

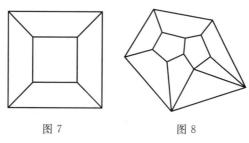

图7   图8

要计算展平的多面体的 $\sum \alpha$ (它是等于原来多面体面角的总和的),面角的总和由三个部分组成:

下叶(即铺开的底)的角之和是 $(r-2)\pi$.

上叶边框里的角之和亦是 $(r-2)\pi$.

留下来是上叶内部的角,它们是围绕着 $V-r$ 个内部顶点的,它们的总和是
$$(V-r)2\pi$$
由此,我们得到
$$\sum \alpha = 2(r-2)\pi + (V-r)2\pi$$
$$= 2\pi V - 4\pi$$

这就证明了猜想式(?),因此,就证得了猜想式(??).

综上所述,我们得到下面的一些结论:

(1)观察可以引导发现.

（2）观察能揭露某些规律、模型.

（3）用好的主意作为引导,观察可能得到好的结果.

（4）观察只能得暂时性的规律、猜想,不能得到证明.

（5）用特例和结果验核猜想.

（6）通过验核,增强对猜想的信心.

（7）要严格区分:假设与证明,猜想与实际.

（8）不要忽视类比,类比能引导发现.

古今的哲学家们对什么是科学,什么是科学方法、什么是演绎法等等发了许多议论. 科学家实际上是怎样工作的呢？ 他们提出假设性的论点,然后使假设经受实际的考验. 如果要给科学方法作一个简明的描述,我说就是猜想与验证.

$\sqrt{2}$ 不是有理数的三种证法[①]

一、亚里士多德的方法

亚里士多德是公元前 4 世纪的希腊人. 他的证法后来被人附录在欧几里得《原本》第十卷之末,列为命题 117. 证法如下:

设

$$\sqrt{2} = \frac{a}{b} \quad (a, b \text{ 是互质数})$$

那么

$$2 = \frac{a^2}{b^2}$$

即

$$a^2 = 2b^2$$

因此,a^2 为偶数,a 亦为偶数.

设

$$a = 2k \quad (k \in \mathbf{N})$$

那么

$$2k^2 = b^2$$

因此,b^2 为偶数,b 亦为偶数.

从而,a 与 b 都是偶数,这是与假设 a 与 b 互质矛盾的. 所以 $\sqrt{2}$ 不是有理数.

二、费马的"无限下降法"

法国数学家费马(1601—1665)是近世数论的创始人. 他曾发明过许多定理,亦有过一些著名的猜想. 他在证明的时候常用到他自己创造的"无限下降法". 要证明正整数 a,b,c,$\cdots$ 不满足关系 $R(a, b, c, \cdots)$ 用这种"下降法"效果特好. 方法是用到反证法的思想. 如果有正整数 a,b,c,$\cdots$ 使关系 $R(a, b, c, \cdots)$ 成立,那么必有正整数 $a_1 < a$ 能使关系 $R(a_1, b_1, c_1, \cdots)$ 成立,亦必有正整数 $a_2 < a_1$ 使关系 $R(a_2, b_2, c_2, \cdots)$ 成立,这样,无限地

---

① 原载《上海教育》1982 年 5 月号.

推下去. 因为小于 a 的正整数只能是有限个, 所以这是不可能的. 就是说, 正整数 $a, b,$ $c, \cdots$ 不能满足关系 $R(a, b, c, \cdots)$.

现在, 用费马的方法来证 $\sqrt{2}$ 不是有理数.

证: 若不然, 设有正整数 a, b 满足关系

$$\sqrt{2} = \frac{a}{b}$$

因为

$$\sqrt{2} + 1 = \frac{1}{\sqrt{2} - 1}$$

即

$$\frac{a}{b} + 1 = \frac{1}{\dfrac{a}{b} - 1} = \frac{b}{a - b}$$

所以

$$\sqrt{2} = \frac{a}{b} = \frac{b}{a - b} - 1 = \frac{2b - a}{a - b} = \frac{a_1}{b_1}$$

因为

$$1 < \sqrt{2} < 2$$

即

$$1 < \frac{a}{b} < 2$$

得

$$b < a < 2b$$

所以

$$a_1 = 2b - a > 0 \quad a_1 \in \mathbf{N}$$

又因为

$$b < a$$
$$0 < a_1 = 2b - a < a$$

所以, 有正整数

$$a_1 < a$$

因此, 得

$$\sqrt{2} = \frac{a_1}{b_1}$$

其中正整数 $a_1 < a$.

同理, 可得 $\sqrt{2} = \dfrac{a_2}{b_2}$, 其中正整数 $a_2 < a_1$.

这样, 无限地推下去. 但正整数是不能无限地减少下去的. 因此, 原来假设 $\sqrt{2} = \dfrac{a}{b}$ ($a,$ $b \in \mathbf{N}$) 是不成立的, 所以, $\sqrt{2}$ 不是有理数.

三、利用算术基本定理的证法

设

$$\sqrt{2} = \frac{a}{b} \quad (a, b \in \mathbf{N})$$

那么

$$a^2 = 2b^2$$

把 a 与 b 分别写成质因数的乘积,如

$$a = a_1 \cdot a_2 \cdot a_3 \cdot \cdots \cdot a_n$$

$$b = b_1 \cdot b_2 \cdot b_3 \cdot \cdots \cdot b_m$$

$$a^2 = (a_1 \cdot a_2 \cdot a_3 \cdot \cdots \cdot a_n)^2$$

a^2 中有 $2n$ 个质因数

$$b^2 = (b_1 \cdot b_2 \cdot b_3 \cdot \cdots \cdot b_m)^2$$

b^2 中有 $2m$ 个质因数.

由

$$a^2 = 2b^2$$

左端是 $2n$ 个质因数的乘积,右端是 $2m+1$ 个质因数的乘积. 就是说,偶数个质因数的乘积等于奇数个质因数的乘积. 这是不合理的,所以 $\sqrt{2}$ 不能是有理数.

牛顿是怎样发现有理数指数的
二项定理的[①]

瓦利斯(John Wallis,1616—1703)在《无穷的算术》(1655)中,运用了分析法和不可分法解决了许多面积问题. 为了求 π 的数值,瓦利斯用到圆 $x^2 + y^2 = 1$. 他是从求这个圆的四分之一面积($\pi/4$)入手的. 这相当于求

$$\int_0^1 (1 - x^2)^{\frac{1}{2}} \mathrm{d}x$$

之值. 瓦利斯不知道指数是分数的二项定理,所以他不能直接求得 $\pi/4$ 之值.

牛顿(lsaac Newton,1642—1727)1676 年给英国皇家学会秘书 H. Oldenburg 的信中,讲到他的扩充二项定理的早期思想. 他写出

$$(P + PQ)^{m/n} = P^{m/n} + \frac{m}{n}AQ + \frac{m-n}{2n}BQ +$$

$$\frac{m-2n}{3n}CQ + \frac{m-3n}{4n}DQ + \cdots$$

其中:

m, n 为正负整数;

A 表第一项,即 $P^{m/n}$;

B 表第二项,即 $(m/n)AQ$;

C 表第三项,即 $\frac{m-n}{2n}BQ$;

D 表第四项,即 $\frac{m-2n}{3n}CQ$;

等等.

此事,还得从瓦利斯不能求 $\int_0^1 (1 - x^2)^{\frac{1}{2}} \mathrm{d}x$ 之值谈起. 瓦利斯得到的是

[①]　原载《中学数学》1983 年第五期.

$$(1) \int (1-x^2)^0 \, \mathrm{d}x = \int \mathrm{d}x = x$$

$$(2) \int (1-x^2)^1 \, \mathrm{d}x = \int (1-x^2) \, \mathrm{d}x = x - \frac{1}{3}x^3$$

$$(3) \int (1-x^2)^2 \, \mathrm{d}x = \int (1-2x^2+x^4) \, \mathrm{d}x$$
$$= x - \frac{2}{3}x^3 + \frac{1}{5}x^5$$

$$(4) \int (1-x^2)^3 \, \mathrm{d}x = \int (1-3x^2+3x^4-x^6) \, \mathrm{d}x$$
$$= x - \frac{3}{3}x^3 + \frac{3}{5}x^5 - \frac{1}{7}x^7$$

$$\vdots$$

$$(*)$$

当 $x=1$ 时,上述诸式的值是

$$1, 2/3, 8/15, 16/35, \cdots$$

牛顿看到:(ⅰ)各式的第一项都是 x;(ⅱ)各式只含 x 的奇次幂,"+"、"−"号交叉出现;(ⅲ)各式第二项的系数 $0/3, 1/3, 2/3, 3/3, \cdots$ 成算术级数.

于是,牛顿认为 $\int (1-x^2)^{\frac{1}{2}} \, \mathrm{d}x$ 的第一项与第二项必是

$$x - \frac{\frac{1}{2}}{3}x^3$$

其次,牛顿看到式 $(*)$ 中诸式各项系数的分母是 $1, 3, 5, 7, \cdots$ 是成算术级数的;而分子恰是 11 的某个乘幂的各位数码,例如:

在式(1)中,有 11^0,即 1;

在式(2)中,有 11^1,即 1,1;

在式(3)中,有 11^2,即 1,2,1;

在式(4)中,有 11^3,即 1,3,3,1;

……

牛顿认为:如果给定了式中的第二项系数的分子,记如 m,那么以后各项系数的分子是可以从连乘积

$$\frac{m-0}{1} \cdot \frac{m-1}{2} \cdot \frac{m-2}{3} \cdot \frac{m-3}{4} \cdot \cdots$$

得到的. 例如,设第二项的分子为 $m=4$,那么:

第三项的分子是

$$4 \times \frac{m-1}{2} = 6$$

第四项的分子是

$$6 \times \frac{m-2}{3} = 4$$

第五项的分子是

$$4 \times \frac{m-3}{4} = 1$$

已知 $\int (1-x^2)^{\frac{1}{2}} \mathrm{d}x$ 展开式的第二项是 $\dfrac{\frac{1}{2}}{3} x^3$，所以 $m = \dfrac{1}{2}$，那么：

第三项的分子是

$$\frac{1}{2} \times \frac{\frac{1}{2}-1}{2} = -\frac{1}{8}$$

第四项的分子是

$$-\frac{1}{8} \times \frac{\frac{1}{2}-2}{3} = \frac{1}{16}$$

第五项的分子是

$$\frac{1}{16} \times \frac{\frac{1}{2}-3}{4} = -\frac{5}{128}$$

……

所以得到

$$\int (1-x^2)^{\frac{1}{2}} \mathrm{d}x = x - \frac{\frac{1}{2}}{3} x^3 + \frac{-\frac{1}{8}}{5} x^5 - \frac{\frac{1}{16}}{7} x^7 + \frac{\frac{-5}{128}}{9} x^9 \cdots$$

$$= x - \frac{\frac{1}{2}}{3} x^3 - \frac{\frac{1}{8}}{5} x^5 - \frac{\frac{1}{16}}{7} x^7 - \frac{\frac{5}{128}}{9} x^9 \cdots$$

这就是说，瓦利斯所要插入的式子是一个无穷级数.

这项工作，促使牛顿考虑 $(1-x^2)^{\frac{1}{2}}$ 展开式的模式. 一般地，牛顿看到

$$\int (1-x^2)^m \mathrm{d}x = x - \frac{m}{3} x^3 + \frac{1}{5} \cdot \frac{m(m-1)}{2} x^5 -$$

$$\frac{1}{7} \cdot \frac{m(m-1)(m-2)}{2 \cdot 3} x^7 + \cdots$$

如果要求 $(1-x^2)^m$ 的展开式，那么只要略去上式中各项的分母 $1,3,5,7,\cdots$，并且将各项中 x 的幂降低一次，就可得出

$$(1-x^2)^m = 1 - mx^2 + \frac{m(m-1)}{2} x^4 -$$

$$\frac{m(m-1)(m-2)}{2 \cdot 3} x^6 + \cdots$$

其中 m 是有理数. 这就是牛顿给 Oldenburg 信中所谈的关于扩充二项定理的思想. 牛顿给出一些具体的数字验证，但是没有给出严谨的证明. 指数是复数的二项展开式的正确性是牛顿之后 150 年的挪威数学家阿贝尔(N. H. Abel,1802—1829) 给出的.

秦九韶大衍求一术中的求定数问题[①]

《孙子算经》卷下第 26 题:"今有物不知其数,三三数之剩二,五五数之剩三,七七数之剩二,问物几何? 答曰:二十三." 从这个问题,引出一个一次同余式组的定理:

设 $A_1,A_2,\cdots,A_n$ 为两两互素的整数

$$N \equiv R_i (\bmod A_i) \quad i=1,2,\cdots,n$$

设

$$M=A_1 \cdot A_2 \cdots \cdot A_n$$

如果有 k_i 能使

$$k_i \frac{M}{A_i} \equiv 1 (\bmod A_i)$$

那么

$$N \equiv \sum k_i \frac{M}{A_i} \cdot R_i (\bmod M)$$

问题的关键是怎样求得 $k_i(i=1,2,\cdots,n)$.

秦九韶《数书九章》[②](1247) 卷一中,称两两互素的 A_i 为定数,$M=A_1 \cdot A_2 \cdots \cdot A_n$ 为衍母,$M \div A_i = G_i$ 为衍数,k_i 为乘率,$k_i G_i \equiv 1 (\bmod A_i)$. 求 k_i 的方法为大衍求一术. 怎样从定数 $A_1,A_2,\cdots,A_n$ 求得乘率 k_i,《数书九章》中已有详尽的说明,这里不再复述. 见《数书九章》(宜稼堂本),"秦九韶《数书九章》研究"[③],《天元一释》[④].

《数书九章》卷一、卷二共有 9 个一次同余式组问题,各题的问数如下:

著卦发微: $1,2,3,4$

古历会积: 60 日,$29 \frac{499}{940}$ 日,$365 \frac{1}{4}$ 日

推计土功: 54 丈,57 丈,75 丈,72 丈

推库额钱: 12 文,11 文,10 文,9 文,8 文,7 文,6 文

分粜推原: 8 斗 3 升,1 石 1 斗,1 石 3 斗 5 升

程行计地: 300 里,240 里,180 里

① 原载《第三届国际中国科学史讨论会论文集》科学出版社,1990 年 3 月,pp.52-56.
② 秦九韶:《数书九章》,宜稼堂本.
③ 钱宝琮:"秦九韶《数书九章》研究",《宋元数学史论文集》,科学出版社,1966.
④ 焦循:《天元一释》,苏州大学图书馆藏.

程行相及：　　300 里,250 里,200 里

积尺寻源：　　1 尺 3 寸,1 尺 2 寸,1 尺 1 寸,1 尺,6 寸,5 寸,2 寸 5 分,2 寸

余米推数：　　1 升 9 合,1 升 7 合,1 升 2 合

各题的问数,有分数或小数,化整数后,除最后一题外,都不是两两互素的.

怎样将两两不互素的问数化为两两互素的定数呢? 秦九韶在《数书九章》中说:

大衍总数术曰:置诸问数,一曰元数(谓尾位见单零者,……),二曰收数(谓尾位见分厘者,……),三曰通数(谓诸数各有分子、母者,……),四曰复数(谓尾位见十或百及千以上者).

元数者,先以两两连环求等,约奇弗约偶.或元数俱偶,约毕可存一位见偶.或皆约而犹有类数存,姑置之,俟与其他约遍,而后乃与姑置者求等约之.或诸数皆不可尽类,则以诸元数命曰复数,以复数格入之.

收数者,乃命尾位分厘作单零,以进所问之数,定位讫,用元数格入之.或如意立数为母,收进分厘,以从所问,用通数格入之.

通数者,置问数,通分内子,互乘之,皆曰通数.求总等,不约一位,约众位,得各元法数,用元数格入之.或诸母数繁,就分从省通之者皆不用元,各母仍求总等,存一位,约众位,亦各得元法数,亦用元数格入之.

复数者,问数尾位见十以上者.以诸数求总等,存一位,约众位,始得元数,两两连环求等.约奇弗约偶,复乘偶;或约偶弗约奇①,复乘奇②.或彼此可约而犹有类数存者,又相减以求续等.以续等约彼则必复乘此,乃得定数.所有元数、收数、通数三格皆有复乘求定之理,悉可入之.

求定数,勿使两位见偶,勿使见一太多,……

我探究了秦氏各题的"术"和"草",对秦氏求定数的方法,提出下面的看法,以就正有道.先谈奇偶的涵义,次谈求定数的方法.

一、奇偶的涵义

钱宝琮先生在"秦九韶《数书九章》研究"中说:"一般说,奇数是单数,偶数是双数.但这里所谓'奇'、'偶'是指两个不同的元数."我认为是不清楚的.《数术九章》中,奇、偶二字有多种涵义:

(1) 奇是单数,偶是双数.

"蓍卦发微"题中有:"假令用蓍四十九,信手分之为二,则左手奇,右手必偶;左手偶,右手必奇."

"程行计地"题中有:"丙九为奇,甲百为偶."

---

① "弗"字各刻本讹作"或".依四库馆臣校正,见"秦九韶《数书九章》研究"、四库全书《数学九章》(北京图书馆藏).

② 宋景昌《数书九章札记》(宜稼堂本)中指出"复乘奇"后原有"皆续等下用之"六字,四库馆臣认为"此处可省"而删去的.

（2）“约奇弗约偶”、“约偶弗约奇”的目的是使有“等数”（最大公因数）的两个问数，约后成为无公因数的数（无"等"，或无"类"）。设 $A=ad$，$B=bd$，d 是 A，B 的"等"。a 为单数（双数）时，A 称为"奇"（"偶"）。b 为单数（双数）时，B 称为"奇"（"偶"）。d 本身或为奇，或为偶。例如，4 与 6，$4=2\times2$，$6=3\times2$，等数 2 为偶。4 与 6 相约成 4 与 3，无公因数，这就是"约奇弗约偶"。如果，"约偶弗约奇"，则得 2 与 6，仍有公因数。又如，9 与 12，$9=3\times3$，$12=4\times3$，等数 3 为奇。"约奇弗约偶"，得 3 与 12，仍有公因数；"约偶弗约奇"则得 9 与 4，无公因数，所以，两个问数进行约化时，等数为偶数（双数）时，"约奇弗约偶"；等数为奇数（单数）时，"约偶弗约奇"。总的原则是使两个问数求等相约后，没有公因数。宋景昌《数书九章札记》中"推库额钱"题中云："约奇弗约偶，馆案云：此为等数为偶者言之。若等数为奇者，则约偶弗约奇。"统观秦氏各题算草中两数相约等，多用这个原则的。

当然，也有例外的。如 A，B，d 都是奇数时，如 15 与 21，$d=3$，约成 15 与 7 或成 5 与 21 都是没有公因数的。又如 12 与 15，$d=3$，"约偶弗约奇"，得 4 与 15，没有公因数；"约奇弗约偶"，得 12 与 5，也没有公因数。

（3）“偶”字作公因数解。例如：

“元数俱偶，约毕可存一位见偶”。

“求定数，勿使两位见偶”。

（4）“奇”字作零头数解。例如：

“诸衍数，各满定母，去之，不满曰奇。”

二、求定数的方法

因为收数与通数可以"用元数格入之"，所以这里只要研究元数与复数求定数的方法就可以了。

元数求定数的基本方法是"两两连环求等，约奇弗约偶"。这个基本方法在"积尺寻源"题的"草"中讲得很清楚。秦氏将 8 个元数用金、石、丝、竹、匏、土、革、木 8 音为号位。8 个元数两两连环求等，要有七"变"。第一变是木与其他 7 个元数相约，共 7 次；第二变是革与其他六个元数相约，共 6 次；……第七变是石与金相约，计 1 次。共计 $7+6+5+\cdots+1=28$ 次，即 C_8^2 次。每次求等相约都是按照上述约奇弗约偶、约偶弗约奇原则进行的。现在实录秦"草"的第一变并说明于下：

金	130	130	130	130	130	130	130
石	120	120	120	120	120	120	120
丝	110	110	110	110	110	55	55
竹	100	100	100	100	25	25	25
匏	60	60	60	15	15	15	15
土	50	50	25	25	25	25	25
革	25	25	25	25	25	25	25
木	20	4	4	4	4	4	1

(1)	(2)	(3)	(4)	(5)	(6)	(7)
$d=5$,	$d=2$,	$d=4$,	$d=4$,	$d=2$,	$d=4$,	$d=1$
20为偶,	50为奇,	60为奇,	100为奇,	110为奇,	4为奇,	木、金不约
约木	约土	约匏	约竹	约丝	约木	

第七变终,得到最后的八个数是

金	石	丝	竹	匏	土	革	木
13	8	11	1	3	1	25	1

这八个数已是两两互素,各数是对应元数的因数,八个数的乘积是八个元数的最小公倍数,所以它们就是所求的定数了.

"或元数俱偶,约毕可存一位见偶."

这是指各元数中都有公因数的情况.公因数是 2 或别的不是 10 的数.例如"推计土功"题的元数是 54,57,75,72 四个元数有公因数 3.用 3 约 57,75,72 而不约 54,结果得 54,19,25,24.这里,54 与 24 还有公因数.秦氏接着说:

"或皆约而犹有类数存,姑置之.俟与其他约遍而后乃与姑置者求等约之.""推计土功"题中,存一位即 54,"皆约"的结果是 54,19,25,24.但这里,19,25,24 中的 24 与所存的 54"犹有类数",即还有公因数.这时,把这 54"姑置之",将 19,25,24 两两求等相约(这里,结果仍得 19,25,24).然后其中的 24 与"姑置者"54 等约之,最后得到 9,19,25,24.

上述二点可以立式如下:

甲	54	54	54	54	9
乙	57	19	19	19	19
丙	75	25	25	25	25
丁	72	24	24	24	24

总等3,
约众位, 丁、丙、乙遍约
存一位54

丁与姑置
的 54 有等数
6(偶)约 54

最后所得的 9,19,25,24 各是对应元数的因数,它们的乘积是各元数的最小公倍数,但这 4 个数并不是两两互素的.秦氏说:

"或诸数皆不可尽类,则以诸元数命曰复数,以复数格入之"."尽类"是说消尽公因数了."皆不可尽类"是说诸数不是两两互素的.这时,就把诸元数叫作复数,要"以复数格入之"了,就是说要用复数格中"复乘求定之理"来处理了."推计土功"题最后的结果是甲 9,乙 19,丙 25,丁 24.此时,秦氏"复验甲九与丁二十四,犹可再约."这就是"皆不可尽类".于是,秦氏"又求等,得三,以约二十四,得八,复乘甲为二十七."因此,得到"推计土功"题的定数:

甲 27,乙 19,丙 25,丁 8

此时,这四个数是对应元数的因数,它们的乘积是原来元数的最小公倍数,而且它们是两两互素的.

秦九韶这里所说的"命曰复数",这"复数"与他在"复数者问数尾位见十以上者"中所说的是有矛盾的.这里只能解释为:原来诸元数两两连环求等完毕,所得各数仍非两两互素,必须用复数格中"复乘求定之理"来处理,才能得到两两互素的定数.

"程行计地"、"程行相及"两题的问数的尾位都是十,所以是属于复数的.按"总术"所示,复数题的求定数方法为二步:

第一步:求总等,存一位,约众位(始得元数),两两连环求等.

第二步:要复乘,约奇弗约偶,复乘偶(或约偶弗奇,复乘奇).如果,所得各数之间,仍有类数(公因数),那么还要进行求等复乘,直到所得诸数两两互素为止(乃得定数).

按上述步骤,"程行计地"题计算如下:

甲	300	300	300	300	100	25
乙	240	4	4	4	4	16
丙	180	3	3	3	9	9

总等 60,存甲,约乙、丙 | 乙、丙不约 | 两两连环求等毕 | 续等3,约甲,复乘丙 | 续等4,约甲,复乘乙 | 定数

秦氏"草"中,写得简捷,如下式:

甲	300	300	100	25
乙	240	4	4	16
丙	180	3	9	9

看起来,好像"求总等,存一位,约众位",以后,所得各数求等相约时就要立即进行复乘了,秦九韶自己就在这里把"程行相及"题做错了.

"程行相及"题,按总术文,应该如下:

甲	300	6	3	3	3
乙	250	250	250	250	125
丙	200	4	4	4	8

总等 50,存乙,约甲、丙 | 等2,约甲,不约丙 | 两两连环求等毕 | 续等2,约乙,复乘丙 | 定数

秦氏原"草"如下:

甲	300	6	3	3
乙	250	250	250	125
丙	200	4	8	16

他误认 2　2 为续
就　是　续　等，约
等，约甲，　乙，复
复乘丙　　乘丙

　　所得的 16 不是 200 的因数，而且 $3 \times 125 \times 16 = 6\,000$ 是 300,250,200 最小公倍数的 2 倍.3,125,16 当然不能是此题的定数.因为原题各数的余数都是 0,此题不了了之.

　　秦氏术文明确指出,解复数题必须用复乘,才能求出定数.他把复乘的方法说得明白透彻,就是要达到所得各数两两互素为止.元数、收数、通数三类问题中在应用元数格基本方法(两两连环求等,约奇弗约偶)以后,各数"皆不可尽类"时,必须用复乘的方法,才能求得定数,所以秦氏在复数术中交代一句"悉可入之".

　　综上所述,秦九韶对于非两两互素的问数求定数的基本方法是:两两连环求等(求等相约的方法是约奇弗约偶,或约偶弗约奇).两两连环求等完毕,所得各数各是对应元数的因数,它们的乘积是原来元数的最小公倍数.如果这些所得各数已是两两互素,那么它们就是所求的定数.如果两两连环求等完毕,所得各数并非两两互素,那么就用"复乘求定之理"求得定数.

　　因此,秦九韶大衍求一术的求定数的方法是相当完整的.

　　但秦氏的术、草亦不是无懈可击的."程行相及"题的算错,已如前述.又如"求总等,存一位,约众位"(这与"元数俱偶,可存一位见偶"是同一意义),存哪一位,秦氏未加说明.其实,这不是任意的.例如,"推计土功"题 54,57,75,72;存 54,约众位,得 54,19,25,24,结果得定数 27,19,25,8.如果存 57,约众位,则达不到目的.这是由于秦九韶没有素因数的概念,所以就显出秦氏"总术"的局限性.

希　腊　人[①]

一、希腊的几何学

约在公元前 7 世纪时,希腊与埃及之间发生了活跃的商业交往. 与商品交流的同时当然就兴起了思想意识上的交流. 渴望求知的希腊人要向埃及的祭司们请教. 泰利斯 (Thales)、毕达哥拉斯、伊诺毕特斯(Oenopides)、柏拉图、德谟克利特(Democritus)、欧多克斯(Eudoxus)都到埃及去过. 埃及人的思想就这样地移植到海的彼岸而激动了希腊人的思想,指出了它的新方向并且给出了这种新方向的工作基础. 因此希腊文化并不是原始的. 非但在数学方面而且在神学和艺术方面,希腊人也都是受惠于更古老的国家的,在一切东西里,希腊特别受惠于埃及人的是它的初等几何学. 但这并不减少我们对希腊思想的钦佩. 当希腊哲学家从事研究埃及人的几何学以后,这门科学采取了根本不同的面貌. 柏拉图说:"我们希腊人无论得到什么,我们改进它和使它完善." 埃及人除了在实际需要中觉得几何学是绝对不可缺少的以外,他们没有使这门科学有更多的发展. 另一方面,希腊人使几何学有纯理论推导的趋向. 他们觉得有追求事物理由的需要. 他们乐于沉思理论的关系并且酷爱真正的科学. 我们所有的关于在欧几里得以前的希腊几何学的历史资料仅是散见于古代著作中的一些评介. 早期的数学家,泰利斯和毕达哥拉斯没有留下关于他们发明的文字记录。亚里士多德的学生欧德姆斯(Eudemus)所写的这个时期的完整的希腊数学、天文学的历史已经失传了. 与欧几里得同时代的普罗克斯 (Proclus)是熟悉这个史料的,他叙述了这个史料的主要内容. 这个札要是我们最可靠的参考资料. 今后我们将时常引用它,称之为《欧德姆斯的摘要》.

二、依奥尼克(Ionic) 学派

米力脱斯(Miletus) 的泰利斯(前 640— 前 546),"七智者"之一,依奥尼克学派的创始人,被尊重为把几何学的研究介绍到希腊的人. 他在中年时期从事经商,这使他要到埃及去. 据说他定居在那里并且与埃及的祭司们学习物理学和数学. 普罗塔乞(Plutarch)说泰利斯很快地就超过了他的老师并且他由影子来测量金字塔高度一事使阿曼西斯王

---

①　F. Cajori. *A History of Mathematics* 2nd Ed. New York 1922 中译稿一部分:希腊人. 译者:钱克仁.

(King Amasis) 大为惊奇. 据普罗塔乞说,这是考虑到已知长度的竖棒的影子与金字塔的影子的比是和棒高与金字塔高的比是相等的. 这种解法要先有一些比例知识的,而亚默斯纸草卷确也揭示过埃及人曾知悉初步的比例. 第奥基尼斯·莱欧脱斯(Diogenes Laertius)说,泰利斯用另一种不同的方法测量金字塔的高度,即是,当竖棒的影子等于棒长本身的时候测量金字塔的影子. 也许两种方法是同时用的.

《欧德姆斯摘要》说泰利斯发明了直角相等的定理,等腰三角形底角相等的定理,直径等分圆周的定理以及两个三角形各有两角一夹边对应相等则两形全同的定理. 这个最后定理和相似三角形的定理结合起来(我们有理由猜想的)使他用来测量船只离岸的距离. 这样,泰利斯是第一个将理论几何用诸实际的人. 半圆内的圆周角都是直角的定理是由古代的作者告诉泰利斯的;另外的人告诉毕达哥拉斯的. 无疑的,泰利斯知道其他并不是古人传下的定理. 曾经推断说他知道三角形内角之和是两直角以及内角对应相等的三角形的边是成比例的.[①] 在亚默斯纸草卷中可寻到埃及人运用上述定理到直线上,用到某些作图上,但是这种别人觉得到、想起来是正确的,而不会用文字把它方式化的真理却要等到希腊的哲学家才来把它们明确地抽象地表示出来并且写成科学的语言和给出证明的. 据说泰利斯创造了关于直线的几何学,特别是它的抽象的特征;而埃及人仅懂得一些关于面的几何学以及初步立体几何学的感性特征.[②]

泰利斯亦开始研究科学的天文学. 他预测到公元前 585 年的日食,受到极大的尊敬. 我们不知道他是预测到日食在哪一天呢,还是只预测到在哪一年? 传说当他晚间走路的时候,注视着天上的星星他跌到沟里去了. 服侍他的好心的老妇人大喊道:"您怎样能知道天上的事情呢? 您看不见什么的时候,您的脚又怎样呢?"

泰利斯的两名高徒是阿拿西曼德(Anaximander,公元前 611 年生)和阿拿西曼纳斯(Anaximenes,公元前 570 年生). 他们是主要研究天文学和物理学的. 阿拿西曼纳斯的学生阿拿克沙哥拉(Anaxagoras,前 500— 前 428)是伊奥尼克学派的最后一个哲学家. 我们关于他的事知道得很少,只晓得当他被禁闭在监狱中的时候,他企图解化圆为方的问题来消度时光. 在数学史里,这是我们第一次找到关于著名的将圆化为等积正方形问题的记载——这个问题是曾经毁坏了许多好名声的礁石. 这个问题的研究转到要决定 π 的精确度. 中国人、巴比伦人、希伯来人和埃及人曾得到过 π 的近似值;但是要发明一种方法去求得它的精确值却是个困难问题,它一直吸引着从阿拿克沙哥拉到现代的人们的注意. 阿拿克沙哥拉没有提供任何解法,好像他恰巧没有遇到什么谬误. 这个问题不久也引起了普遍的注意,在公元前 414 年喜剧作家阿里斯托芬(Aristophanes)在剧本"青鸟"中就提到过它.[③]

欠奥(Chios)的伊诺毕特斯是和阿拿克沙哥拉同时代的学者,但是他不算是伊奥尼

① G. J. Allman, *Greek Geometry from Thales to Euclid*. Dublin,1889,p10. 阿尔曼(George Johnston Allman, 1824—1904)是爱尔兰 Galway 的皇家学院的数学教授.

② G. J. Allman,前引的书,p. 15.

③ 见 F. Rudio 在 *Bibliotheca mathematica*,3S.,Vol. 8,1907 ~ 1908,pp. 13-22 的叙述.

克学派的.普罗克斯(Proclus)说他解了下列问题:从已知直线外的一点作它的垂直线,在一直线上作一个角等于已知角.解决这样初等的问题人就能得到荣誉,说明那时的几何学仍在幼稚状态中,也说明希腊人的成就并未比埃及人的作图法超过多少.

伊奥尼克学派持续了一百多年.在此时期内数学的进展方面与希腊史中统一时期比较起来是缓慢的.毕达哥拉促进了数学的新的发展.

三、毕达哥拉斯学派

毕达哥拉斯(前580年? —前500年?)是这样的人物,他促进了后继时代的创造力到达这样的程度,使得他真正的历史变成不容易从包围着他的神秘的云雾中辨别清楚了.下面关于毕达哥拉斯的记事已经除去了最可疑的传说.萨麻①(Samos)是他的家乡,因为慕菲勒苏特斯(Pherecydes)的名而到苏鲁斯(Syros)去.他那时拜访了年老的泰利斯,泰利斯鼓励他到埃及去学习.他在埃及侨居了几年,并且去过巴比伦城.他回到萨麻之后发觉家乡正处在暴君蒲莱克莱脱(Polyerates)的统治之下;他无法进行学术活动,于是又离开了萨麻.他随着文化的潮流,走向南意大利的马格纳格利西亚(Magna Greecia).他在克罗顿(Crotou)定居下来,组成了有名的毕达哥拉斯学派.这不单是一个哲学、数学和自然科学的学术机构,而且还是一种帮会组织,参加者都是生死与俱的.这个帮会有种种共济特点的戒律.参加者绝对不可以泄漏学派中的任何发明和各种学说.因此,我们只能把毕达哥拉斯学派看作是一个整体而很难说出哪个发明是属于哪一个个人的.毕达哥拉斯学派的人有一种习惯,就是他们把什么发明都归功于学派的创始人.

这个学派成长得很快并且获得了相当的政治上的地位.但由于它的神秘、秘密的戒律,模仿了一些埃及人的习惯以及它的寡头独裁的倾向,当时它就成为一个可疑的目标.下意大利的共和党叛变后就毁了毕达哥拉斯学派的房屋.毕达哥拉斯逃到土伦登(Tasentum)②,又逃到梅泰旁登(Metapontum),他是在那里被杀死的.

毕达哥拉斯没有留下什么数学的著作.因此,我的参考资料是非常难得的.想当然,在毕达哥拉斯学派里,数学是主要的研究学科.毕达哥拉斯使数学成为一门科学.他喜爱算术一如几何.事实上,算术是他的哲学系统的基础.

《欧德姆斯摘要》说"毕达哥拉斯把几何的研究变成普通教育的形式,他对几何寻根追源并且用抽象的方法去研究几何定理".他的几何学是与算术紧密联系的.他特别喜欢把一些几何关系用算术形式来表示.

与埃及人的几何学一样,毕达哥拉斯学派的几何学亦是很多的涉及面积的.直角三角形斜边上的正方形面积等于其他两边上正方形面积之和,这个重要定理被称为毕达哥拉斯定理.他可能从埃及人已知的真理,直角三角形的三边分别是3,4,5;即这个定理的特殊情形,学习得到这个定理的.有故事传说,毕达哥拉斯对于他的发现非常高兴,他举

---

① 小亚细亚西岸的一个岛 —— 译者注.
② 南意大利一地 —— 译者注.

行了一次百牛大祭.这个传说的真实性是可怀疑的,因为毕达哥拉斯学派的人是相信灵魂转生的,是反对杀生的.在后来的新毕达哥拉斯学派的传说中,上述的疑虑被更改了,说是并非杀生而是杀了一个"面粉制的牛".在欧几里得原本(Elements)I.47 中的三平方定理是欧几里得自己证得的,不是毕达哥拉斯学派证的.毕达哥拉斯学派的证法到底是怎样的,这是大家有兴趣去推测的一个问题.

泰利斯已经知道三角形三个内角之和的定理,但毕达哥拉斯学派的人是用欧几里得的方法给出证明的.他们还指出平面可用绕着一点的六个等边三角形铺满的,亦可用四个正方形或三个正六角形铺满的,因此一个平面可以被分割为任意形状的图形.

从等边三角形和正方形产生了几种立体,即四面体、八面体、二十面体和立方体.埃及人非常可能是知道这些立体的,或者他们仅仅不知道二十面体.在毕达哥拉斯学派的哲学里,这些立体分别代表物质世界的四种要素的,即火、空气、水和土.此后,另一种立体、十二面体发现后,由于没有第五种要素,它就代表着宇宙本身.恩布利乞说一个毕达哥拉斯派的人,希帕索斯(Hippasus)是被抛到海里去的,因为他自称是第一个发明"十二个五边形的球".同样,有故事说,泄露无理数理论的毕达哥拉斯派人亦是死于海的.毕达哥拉斯学派的人用星形的五角形作为"认可"的符号,并且称它为"干杯".[①]

毕达哥拉斯说立体中最美丽的是球,平面图形中最美丽的是圆.他和他的学派中人用了算术中的思想研究比例和无理数的问题的.

欧德姆斯说,毕达哥拉斯学派的人发明了一些应用面积问题,包括面积的盈和不足的情况,像欧氏原本的 III.28,29 一样.

他们还知道作一个多边形,使它与一个已知多边形有相等的面积而与另一个已知多边形相似.这个问题的解法要涉及几个重要而似乎还要进一步定理的,但事实上毕达哥拉斯派的人在几何学里没有获得这种相当的进展的.

一般的属于意大利学派发明的定理有些是不可能归功于毕达哥拉斯本人或其先继者的.由经验的解法过渡到必要的理论的解法的过程是缓慢的.这个学派对于圆没有建立过任何重要的定理,这是值得注意的事.

虽然在政治上毕达哥拉斯兄弟会被击溃了,但是这个学派在其后至少 2 个世纪中还继续存在着.在后期的毕达哥拉斯学派里,菲洛劳斯(Philolaus)和阿乞塔斯(Archytas)是最著名的.菲洛劳斯写了一本毕达哥拉斯学派学说的书.他是第一个将意大利学派的学说公之于世的人,那些学说在整百年间是被视为秘密的.声名显赫的土伦登的阿乞塔斯(前428—前347)是一位伟大的政治家和将军,是一位有德性的人,并且是柏拉图建立学派时代的一位仅存的希腊几何学家.阿乞塔斯是应用几何学到力学上去的第一个人,并且他是从方法上去研究力学问题的.他还找到一种非常聪明的解决二倍立方问题的力学方法.在他的解法里孕育着关于产生圆锥和圆柱的明确的概念.这个问题归结为寻找两已知线段的两个比例中项.阿乞塔斯从一个"半圆柱"的截面上得到了这种比例中项.他发展了关于比例的学说.

---

① 英文是"Health"——译者注.

人所公信,后期的毕达哥拉斯学派对于雅典的数学研究与数学的进展是有巨大影响的.苏菲学派的人(Sophists)从毕达哥拉斯学派的人获得了几何学.柏拉图获得了菲洛劳斯的研究并且是阿乞塔斯的好朋友.

四、苏菲学派

公元前 480 年在阿克赛克西斯(Xerxxes)领导下在萨拉密斯(Salamis)一役击溃了波斯人以后,希腊人为了保卫得到解放的沿着爱琴海(Aegean Sea)的诸岛的城市的自由,他们组成了一个联邦.在这个联邦之内,雅典很快地成为领导者和独断者,它设法使联邦内分散的财富集中到雅典城去并且用它的同盟者的钱来扩张自己.雅典亦是一个巨大的商业中心.因此它成为古代最繁荣和最美丽的城市.一切手工劳动都是由奴隶去做的.雅典的公民生活得很好并且有充分的闲余.政府是完全民主的,每个公民都是政治家.为了要做到这个样子,那么每个公民首先必须是受过教育的.于是就需要教师了.教师的主要来源是西西里(Sicily)岛,该处传布着毕达哥拉斯学派的学说.这种教师称为苏菲斯脱(Sophists)或即"聪明人".与毕达哥拉斯学派的人不同的是他们教书是要取得报酬的.虽然他们指导的主要方面是在修辞学方面,但是他们亦教几何学、天文学和哲学.雅典城很快成为有文化的希腊人的中心,特别是数学家的集中地.希腊数学的中心起先是在爱奥尼群岛(Ionian Islands);后来是在下意大利;在目前的阶段里则在雅典城了.

被毕达哥拉斯学派完全忽视的关于圆的几何学,苏菲学派进行了研究.几乎苏菲学派所有的发明都是与他们试解下述三个著名的问题有关系的:

(1)三等分一个弧或一个角.

(2)"二倍立方",即是求作一个立方体使它的体积等于一个已知立方体体积的两倍.

(3)"化圆为方",即是求作一个正方形或其他直线图形,使它的面积恰巧等于一个已知圆的面积.

在数学里,这些问题与别的问题比起来可能是研究讨论得更多一些的课题.在几何学里,二等分一个已知角是最容易的问题之一.但是三等分一个角却是出乎意料的困难.毕达哥拉斯学派的人曾将一个直角三等分过.一般的作图方法,虽然看起来不难,但却不能仅用圆规和直尺来完成的.爱利斯①的希皮阿斯(Hippias of Elis)是第一批拼命去解这个问题的人,他是苏格拉底(Socrates)的同时人,出生于公元前 460 年的.仅用圆规和直尺不能达到目的,他和其他的希腊几何学家设法利用别的方法.普罗克斯提起过一个希皮阿斯,可能就是爱利斯的希皮阿斯,他是超越曲线的发明者,用了这种超越曲线不但可将一个已知角等分为三,并且还可将它任意等分.后来,狄诺斯特拉德斯(Dinostratus)和其他研究化圆为方问题的人用了这种超越曲线.因此这种曲线就称为 Quadratrix. 这曲线可能这样做出:图 1 中正方形的 AB 边绕着点 A 均匀的转动,点 B 在圆弧 BED 上移动.与此同时,BC 边与自己平行地而向 AD 边的位置均匀地移动着.那么当 AB,BC 这样

---

① 希腊西海岸的一地 —— 译者注.

移动时,其轨迹的交点即是线 BFG. 现在的写法,它的方

程是 $y=x\cot\dfrac{\pi x}{2r}$. 古代人仅考虑到一个象限里的曲线,他

们不知道 $x=\pm 2r$ 是曲线的渐近线,亦不知道曲线有无数

多的分支. 帕普斯(Pappus)说,狄诺斯特拉德斯完成了化

圆为方的问题,用了他建立的定理:$BED : AD = AD :$

AG.

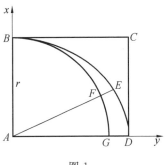

图 1

　　毕达哥拉斯学派的人已经指出:用正方形对角线为

边的正方形的面积是原来正方形面积的两倍. 这可能引

起了二倍立方的问题,即求一个立方体的边长,这立方体的体积是已知立方体体积的两

倍. 埃拉托逊(Eratosthenes)指出这个问题有不同的来源. 戴利族人(Delians)某次经受

了时疫,天神罚他们造一个体积为某立方祭坛两倍的祭坛. 无知的匠人简单地造了一个

边长是两倍的立方祭坛,但这个愚蠢工作未能平息天神的怒气. 发现了错误,柏拉图被请

去商量这件事情. 他和他的学生们努力地研究怎样解决这个"戴利人的问题". 对此问题

的一个重要贡献是欠奥①的希波克拉底(大约在公元前 430 年)给出的. 他是一个天才的

数学家,但当他的家财被骗去以后,人们又说他是笨拙的. 又说,他是教授数学第一个接

受薪金的人. 他说明戴利问题可以归结到在一个已知线段和它两倍长的线段之间找出两

个比例中项的问题. 因由比例:$a : x = x : y = y : 2a$,有 $x^2 = ay$,$y^2 = 2ax$ 和 $x^4 = a^2y^2$.

故得 $x^4 = 2a^3x$ 和 $x^3 = 2a^3$. 但是,他当然不能仅用圆规和直尺的几何作图法来找出这两

个比例中项. 他完成将月形化为方的问题,因此受到人们的赞扬. 辛伯利西斯

(Simplicius)说希波克拉底自信确实用了化月形为方的办法完成了化圆为方的问题. 一

般人没有承认希波克拉底所得的这种谬论.

　　他所化为方的第一个月形是:一个等腰直角三角形,直角在 C 点,张在以 AB 为直径

的半圆内,半圆周是经过点 C 的. 在三角形 ABC 的外面,他再以 AC 为直径画个半圆. 这

样所得的月形的面积是三角形 ABC 的一半. 这是曲线形的面积能确实的化为方的第一

个例题. 希波克拉底试将其他的月形化为方,当然他希望能用来解决圆化为方的问题.②

1840 年克劳森(Th. Clausen)发现了别的可化为方的月形,但在 1902 年哥丁根的兰道

(E. Landau of Göttingen)指出克劳森所认为是新的月形之中有四个早已为希波克拉底

所知道的.③

　　希波克拉底在他研究化圆为方和二倍积问题的时候,对圆的几何学做出了许多贡

献. 他指出:圆面积之比等于其直径长平方之比,张着等角的相似的圆的弓形面积之比等

于弦长平方之比,在小于半圆的弓形中所张的圆周角是钝角. 希波克拉底在几何学的理

论方面有过广泛的贡献. 他的研究是最古老的"现存的理论的几何证明"(Gow 说的). 为

---

①　Chio 是小亚细亚西岸的一岛 —— 译者注.

②　完整的叙述可看,G. Loria,*Le scienze esatte nell'autica Grecia*,Milano,2 editiou,1914,pp. 74-94. Loria 还

写出了关于希波克拉底更完善的传记.

③　E. W. Hobson,*Squaring the Circle*,Cambridge,1913,p. 16.

了画几何图形,他应用了文字,可能在事实上这是毕达哥拉斯学派的人所介绍的.

希波克拉底所深入研究的相似图形是包括比例的理论的.在此以前,希腊只在数的范围里应用了比例.他们没有把数和量的概念统一起来.他们用"数"这字词是有一种限制的意义的.现在我们所称的无理数是不在这个概念的涵义之内的.甚至有理分数也不算"数"的.他们所指的数恰如我们所指的"正整数".因此,他们以为数是不连续的而量是连续的.所以,这两个概念是完全不同的.两个概念的分歧完全可从欧几里得的所说的"不可公度的量不能像数一样有相同的比"揭露出来.在欧氏"原本"中,我们看出关于量的比例理论的建立和发展是不依靠关于数的有关理论独立进行的.从数的比例理论转到量的比例理论(特别是到长度)是一个重要而困难的步骤.

希波克拉底写了一本几何教科书称为"原本",这使他的名声更大了.此书的出版说明了毕达哥拉斯学派保守秘密的习惯已被遗弃了,保密是与雅典生活的精神完全相反的.

和希波克拉底同时代的,苏菲学派的安提丰(Antiphon)在解决化圆为方的问题时引用了竭尽的过程(Process of exhaustion).他自信地提出:在圆内作一个内接正方形或等边三角形,在它的边上各作等腰三角形,使它们的顶点落在圆周上;在这些三角形的边上再作顶点在圆周上的新的等腰三角形,这样继续做下去.如此则连续地得到许多正多边形,每个正多边形的面积都比它前面的正边形的面积更接近于圆的面积,直到圆的面积全被"竭尽"为止.因此,可以得到一个正多边形使它的各边重合于圆周.既然可以找到与任何多边形等积的正方形,那么也可以找到一个正方形使它的面积等于最后一个正多边形的面积,因此这个所找到的正方形与圆是等积的.安提丰的同时人海拉克利亚的布鲁生(Bryson of Heraclea)同时利用内接多边形与外切多边形去解决化圆为方的问题.他错误地假定了圆面积是等于外切多边形、内接多边形面积的算术平均的.和布鲁生以及别的希腊几何学家不同,安提丰似乎认为连续地倍增圆内接多边形的边数最后是可能得到与圆重合的多边形的.这个问题在雅典引起了生动的争论.辛伯利西斯说如果一个多边形能够与圆周重合的话,那么量可以被无限制的等分这个概念必将被摒弃.这个困难的哲学问题导致了不易解释的诡辩,并且防止了希腊的数学家把无限的概念引入他们的几何学;几何证明的严格性必须排斥模糊不清的概念.公元前 5 世纪伟大的辩证家爱利亚①的芝诺(Zeno of Elea)有著名的反对"运动可能性"的辩论.芝诺的著作没有传下来,我们只可以从批评他的人,柏拉图,亚里士多德,辛伯利西斯等人的著作中获得他的说法.亚里士多德在他的物理学,Ⅵ9 中叙述了被称为"芝诺诡辩"的四个辩论.(1)"二分法":你不可能在有限的时间里经历无限多个点子;当你走完全程之前,你必须走其一半的路程;当你走完这一半路程之前,你必须先走完它的一半.这样无限制地进行下去,那么(假定空间是由点子构成的)给定的空间里有无限多的点子,而不可能在有限的时间里走完它们的.(2)"阿溪里斯"②:阿溪里斯不能追到一个乌龟.因阿溪里斯必

---

① 南意大利的一地 —— 译者注.
② 阿溪里斯(Achilles)是希腊神话诗人荷马所作长诗(Iliad)中的英雄 —— 译者注.

先到达乌龟的出发点,而这个时候,乌龟又走了一小段.阿溪里斯必须走过这一小段而此时乌龟又前进了.他可以渐渐接近乌龟,可是永远不能追到它.(3)"箭":箭在它飞行的任何时刻必须停留在某些特定的地点.(4)"Stade":设有并列的三排平行点列,如图 2.其中一列(B)保持不动,A,C 按相反的方向用等速移动,成图 3 中的位置.C 对 A 的相对运动是 C 对 B 的相对运动的二倍.换言之,C 列中任何点对 A 而言所经的路程是对 B 而言的两倍.因此,不可能有对应于从一点移到另一点的瞬间.

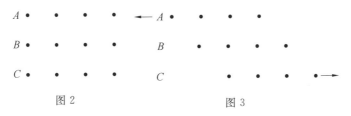

图 2　　　　　　图 3

柏拉图说,芝诺的目的是在帮助派曼尼特斯(Parmenides)反对与他开玩笑的人进行辩论的.芝诺主张"没有多数的",他"否认复数".从亚里士多德时代起直到 19 世纪中叶,人们都看出芝诺的理由是错误的.最近有人认为芝诺的辩论是用严正的逻辑做出的一系列的结果,关于它们的报道是不完整的和不正确的.柯辛(Cousin),格罗脱(Grate)和推纳莱(Tannery)就有这种看法.①推纳莱说,芝诺并不否认运动,但是他要指出在毕达哥拉斯学派认为空间是点的集合的假设下,运动是不可能的,四个论点必须联系起来组成一个辩论,这种论点所构成的复合的二难推论是芝诺强加于他的辩论对手的.芝诺的论点里包含着连续、无限大、无限小等概念,这些概念在亚里士多德时代和近代都是讨论的课题.亚里士多德没有顺利地解释芝诺的诡辩.他不回答学生们的问题:为什么变量趋近它的极限是可能的? 亚里士多德的连续概念是感性的、有形的;他认为既然直线不能由点组成,那么一条直线就不能确切地被等分成点."连续地二等分一个量是可以无限制地进行的,无限是可能存在的,但实际上是达不到的."在康托(Georg Cantor)连续统和集合论产生以前,没有得到过关于芝诺诡辩的成功解释.

安提丰和布鲁生所用的竭尽过程产生了繁难的但是完全严格的"竭尽法".要求两个曲线图形,譬如两圆,面积之比的时候,几何学家首先作相似的内接或外切多边形,然后无限地增加边数使多边形与圆周之间几乎无间.根据定理:两圆内接相似多边形面积之比等于直径平方之比,几何学家可以推导出希波克拉底的定理:两圆(但与其最后的内接多边形差不多的)面积之比等于其直径平方之比.但是为了要去掉含糊的可疑,后来的希腊几何学应用了如欧氏原本 $\mathbb{I}$,2 中的理由:设 C 和 c 是两圆,它们的直径分别是 D 和 d.假若比例 $D^2:d^2=C^2:c^2$ 不成立,设有 $D^2:d^2=C:c'$.若 $c'<c$,则在 c 圆中可作内接多边形 p,c 的面积比 c' 的面积更接近于 p 的面积.若 P 为在 C 圆中的对应的多边形,则 $P:p=D^2:d^2=C:c'$,$P:C=p:c'$.既有 $p>c'$ 则有 $P>C$,但这是不合理的.其

①　看 F. Cajori,The History of Zeno's Arguments on Motion,*Americ. Math. Monthly*,Vol. 22,1915,p. 3.

次,他们用同样的归谬法证明 $c' > c$ 时亦不合理.既得 c' 不能大于 c,亦不能小于 c,则 $c' = c$.罕克尔(Hankel)把这种竭尽法归功于希波克拉底,但回溯到这样早的作者的理由似是不足的,不如归功于欧多克斯.

虽然这个时期内几何学进展仅能由雅典反映出来,但是在爱奥尼亚,西西里,泰莱斯的阿勃窦拉和苏拉纳等地亦有许多数学家对数学科学做出可信的贡献.这里,只能提及阿勃窦拉的德谟克利特(Democritus of Abdera,前 460— 前 370).他是阿拿克沙哥拉的学生菲洛劳斯的朋友,并且是毕达哥拉斯学派的崇拜者.他访问了埃及亦可能去过波斯.他是一个成功的几何学家,论及不可公度的线段,几何学,数论和透视学.这些著作都无存本.他常自嘘说在平面作图和证明方面无人能超过他,连埃及的测量者亦不能及他.于此可见,他对埃及人的聪明和才能是非常钦佩的.

五、柏拉图学派

在波罗邦内辛战争(前 431— 前 404)时期,几何学的发展停顿了.战后,雅典在政治舞台上失势了,但渐渐地成为哲学、文学和科学研究方面的领导者.柏拉图在大灾的公元前 429 年生于雅典,死于公元前 348 年.他是苏格拉底的学生和挚友,但是他对数学的兴趣不是从苏格拉底得来的.苏格拉底死后,柏拉图作了广泛的旅行.在苏拉纳①(Cyrene)他跟西图拉斯(Theodorus)学习数学.他到过埃及,后来去下意大利和西西里,他在那里接触到达哥拉斯学派的人.土伦登的阿乞塔斯(Archytas)英雄气短,罗克立的第密斯(Timaeus of Locri)成为他的挚友.公元前 389 年,他回到雅典;他在学园中组成他的学派,并且将终身献给于教学和写作.

柏拉图的物理学是部分地根据毕达哥拉斯学派的学说的.他亦是从算术和几何的研究中寻找宇宙的秘密的.有人问上帝在干什么,柏拉图说"他仍在研究几何".因此,几何知识是研究哲学的一门必备科目.为了表示他重视数学和显示高深观察时数学的必不可少,他在门口立个牌子"不懂几何学的人,请勿入内".柏拉图的承继人赛诺克莱德(Xenocrates)是学园中的教师,亦和他的老师一样,不让没有数学训练的学生进来学习,在申请书上批着:"去吧,你没有对哲学的领悟力." 柏拉图认为几何学能训练正确的思维和丰富的想象力.因此,《欧德姆斯摘要》说"在他的著作中充满着数学的发明,并且随时揭示着数学和哲学之间可注意的联系".

有柏拉图这样的人作为主导者,我们不需要对柏拉图学派中出了大批的数学家觉得奇怪了.柏拉图自己没有多少真正的发明,但在逻辑方面和在几何学中应用的方法方面做出了有价值的改进.前一个世纪里,苏菲学派的几何学家在证明方面是严格的,这是事实;但他们一般的没有反映出所用方法的实质.他们用了公理,但是不把它们显著地表达

---

① 利比亚海岸上一地 —— 译者注.

出来,而对几何概念如点,线,面等等亦不给出它们的正式定义.①毕达哥拉斯学派的人说一点为"位置的单位",但这是一个哲学的命题而不是一个定义.柏拉图反对把一点称为一种"几何学的虚构".他把一点定义为"一条线的始端"或"一条不可分的线";定义线为"有长无宽".他把点、线、面分别称为线、面、体的"界".欧氏原本中的许多定义被柏拉图学派引用了.欧氏的公理亦可能是同样的.亚里士多德以为柏拉图有公理:等量减等量差相等.

柏拉图和他的学派的伟大成就之一是发明了分析法作为证明方法的一种.的确,希波克拉底和别的人曾经无意识地用过分析法的,但是柏拉图像一个真正的哲学家一样,把这种认为当然的推理变成一种有意识的正式的方法.

"综合"和"分析"两词在数学中应用时有比在逻辑中更特殊的意义.它们在古代数学中的意义和现在的不同.最古老的作为综合的反面的数学上的分析的定义见于欧氏原本 XIII,5(这很可能是欧多克斯所给出的):"用分析法获得所求的目的,借助于先假定它成立而推导到公认的真理;用综合法获得所求的目的,借助于论据和证明它." 若在分析法中各个步骤并非都是可逆的话,那将是得不出结论的.为了去疑,一般的希腊人在用分析法时还附加了由分析法中各步骤的相反次序写出的综合法.所以分析法的目的是在于作为发现综合法的证明和解法的助手.

据说柏拉图曾解决过二倍立方的问题.但他的解法亦是遭到异议的,正像他反对过阿乞塔斯、欧多克斯、梅纳科莫斯(Menaechmus)的解法一样.柏拉图说他们的解法不是几何学的,只是机械学的;因为他们除了直尺和圆规之外要用别的工具.他因而说"几何学的特性将被取消和毁坏了,因为我们又把它陷入感觉的世界而不把它升华和浸染在不朽的无形的想象之中,正如上帝应用几何学一样,上帝之为上帝其因在此".这种反对的话说明或者柏拉图的解法是错误的,或者他要指出哪种非几何学的解法是怎样容易得到的.现在已经确信了二倍立方、三等分角和化圆为方的问题是不能仅用直尺和圆规来解决的.

柏拉图对立体几何学给出了健全的刺激,希腊人直到那个时候还是忽视立体几何学的.对于球和正多面体,希腊人是有些研究的,但是他们还不很知道棱柱、棱锥、圆柱和圆锥的存在.这些立体成为柏拉图学派研究的对象.其中一个结果是划时代的.柏拉图的朋友亦是欧多克斯的学生,梅纳科莫斯发明了圆锥截线,这说明了仅仅在一个世纪之内已能使几何学达到古代所预料到的最高境界.梅纳科莫斯用平面截割"直角的"、"锐角的"和"钝角的"三种圆锥,平面是和圆锥的母线垂直的;他得到了三个现在我们称为抛物线、椭圆和双曲线的三种截线.梅纳科莫斯利用这些曲线的交点得到过"戴利问题"的两种非常优美的解法,看来他对于这些曲线的性质的研究一定是很成功的.我们不知道他是怎样做出这些曲线的.

梅纳科莫斯的弟兄亦是柏拉图的学生,狄诺斯特拉德斯是另一个伟大的几何学家.

---

① "若是任何一个科学发明要求比别的发明优异卓越的话,我将为发明数学上的点的无名发明者树立一个纪念碑,这种数学上的点可作为抽象化的最好的典型,这种抽象化是科学工作开始时的一个必要的条件." 见 Horace Lamb's address,Section A,Brit. Ass'n,1904.

他是以用希皮阿斯的 quadratrix 曲线,机械地解决化圆为方问题称著的.

这个时期里最杰出的数学家恐怕要算欧多克斯了.他大约在公元前 408 年生于斯尼特斯(Cnidus),求学于阿乞塔斯,其后受过柏拉图两个月的指导.他受到了科学的调查研究精神的影响,并且被尊为科学的天文观察的创始人.在后来人的著作中发现了欧多克斯关于天文观察的零星不全的记录以后,爱特勒(Ideler)和谢派拉利(Schiaparelli)构成了欧多克斯的天文学的学说.在此卓越的学说里,欧多克斯认为行星是在同心球上运动的.欧多克斯在苏西塞斯(Cyzicus)有个学校,曾经率领他的学生到雅典去访问过柏拉图,然后回到苏西塞斯直到公元前 355 年去世为止.由于欧多克斯在苏西塞斯学生们,其中有梅纳科莫斯,狄诺斯特拉德斯,亚塞纳斯(Athenaeus)和海立康(Halicon)的关系,柏拉图学派获得了声誉.第奥基尼斯莱欧脱斯说欧多克斯是个天文学家、物理学家、法律学家和几何学家.《欧德姆斯摘要》说欧多克斯第一个添加了许多定理,他在三个比例式之外又增加了三个,并且用分析法对发端于柏拉图的分割问题进行了相当的研究.这里所说的"分割"无疑是指"黄金分割",即是将一条线段分成中外比.欧氏原本 XIII 中最初的五个用到这种分割的定理一般说是由欧多克斯提出的.欧多克斯对立体几何学加进了不少内容.阿基米德说欧多克斯证明了同底等高的棱锥的体积为棱柱的三分之一,圆锥的体积为圆柱的三分之一.证明两球体积之比等于它们半径立方之比的也可能是他.他经常和巧妙地使用竭尽法,因此很可能他就是竭尽法的发明者.一个欧氏原本的注释者,可能是普罗克斯,甚至说欧氏原本的第五卷完全是欧多克斯发明的.欧多克斯还找到过两条已知线段的两个比例中项,但是解法怎样现在已不知道了.

柏拉图被称为数学家的培养者.除了已提到过的学生以外,《欧德姆斯摘要》还提到下列诸人:雅典的赛阿梯脱斯(Theaetetus of Athens)是个天赋极高的人,无疑地,欧几里得在写作关于无公度量的第十卷书和第十三卷书的时候得到过他很多帮助的.[①]泰苏斯的黎奥特墨斯(Leodamus of Thasos),尼奥克利特斯(Neocleides)和他的学生黎洪(Leon),在前辈的研究中增加很多的贡献,因为黎洪曾经细心设计写过一个关于数和字的应用的"原本".玛格尼西亚的推第厄斯(Theudius of Magnesia).写过一个很好的"原本",将一些特殊情况的问题推广为一般的命题.柯洛丰的海摩第默斯(Hermotimus of Colophon)发现了许多欧氏原本中的命题和一些轨迹问题.《欧德姆斯摘要》中还提到过海拉克利亚的阿默克拉斯(Amyclas of Mesaclea),雅典的苏西生纳斯(Cyzicenus of Athens),孟特的飞利泼斯(Philippus of Mende).

亚里士推斯(Aristaeus)是一个聪明的数学家,我们不详其生平和工作,可能是比欧几里得年长的同时代的人.他的关于圆锥曲线的著作显出比梅纳科莫斯时代的人有更多的进展.亚里斯推斯亦研究正多面体并且发展了分析法.他的工作可能是柏拉图学派研究的摘要.[②]

亚里士多德是演绎逻辑的创始人;虽然他不是一个数学的传授者,但是他改进了一

---

① G. J. Allman,前引的书,p. 212.

② G. J. Allman,前引的书,p. 205.

些困难的定义,使几何科学获得进展.他的"物理学"提到理想速度的行径.在古代,他给出了关于连续性和芝诺反对运动论点的最好的讨论.亚里士多德的时代里曾有过一本力学著作,而有人说他就是此书的作者.力学是完全不被柏拉图学派重视的.

六、第一个亚历山大学派

在前面几页中我们看到几何学发源于埃及,然后转移到爱奥尼亚群岛、下意大利和雅典.我们看到了几何学在希腊逐渐成熟的过程,现在我们将看到它回到埃及以及从此而得的新的成就.

波罗邦内辛战争之后,在雅典衰落的年代里,它产生了古代最伟大的哲学家和科学家.那就是柏拉图和亚里士多德的时代.公元前 338 年在欠隆尼亚战役(the battle of Chaeronea)中,雅典败于马其顿的菲力浦(Philip of Macedon),从此它的权力一蹶不振.不久,菲力浦的儿子亚历山大大帝(Alexander the Great)开始去征服全世界.他在十一年里建成的大帝国毁于一旦,从此埃及归由多勒梅(Prolemy Soter)统治了.亚历山大建造了亚历山大里亚港而它很快地成为"诸城之首".多勒梅就建都于亚历山大里亚.此后几世纪的埃及历史主要的就是亚历山大里亚的历史.文学、哲学和艺术得到极盛的发展.多勒梅设立了亚历山大里亚大学.他建筑了大的图书馆、实验室、博物院、动物园和运动场.亚历山大里亚不久就成为伟大的文化中心.

雅典的第米屈利斯法勒斯(Demetrius Phelereus)被请去负责图书馆工作.高奥(Gow)说,欧几里得可能是被他请去开设数学学校的.据优格(H. Vogt)的研究①,欧几里得约生于公元前 365 年,他编写"原本"是在公元前 330 年到公元前 320 年之间的事.除了普罗克斯所补充的《欧德姆斯摘要》内容之外,关于欧几里得的生平,我们知道得不多.普罗克斯说欧几里得比柏拉图年轻而比埃拉托逊斯和阿基米德年长,阿基米德还提到过他的.欧几里得是属于柏拉图学派的,并且精通他们的学说.欧几里得基本上按照了欧多克斯的系统并且完善了赛阿梯脱斯的许多实现编写了"原本",他开始对前辈们种种不完善的想法给出了无可非议的证明.据说某次多勒梅曾问他:除了学习"原本"之外,是否有更容易的学习几何的方法;欧几里得说,"在几何的学习上是没有皇家道路的."帕普斯说欧几里得为人正派、仁慈,特别善待对于数学科学能有所发展的人.帕普斯举此以与阿波洛尼斯(Apollonius)相比,帕普斯对阿波洛尼斯的性格进行了讽刺.②斯托皮斯(Stobaeus)曾说过一个小故事③:"一个少年刚从欧几里得学习几何学,读了第一个命题后他问:'我读了这些东西后能得什么?'于是欧几里得就对仆人说,'给他三个钱,因为他对于学得的东西一定要有报酬的.'"这些就是希腊学者所存的关于欧几里得个人的一些材料.叙利亚和阿拉伯的学者自称有更多的材料的,但是不可信的.曾有一些时

---

① *Biblotheca mathematica*,3. S. Vol. 13,1913,pp. 193-202.

② 见棣摩甘(A. De Morgan)在 *Smith's Dictionary of Greek and Roman Biography and Mythology* 中的 "Eucleides"条.

③ J. Gow,前引的书,p. 195.

候，人们把亚历山大里亚的欧几里得与梅格拉（Megara）的欧几里得混为一谈，实则后者比前者早生一个世纪.

在任何时候，欧几里得的名声主要是由于他的几何学著作（称为《原本》的）而得来的. 这个原本比希波克拉底、黎洪，以及推第厄斯（Theudius）等人的《原本》高明得多，使得后者很快地在竞争中失败了. 希腊人给予欧几里得一个专门的称号"原本的作者". 在几何学历史上值得注意的是在两千多年前的欧几里得的原本至今尚有人把它看作是对数学科学最好的入门书. 直到 20 世纪的初叶，英国的学校里还广泛地用它作为教科书. 一些欧氏原本的编辑人有意地将一切荣誉都诸欧几里得. 他们要我们相信一个完整牢固的几何学系统是一下子从欧几里得脑中产生出来的，"是主神脑中的智慧之神". 他们没有提出欧几里得获得材料的更早的著名的数学家. 在原本中属于欧几里得自己发现的命题和证明是比较少的. 事实上，仅有"毕达哥拉斯定理"的证明是欧几里得的. 阿尔曼（Allman）推测卷一、卷二、卷四的材料是取自毕达哥拉斯学派的；卷六的材料来自毕达哥拉斯学派和欧多克斯的，后者提供了比例用诸不可公度量的主张以及竭尽法（卷十）；赛阿梯脱斯提供了卷十、卷十三的很多材料；欧几里得自己的创作主要是在卷十中的.[①] 欧几里得是当时最伟大的编辑者. 他将前人的材料，作了谨慎的选择，并将所选的命题进行了逻辑的编排，他用少数的定义和公理，建立起一个高尚的漂亮的结构系统. 认为欧几里得把当时所有的初等的定理都纳入了他的原本则将是错误的. 事实上，阿基米德，阿波洛尼斯甚至欧几里得本人亦提及过一些没有集在原本中的定理的.

一般学校里的《原本》的教科书是泰恩（Theon）编辑的. 这是在欧几里得以后约 70 年的时候，亚历山大里亚的泰恩把原本内容作了一些改变，编出的一本教科书. 泰恩是呼派蒂（Hypatia）的父亲. 后来的注释家，特别是西姆生（Robert Simson）坚信欧几里得是绝对无误的，于是把在这教本中，所找到的缺点都归罪于泰恩的修改. 但在拿破仑一世从梵蒂冈（Vatican）送到巴黎的文献中有一本比泰恩校订更早些的原本. 注意到泰恩本的更改处，却仅是些文字上的更动而非关重要的. 泰恩代人受过的原本的缺点实在是应由欧几里得自己负责的. 原本通常被认为是谨慎严格证明的典范的. 与现在的教本相比，它是还算严密的；但是从严格的数学逻辑的观点看来；皮耳斯（C. S. Peirce）却说它是"错误百出"的. 有些结论被认为是正确的，仅仅因为作者的经验可作验证. 欧几里得的许多证明是部分地借助于直觉的.

现在原本的开端，在定义项下给出了一些概念像点，直线等等的假设以及一些文字的解释. 然后是三个公设和十二个公理. "公理"一词是普罗克斯所用的，欧几里得没有用它. 他说它是代表"普遍的概念"——对于所有的人和所有的科学都是普遍的. 对于公法和公理，古代和现代有过许多议论的. 在非常优越的普罗克斯的抄本和著作里，关于直

---

① G. J. Allman，前引的书，p. 211.

角和平行线的公理是列入公设里的①. 这果然是它们应有的位置,因为它们实在是假设而不是普遍概念或公理. 关于平行线的公设在非欧几何学的历史中是起着重要的角色的. 重叠公设是欧几里得漏列的一个重要的公设;据此公设,一个图形可以在空间移动而不变它的形状和大小.

《原本》中有欧几里得编著的十三卷书,另有二卷的著者据说是希伯西尔斯(Hypsicles)和达马修斯(Damascius). 最初的四卷是平面几何学. 卷五论述比例理论在一般量间的应用. 由于处理的严密,使它获得很大的声誉而初学者觉得难学的. 用现代的记号,欧几里得关于比例的定义是:四数 a,b,c,d 成比例,则对于任意整数 m 和 n,使 $ma \gtreqless nb$,和 $mc \gtreqless md$ 同时成立. 希思②说"事实上,欧几里得关于等比的定义和近代戴德金(Dedekind)的无理数理论之间有着确切的,几乎是一致的相合." 秋孙(Zeuthen)察觉欧几里得的定义和魏尔斯特拉斯(Weierstrass)相等数的定义是密切相似的. 卷六论述相似图形的几何学. 其中命题第 27 是历史上最早的关于极大值的定理. 卷七、卷八和卷九谈数的理论,或者算术. 推纳莱说无理数存在的知识一定影响着编写"原本"的形式. 古老的朴素的比例理论被看作不能不发展了,在最初的四卷书里根本没有用到比例. 欧多克斯关于比例的严格理论,由于它的难懂,所以尽量地推迟了. 其所以要插入卷七～九的算术内容,据说是为了卷十里要完整地讨论无理数做好一种准备. 卷七叙述了用除法来求两数最大公约数的方法(所谓"欧几里得方法"). 关于(有理)数的比例理论于是建立在下列定义的基础上的:"当第一数是第二数的倍数、部分、或几个部分而第三数是第四数的相同的倍数、部分、或几个部分时;则这些数就成比例." 这个定义被认为是古老的毕达哥拉斯学派的比例理论.③卷十论述不可公度量的理论. 棟摩甘对此叹为观止. 它足以说明希腊算术的顶峰了. 后面的三卷书是关于立体几何学的. 卷十一包括一些较基本的定理. 卷十二论述棱柱、棱锥、圆柱、圆锥和球的量的关系. 卷十二论正多边形,特别是正三角形和正五边形并且以之作为侧面的五种正多面体,即四面体、八面体、二十面体、立方体和十二面体. 正多面体是被柏拉图学派的人广泛地研究的,因此它们又称为"柏拉图的图形". 普罗克斯曾说欧几里得编写原本的全部目的是在于求得正多面体的作图方法,这显然是错误的. 论立体几何学的卷十四和卷十五的真伪是可疑的. 有趣的是:对于欧几里得以及一般的希腊数学家来说面积的存在显然是来自直觉的. 他们没有遇到过不可表示为等积正方形的面积的概念.

值得注意的是欧几里得以及所有的阿基米德以前的希腊几何学里都避免了求积术.

---

① A. De Morgan, 前引的书;H. Haukel, *Theorie der Complexen Ealleu-systeme*, Leipzig, 1867, p. 52. 在欧几里得原本的各种版本里,公理的标号是各不相同的. 例如,平行公理被西姆生称为第 12 公理,波黎亚(Bolyai)称为第 11 公理,克劳维斯(Clavius)称为第 13 公理,彼拉特(F. Peyrard)称为第 5 公理. 在古老的抄本里,它是被称为第 5 公设的,在海伯格(Heiberg)和蒙格(Menge)关于欧几里得原本希腊文本,拉丁文本的注解中亦称之为第 5 公设的, Leipzig, 1883;并且希思(T. L. Heath)在他的 *Thirteen Books of Euclid's Elements*, Vols. Ⅰ-Ⅲ, Cambridge, 1908 中亦是如此. 希思的书是最近的英译本并且是注解得很完善和漂亮的.

② T. L. Heath, *Thirteen Books of Euclid's Elements*. Vol. Ⅱ, p. 124.

③ 见 H. B. Fine, "Ratio, Proportion and Measurement in the elemeuts of Euclid", *Annals of Mathematics*, Vol. ⅪⅩ, 1917, pp. 70-76.

因此三角形的面积等于它的底和高乘积之半的定理对于欧几里得来说是陌生的.

另一本现存的欧几里得的著作是《参考书》(*The Data*). 看来这是为了学完原本而欲得到解决新的问题能力的人写的. 这本《参考书》是一系列关于分析法的练习. 凡是一个聪明的学生不能从原本获得的知识,这本书亦包括得不多或者简直没有. 因此它对于科学知识宝藏的贡献是并不大的. 欧几里得还一般地完成了下述的著作:《现象》(*Phaenomena*)是一本关于球面几何学和天文学的书;《光学》,它发展了"光发自人目而不发自所见的物体"的假设;《反射光学》有一些镜面反射的定理;《分割论》(*De Divisionibus*)专论将平面图形分成等于已知比的部分的问题①;《轮唱的乐节》(*Sectio Canonis*)是一本论音程的书. 欧几里得的《不定设题论》(*Porisms*)已遗失了,但是西姆生和沙尔(M. Chasles)曾将帕普斯著作的许多注解进行了很多研究,使它恢复原样. "Porism"一词的意义是不明确的. 普罗克斯说一个"Porism"的目的不在于叙述某种性质,像一个定理一样;亦不在于完成一种作图,像一个问题一样;但是在于寻获存在于数的,或图形的某种必然的性质,例如寻找已知圆的圆心,或者求得两个已知数的最大公约数之类. 沙尔说,"*Porisms*"是一些不完全的定理,"根据普通的规律表示可变的事物之间的某种关系". 遗失的欧几里得著作还有:《谬误》(*Fallacies*),内有检查谬误的练习;《圆锥截线四卷》,这是阿波洛尼斯进行同一研究的基础;《面上的轨迹》(*Loci on a Surface*),这个标题的意义是不明确的. 海伯格以为它表示"轨迹是面的问题".

在亚历山大里亚数学学校里欧几里得直接的承继者大概是卡隆(Conon),杜西修(Dositheus)和秋克西坡斯(Zeuxippus),但是我们很少知道他们.

阿基米德是古代最伟大的数学家,他生于苏拉格斯(Syracuse). 普罗塔乞说他是希隆(Hieron)王的亲戚,但西塞罗(Cicero)说他的出身是低微的,这是比较可靠的. 第奥多勒(Diodorus)说他到过埃及并且由于他是卡隆和埃拉托逊的好朋友,他很可能在亚历山大里亚上过学. 阿基米德差不多对于前辈数学家们的工作是全部彻底熟悉的,这说明上述的说法是强有力的. 他回到苏拉格斯以后,用了他卓越的创造才能致力于各种兵器的制作,因之在被马西勒斯(Marcellus)包围的时候,使罗马人受到重大的损失,从而受宠于他的朋友和赞助人,希隆王. 有故事说,当罗马的船只迫近城墙,到弓箭射程以内的时候,他用镜子使太阳光反射到船上,使之着火云云,这可能是虚造的. 城市终于被罗马人攻克了,阿基米德亦在随之而来的混战中被杀了. 据说,当时他正在沙上研究某个问题的图形. 一个罗马士兵走近他的时候,他大喊:"不许弄坏我的圆."士兵觉得他无礼,跑过去把他杀了. 不要责备罗马的将领马西勒斯,他是钦佩阿基米德的,并且出于道义,为他树立了一块画上一球内切于圆柱的墓碑. 当时西塞罗是在苏拉格斯的,他曾在瓦砾之中见过此墓.

阿基米德被同城的居民们推重的是由于他的机械发明,但他对于自己的纯粹科学上的发明却是自视颇高的. 他曾说:"任何学艺若与日常生活一结合则将是卑微和俚俗的."他的作品有些是遗失了. 下列各书是他现存的著作,大致是按年代排列的:1.《平面的平

---

① 1915 年 Brown 大学的 R. C. Archibald 曾对它作了谨慎的复原工作.

衡》或《平面质量的中心》二卷,其中论及他关于将抛物线化为等积正方形的问题;2.《方法论》;3.《球与圆柱》二卷;4.《圆的度量》;5.《螺线》;6.《旋转抛物体和旋转椭圆体》;7.《沙 盘计算器》;8.《浮体》二卷;9.十五条补助定理.

在《圆的度量》书中,阿基米德首先证明了圆的面积等于以圆周为底、以半径为高的直角三角形的面积.这里,他假设了存在着一条直线,它的长度等于圆的周长 —— 这个假设是被一些古代评论家所反对的,因为一条直线要与一条曲线相等,这是并不明显的.其次,怎样来找这样的直线呢? 他是从寻求圆周长与直径之比或 π 的上限开始.为此,他作一个等边三角形,以圆心为顶点,以圆的切线为底边.连续地将顶角平分,比较各次所得的比,并且取较小的无理的平方根数,最后他得出结论;$\pi < 3\frac{1}{7}$.再次,他寻求 π 的下限;他作圆的内接正多边形,边数是 6,12,24,48,96 的,求得这些多边形的周界,当然它们是小于圆周长的.于是,他最后说,"圆的周长比直径的三倍再长出不到直径的 $\frac{1}{7}$ 而超过直径的 $\frac{10}{71}$."对于一般应用来说,这种近似表示实已是够了.

"将抛物线化为等积正方形"问题涉及机械做法和几何做法两种方法.竭尽法在两种方法中都是用到的.

值得注意的是:可能是受着芝诺的影响,无限小量(无限小的常量)在严格的论证里是不用的.事实上,那个时代的著名几何学家在理论几何里都极力地不用它们而用一条公设.这个公设是欧多克斯、欧几里得和阿基米德完成的.在"抛物线化为等积正方形"的序言里出现了所谓"阿基米德公设",而阿基米德则归其功于欧多克斯的:"设有两个不相等的空间,则可在它本身加上两者的差;因此任何有限空间总是可以被超过的."欧几里得(原本卷五,4)把这公设写成定义的形式:"有大小两个量,若是可使小量的倍数超过大量,则两个量是可比的."但是在试探性的研究中,无限小量还是被应用的.例如在阿基米德的《方法论》里即有明证.《方法论》一书以前认为是早已遗失的了,但幸运地被海伯格于 1906 年在君士坦丁堡发现了.书中看出,阿基米德充分科学地看待无限小量,给出了一些定理的真确性,但是他没有完成严格的证明.在求抛物线弓形面积、球缺的体积、以及其他旋转的体积时,他用了一种由估量无限小量组成的力学方法;这种量就是直线和平面面积,但实际上是无限细狭的带域和无限微薄的平面片子.[①]宽度和厚度在估量的任何时候都假定是一致的.在现代的算术连续统产生以前,数学家们对于阿基米德公设是不感兴趣的.斯托尔茨(O. Stolz)指出它是戴德金关于"分割"公设的结果.

可以看出在阿基米德伟大的研究中,他处理的方式是:从力学开始(面和体的质量中心),然后是用他的无限小量 —— 力学的方法去发现结果,最后是推导得出严格的证明.阿基米德知道这个 $\int x^3 \mathrm{d}x$ 积分.[②]

[①] T. L. Heath, *Method of Archimedes*, Cambridge, 1912, p. 8.

[②] H. G. Zeathen 在 *Bibliotheca mathematica*, 3 S., Vol. 7, 1906 ~ 1907, p. 347 所写的条文.

阿基米德还研究了椭圆并且把它化为等积的正方形,但似乎对于双曲线注意的少些.人们相信他写过一本圆锥曲线的书.

在阿基米德所有的著作里,《球与圆柱》获得了最高的评价.其中,证明了新的定理:球的表面积等于大圆面积的四倍;球缺的面积等于以球缺顶点到底圆圆周的线段为半径的圆的面积;球的体积和表面积分别是它的外切圆柱的体积和表面积的 $\frac{2}{3}$. 阿基米德希望能将这最后的命题的图形刻在他的墓碑上.马西勒斯下令就这样做了.

在《螺线》书中所述的称为"阿基米德螺线"的螺线确是阿基米德发明的,不是像有些人所信的是他的朋友卡隆发现的[①]. 这方面文可能是他的著作中最特出的.今天,这种问题用了微积分是容易解决的.在古代是用竭尽法解的.他在熟练地应用这种方法时所施展出来的才能是比在任何场合中都要漂亮的.欧几里得和他的前辈们仅在对于一些见到的和相信其结果的命题的证明时才施用竭尽法的.但是在阿基米德手中,这种方法变成了发明的工具了,也许它是与无限小量 —— 力学的方法混合应用的.

《旋转抛物体和旋转椭圆体》书中的旋转抛物体是指抛物线(双曲线)绕其主轴旋转所得的立体.旋转椭圆体是指椭圆绕着其长轴或短轴旋转所得长的或扁的立体.此书渐渐地引入将这种立体化为等积的立方体的问题.阿基米德和阿波洛尼斯很少进行几何作图,他们是用"嵌入法"

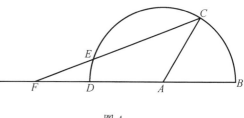

图 4

来完成的.下述三等分角的问题是阿拉伯人传给阿基米德的,它是借助一根有刻度的尺来完成"嵌入"的.[②]如图4,要三等分角 CAB,作弧 BCD,然后用与 AB 等长的线段 FE 去"嵌",使它与 C 点共线而 E 和 F 在如图4所示的位置上.角 EFD 即为所求.

阿基米德关于算术的论著和问题在后面将要谈到.现在我们来看他在力学方面的工作.阿基米德是第一个具有坚实的力学知识的作者.阿乞塔斯,亚里士多德等人曾想把已知的力学方面的真理组成一门科学,但是都失败了.亚里士多德知道杠杆的性质,但不能建立起正确的数学理论.挥维尔(Whewell)认为希腊人思考的根本和必然的失败是在于虽然他们掌握了事实和观念,"但是观念与事实不明显,观念与事实不适应."例如,亚里士多德断言道,当一物在杠杆的一端移动时,可以认为有两种运动;一种是沿切线方向的,一种是沿半径方向的;他说前一种运动是"根据本性的",后一种是"违反本性的".这些"本性的","非本性的"不适当的概念,连同普通的思维一起来作为思考的指导,当然不能理解到力学性质的真正基础.[③]但在阿基米德把力学引入正确的道路以后,这门科学似乎停滞了几近两千年,直到伽利略(Galileo)的时代,这是不可思议的.

① M. Cantor,前引的书,Vol. I,3 Aufl,1907,p. 306.

② F. Enriques,*Fragen der Elementargeometrie*,deutche Ausg. v. H. Fleischer,Ⅱ,Leipzig,1907,p. 234.

③ William Whewell,*History of the Inductive Sciences*,3rd. Ed.,New York,1858,Vol. I. p. 87. William Whewell(1794—1866)是剑桥大学三一学院的导师.

在《平面的平衡》书中给出的杠杆性质定理的证明在现在的教科书里仍是沿用着.马哈(Mach)评论它：①"只从等重、等距得到平衡的假设来导出重量与臂长成反比的关系，这是可能的吗？"阿基米德自己评价杠杆的功效时曾说过："给我一个支点，我将移动这个地球."

《平衡》涉及固体，而《浮体》论述水力学.他开始注意的是比重的问题，因为希隆王要他试验工匠所制的王冠是纯金的还是混杂银子的.故事说当他在洗澡的时候想到了问题的解法，他立刻跑回家，裸着身体大喊："我找到了！"他用与王冠同重的一块金和一块银来解此问题的.一位作者说，他分别看出金、银和王冠的排水量，从而算出王冠中金和银的含量.另一位作者说，他分别是称出金、银和王冠浸泡在水中时的重量，然后计算出它们在水中所失的重量；由此数据，他解决了问题.可能阿基米德解此问题时并用两种方法的.

人们阅读了阿基米德的著作以后，即可明白在古代为什么"阿基米德问题"一词是深奥难解问题的专称；而"阿基米德证明"即是毫无疑问确实的同义词.阿基米德的著作涉猎非常广泛的许多课题并且他在每题的解决中表现得非常奥妙.他是古代的牛顿.

比阿基米德年轻十一岁的埃拉托逊(Eratosthenes)是苏拉纳(Cyrene)的土著.他在亚历山大里亚受教于诗人、继任的亚历山大里亚图书馆保管员的卡利马格斯(Callimachus).他的多方面的活动可从他的著作反映出来.他的著作涉及善与恶，地球的测量，喜剧，地理学，年表，星宿和二倍立方等等.他还是一位语言学家和诗人.他测定了黄道的倾斜角并且发明了一种寻找质数的方法；以后还要谈到的.关于他的几何学著作，我们仅有一封他致多勒梅厄格脱(Ptolemy Euergetes)的信；信里他叙述了二倍积问题的历史，还描述了解此问题所用的他自己设计的一种巧妙的机械.他年老的时候失明了，据说因此他自己绝食而死了.

约在阿基米德后的四十年间，潘加的阿波洛尼斯(Apollonius of Perga)大显才能，他的天才几乎与他的伟大的前辈相提并论.在古代数学家里他无疑地应是特出的第二位人物.他生于多勒梅厄格脱的统治时代而死于多勒梅菲乐派脱(Ptolemy Philopator)的统治时代，前222—前205.他在亚历山大里亚受教于欧几里得的学生；有时亦到潘格孟(Pesgamum)去，在那里他结识了殴德姆斯，他将自己的著作圆锥曲线的前三卷奉献给欧德姆斯的.他的著作的光辉使他获得"大几何学家"的称号.他的生平我们所知道的就是这些.

阿波洛尼斯的《圆锥曲线》共有八卷，现有的传本仅是它前四卷的希腊文本.后三卷原为欧洲人所不知道的，直到17世纪中叶才发现了约在1250年左右所作的阿拉伯文译本.第八卷则终未找到.1710年牛津的哈雷(E. Halley)出版了前四卷的希腊文本，后三卷的拉丁文译文，以及他从集纳帕普斯著作中所引用的定理而得到的估计是第八卷的原样.前四卷的内容多是前人已得的材料.欧托西(Eutocius)说，与阿基米德同时的海拉克

---

① E. Mach, *The Science of Mechanics*, T. McCormack 的译本, Chicago, 1907, p. 14. Erust Mach(1836—1916)是维也纳大学历史学和科学理论的教授.

利特(Heraclides)责备过阿波洛尼斯,为了在《圆锥曲线》里他窃占了阿基米德未曾发表的发现.很难相信这种控告是有充分理由的.欧托西引用杰米纳斯(Geminus)的话作为答复,说阿基米德与阿波洛尼斯都没有自称发明过圆锥曲线;但阿波洛尼斯曾作了真正的发展.前三卷或四卷是以梅纳科莫斯、亚里斯推斯、欧几里得和阿基米德的工作为基础的,其余几卷的内容差不多全是新的材料.前三卷是随时送给欧德姆斯的;欧德姆斯死后其他的几卷是送到阿泰拉斯(Attalus)处.在第二卷的序言中,可以有趣地看到希腊书籍的"出版"情况.它说道:"我令我儿阿波洛尼斯将我的圆锥曲线第二卷送到你(欧德姆斯)处.请详阅并传诸同行.如果那位我在以弗苏(Ephesus)介绍你认识的大几何学家菲乐尼特(Philonides)到潘格孟附近来,请亦给他."①

　　阿波洛尼斯在第一卷书的序言中说:它"包括产生三种截线的方法,共轭双曲线,以及它们的主要特性;论述比其他作者已有的著作更完全和推广一些." 我们知道梅纳科莫斯和他在阿波洛尼斯以前的承继者考虑的仅是直圆锥被与母线垂直的平面所截得的曲线,并且三种截线要从不同的圆锥上截得的.阿波洛尼斯提出了一个重要的综合.他只从一个圆锥(无论是直的或是斜的)就可得各种截线并且截面亦不一定要与母线垂直的.三种截线的老名称现在已不再用了.以前称为"锐角锥的","直角锥的"和"钝角锥的"三种截线,阿波洛尼斯分别称之为"椭圆","抛物线"和"双曲线".在阿基米德的著作里,我们确实找得到"抛物线"和"椭圆"这种字眼的,但它们大概是些插入语.用到"椭圆"一词,因为 $y^2 < px$,p 是参数;$y^2 = px$ 时用到"抛物线"一词;$y^2 > px$ 时,用到"双曲线"一词.

　　阿波洛尼斯的理论是建立在圆锥曲线一般性质的基础上的,这种性质是直接由所截的圆锥的本质推导得来的.沙尔②巧妙地叙述了怎样从这种性质引导得到古代的系统.他说:"设有一个斜圆锥,由顶点到它底圆的直线,称为圆锥的'轴'.通过轴且与底面垂直的平面和圆锥相交于两条直线并且在底圆上决定了一条直径;用此直径为底,以两条直线为两边的三角形称为'过轴的三角形'.阿波洛尼斯在得到圆锥曲线时是假定截面要与'过轴的三角形'的平面垂直的.截面和此三角形两边的交点称为曲线的'顶点',两顶点间的连线称为曲线的'直径'.阿波洛尼斯称这直径为'横径'(latus transversum).从曲线两个顶点中的一个作'过轴三角形'的垂线(latus rectum)有一定的长度(以后要专论其定法);然后联结这垂线的端和另一个顶点得一直线;于是由直径上任意一点作与直径垂直的'纵标'(Ordinate):这个在直径和曲线之间的纵标的平方必等于介于直径和直线之间的纵标部分乘以介于纵标端点和第一顶点之间的直径部分的乘积.阿波洛尼斯承认了圆锥曲线的这种特征;并且根据这种特征,经过巧妙的变换和推算,得出了几乎全部其余的性质.这种特征在阿波洛尼斯圆锥曲线研究中所起的作用正像我们将看到的二元(横坐标和纵坐标)二次方程在笛卡儿解析几何系统中所起的作用一样." 阿波洛尼斯应

---

　　①　H. G. Zeuthen,*Die Lehre von den Kegelschnitten im Alterthum*,Kopenhagen,1886,p. 502.

　　②　M. Chasles,*Geschichte der Geometrie. Aus dem Französischon übertragen durch*,Dr. L. A. Sohncke,Halle,1839,p. 15.

用了坐标系正像在他之前的梅纳科莫斯亦用过一样.①沙尔继续说:"可以看到根据曲线的直径和由一个顶点所做的垂线已足够画出曲线了.古代人就用了这两个要素建立起他们的锥线理论.这里所谈的垂线古代人称为 latus erectum;现代人起初改称为 latus rectum,后来又称之为'通径'(parameter)."

阿波洛尼斯《圆锥曲线》的第一卷几乎全是论述三种主要圆锥曲线的产生.

卷二主要讲渐近线,轴和直径.

卷三论述三角形的全等或相似,矩形或正方形,它们的边是由截线、弦、渐近线或切线的部分组成的,并且往往是受着许多条件限制的.还接触到关于椭圆和双曲线焦点的问题.

在卷四中阿波洛尼斯讨论了直线的调和分割问题.他考察了两条圆锥曲线组成的系并且指出它们彼此相交不能多于四点.他研究两条圆锥曲线的各种可能的相对位置,例如,它们何时有一个或两个相切点.

卷五所揭示作者卓越的智慧比别卷更多.在前人著述中很少遇到的关于极大和极小的难题在此作了彻底的论证.要研究:求出从已知一点做到一圆锥曲线的最长和最短的线段.在这里还能找到关于渐屈线和摆动中心问题的萌芽.

卷六谈圆锥曲线的相似性.

卷七谈共轭直径.

经哈雷复元的卷八是续谈共轭直径的.

值得注意:阿波洛尼斯从未提到过圆锥曲线准线的概念,虽然他偶然地发现了椭圆和双曲线的焦点,但他没有发现过抛物线的焦点.②在他的几何学里明显地亦未应用术语和记号,因此使证明冗长而麻烦.阿奇巴尔得(R. C. Archibald)说阿波洛尼斯是知道圆的位似中心的,这通常是归功于蒙日(Monge)的.海斯说:"阿波洛尼斯和早期几何学家所用的主要方法可以适当地称为'几何学的代数'."③

沙尔说,阿基米德和阿波洛尼斯的发明将古代几何学创出一个光辉的新纪元.各个时期的几何学家长期致力的两个问题被看作是由他们二人发端的.第一个是化曲线图形为等积正方形问题,这是微积分学的根源.第二个问题是圆锥曲线的理论,这是各次几何曲线理论的序曲,亦是仅考虑图形形状和位置以及仅用线、面交点和直线距离之比的这种几何学的前奏.这两个巨大的几何学分支可以定名为"度量的几何学"和"形状和位置的几何学"或者阿基米德几何学和阿波洛尼斯几何学.

除了圆锥曲线以外,帕普斯提及阿波洛尼斯的下列著述:《关于相切》,《平面轨迹》,《倾斜角》,《面积的分割》,《确定截线》,以及旨在使遗著复元所设想的一些预备定理.从阿拉伯文发现了他的二卷《有理分割》.由韦达(F. Vieta)复元的《相切》一书中有所谓"阿波洛尼斯问题":已知三圆,求与它们相切的第四个圆.

欧几里得、阿基米德和阿波洛尼斯使几何学达到他们所能达到的完善状态,他们没

---

① T. L. Heath,*Apollonius of Perga*,Cambridge,1896,p. CXV.

② G. Gow,前引的书,p. 252.

③ T. L. Heath,*Apollonius of Perga*,用近代记号的版本.Cambridge,1896,p. Cl.

有介绍任何更一般,更有力的方法,还是利用着古老的竭尽法.简洁的记号,笛卡儿式的几何学,微积分学已有必要了.希腊人的思维不适合于发明更一般的方法.我们看到,希腊几何非但没有更高的发展而部分后期的希腊几何学家还有些走下坡路的状态,它们随处停留着、寻找一些围绕着急进发展时期的细目.①

阿波洛尼斯早期的承继人中有尼科梅德斯(Nicomedes).我们不知道他的生平,除了他发明的蚌线.它是一个四次曲线.他设计了一种精小的机械,用之可容易地画出曲线来.他借助于蚌线解决了二倍体问题.这曲线还可用来三等分角,方法与阿基米德第八预备定理所示的相仿.普罗克斯将此法归功于尼科梅德斯;但另一方面,帕普斯则自称是他的.牛顿曾用蚌线来画过三次曲线的.

与尼科梅德斯同时的(大约公元前180年)还有第奥格斯(Diocles),蔓叶线(Cissoid)的发明者.他用这曲线来求两已知线段的两个比例中项.希腊未曾研究这曲线的姊妹曲线;事实上他们只考虑到用来作图的这个曲线在圆内的部分.移去曲线两枝凹部的两个圆的部分以后,留下的圆内图形有些像一张蔓叶,因而可能就给它这个名称.1640年棣洛伯勒(G. P. de Roberal)以及后来的棣塞路(R. de Sluse)发现曲线的两枝都是趋向无限远去的.②

关于潘修斯(Perseus)的生平我们知道得很少.他大约是公元前200年到公元前100年时的人.从海伦(Heron)和杰米纳斯的著作里,我们知道他有关于螺旋形的著作.海伦说那是由围绕其弦旋转所得的一种锚环形的曲面.这曲面的截面产生特殊的曲线名为螺截线.杰米纳斯说那是潘修斯研究所得的.这种曲线看来和欧多克斯的 Hippopede 相像的.

可能比潘修斯稍后一些的有芝诺图勒斯(Zenodorus).他研究了一个新的有兴趣的问题,即是"等周长图形".帕普斯和泰恩保存了他的十四个命题.譬如:等周的正多边形中,内角个数最多的,面积最大;任何等周的正多边形的面积都比其(外接)圆的面积小;等周的多边形中以正多边形的面积为最大;表面积相等的立体中,以球的体积为最大.

希伯西尔斯(Hypsicles 在公元前200年到公元前100年间)被认作是欧氏原本卷十四、卷十五的作者,但近来的评论说卷十五实为公元后几世纪另一作者所写的.卷十四中有七个关于正多面积的杰出的定理.希伯西尔斯有一本关于《上升》的著作,其中将圆周分成360度,一如巴比伦人的样子.

在别塞尼亚(Bithynia),尼西亚的希帕克(Hipparchus of Nicaea)是古代最伟大的天文学家.他在公元前161年到公元前127年之间作了天文观察.他归纳得到关于周转圆和离心圈的著名理论.如众所想的,他对数学的兴趣仅在于作为探求天文学的工具,而不在数学的本身.他的数学著作没有现存的,但是亚历山大里亚的泰恩告诉我们,希帕克创始了三角学并且他计算了"弦表"十二卷.这种计算当然需要算术和代数学的现成知识的.他对平面上和球面上的几何问题有算术的和图像的解法.他暗示我们他比阿波洛尼斯还

---

① M. Cantor,前引的书,Vol. I,3 Aufl. ,1907,p. 350.

② G. Loria,*Ebeue Curven*,F. Schütte 的译本,Ⅰ ,1910,p. 37.

早些已有坐标表示法的概念了.

公元前 100 年左右亚历山大里亚有第一位海伦(Heron the Elder). 他是斯坦西别(Ctesibius) 的学生. 斯坦西别因发明精巧的机器如水力机、水钟和抛弹机等而推重于世的. 有人说海伦是斯坦西别的儿子. 他在发明 eolipile 和奇巧的称为"海伦泉"的机器中所显出的才能一如其师. 关于他的著作,议论不一. 许多权威相信他是重要的《屈光学》(*Treatise on the Dioptra*) 的作者,它有三种很不相同的抄本. 玛利(M. Marie)[①] 以为《屈光学》是公元 7,8 世纪第二位海伦(Heron the Younger) 的著作,而海伦的另一本书《测地学》(*Geodesy*) 只是前书的一种错误不全的抄本.《屈光学》里有用边长来表示三角形面积的重要公式,它的推导过程是很繁重而非常巧妙的. 沙尔说:"很难使我相信,在第一位海伦的古老时代的著作里能找到这样美丽的定理,没有任何希腊几何学家曾想到去引用它." 玛利尽力不提古代的作者而主张此书真正的作者一定是第二位海伦或者比第一位海伦近代得多的作者. 但是并无确证能说实有第二个名叫海伦的数学家是存在的. 推纳莱说,用了这个公式,海伦得到无理平方根的近似值,$\sqrt{A} \sim \frac{1}{2}\left(a + \frac{A}{a}\right)$,这里 a^2 是最接近 A 的平方数. 若需要更精确一些的数值时,海伦将上述公式里的 a 代入以 $\frac{1}{2}\left(a + \frac{A}{2}\right)$. 显然,海伦是用"双假借法"(double false position) 来求平方根和立方根的.

范透利(Venturi) 说"屈光仪"是很像近代经纬仪的一种仪器.《屈光学》是一本专论测地学的书,其中包括用此仪器解决的问题;并有大量的几何问题,像二点间的距离,其中一点是不可到达的;或者两者可见而均不能到达的;由一已知点到不可接近的直线作一垂线;求两点之间的水平差距以及测量土地的面积而不入其内.

海伦是一个实际的测量家. 这说明他的著作很少与希腊作者的著作是相同的,希腊作者认为将几何学用诸测量是贬低了科学的. 海伦几何学的特点不是希腊式的而确是埃及式的. 但又有令人惊异的事实,海伦写过一本《原本》的注释,表示他是熟悉欧几里得的. 有些海伦的公式表明有古老的埃及根源的. 例如,除开上述三边长是表示三角形面积的公式之外,在艾特夫(Edfu) 铭文里还找到海伦用公式 $\frac{a_1 + a_2}{2} \times \frac{b}{2}$ 求四边形的面积,它与公式 $\frac{a_1 + a_2}{2} \times \frac{b_1 + b_2}{2}$ 是非常相像的. 而且海伦的著作与亚默斯纸草卷有很多相像的地方. 例如,亚默斯广泛地应用单位分数(除了 $\frac{2}{3}$),海伦用单位分数比别的分数更经常些. 和亚默斯与艾特夫的祭司一样,海伦用画补助线的方法将复杂的图形化为简单的图形;并且始终和他们一样,特别喜用等腰梯形.

海伦的著作能满足实际的需要,因此它广泛地传到别的民族中去. 我们在罗马,在中世纪的西方,甚至在印度都能找得到它的踪迹.

海伯格,匈纳(H. Schöne) 和许密脱(W. Schmidt) 编辑了海伦的著作连同 1903 年出

---

① Maximilien Marie, *Histoire des sciences mathématiques et physiques*. Paris, Tome I, 1883, p. 178.

版的新发现的他的《测量学》.

罗德(Rhodes)的杰米纳斯(Geminus)出版的一本天文著作是现存的. 他还有关于《数学的分类》一书,现在遗失了,其中有许多希腊数学早期历史的有价值的报道. 普罗克斯和欧托西经常引用它. 狄奥多西斯(Theodosius)是一本稍有价值的球面几何学书的作者. 根据推纳莱和布杨浦(A. A. Björnbo)的研究[1],指出这个数学家狄奥多西斯不是像以前所猜想的屈利浦黎的狄奥多西斯(Theodosius of Tripolis),他是与希帕克同时的别塞尼亚人. 在旁塔斯(Pontus)阿米塞斯的第耐沙图勒(Dionysodorus of Amisus)利用抛物线和双曲线的交点解决了阿基米德在他的《球与圆柱》中未完全解决的问题. 问题是"分割一球,使其两个球缺之比等于一个已知数."

我们已经概述了公元前几何学的发展. 可惜,从阿波洛尼斯到公元时代之间的几何学历史我们知道得很少. 提到了很多几何学者的名字但他们的作品很少有留存. 但可肯定的是从阿波洛尼斯直到多勒梅为止,除希帕克和那个可能的海伦之外,并无真正的天才数学家.

七、第二个亚历山大学派

拉吉得(Lagides)王朝的结束,它从亚历山大里亚的建造者多勒梅沙脱(Ptolemy Soter)起统治了埃及 300 年,埃及的并入罗马帝国,东西方人民之间日渐密切的商业关系,偶像教的逐渐衰落和基督教的传布 —— 这些事情对科学的发展是有极大影响的,那时亚历山大里亚是科学的中心. 亚历山大里亚是商业和知识界的中心地. 各族的商人在它的闹市相遇;东西方学者混杂在它的大图书馆里,博物院里和演讲所里;希腊开始研究古代的文献并且与它们自己的相比较. 思想交流的结果,希腊哲学与东方哲学融合了. 新毕达哥拉斯主义和新柏拉图主义是修改了系统的名称. 这些主义暂时的是反对基督教的. 柏拉图主义和毕达哥拉斯派神秘主义的研究导致了数论的复兴. 也许犹太人的散布和他们对希腊学术的介绍有助于引起这种复兴的. 数学研究的这种新的方向引进了我们所称的新的学派. 无疑的在这个时候的亚历山大里亚课程中,几何学仍是最重要的研究课题之一. 第二个亚历山大学派可以说是从公历纪元开始的. 其中的著名人物是:克劳迪多勒梅斯(Claudius Ptolemaeus),丢番图(Diophantus),斯默那的泰恩(Theon of Smyrna),亚历山大里亚的泰恩(Theon of Alexandria),亚姆利库(Iamblichus),坡夫利斯(Porphyrius)等.

此外,我们可提及与新学派有些关系的安东尼的塞勒纳斯(Serenus of Antonaeia). 他写了关于圆锥和圆柱的截面的两本书,其中一本专论过圆锥顶点的三角形截面. 他解决了一个问题:"已知一圆锥(圆柱),求一个圆柱(圆锥),使同一平面截此者得到相似的椭圆." 下列定理特别有趣,这是近代调和点列理论的基础:设由点 D 作三角形 ABC 的截

---

[1] 哥本哈根的 Axel Anthon Björnbo(1874—1911)是一位数学史家. 参阅 *Bibliotheca Mathematica*,3 S.,Vol. 12,1911—12,pp. 337—344.

线 DF,在 DF 上找一点 H,使 $DE:DF=EH:$ HF,作 AH,则过点 D 的任一截线,譬如 DG,被 AH 所截,使 $DK:DG=KJ:JG.$(图 5)亚历山大里亚的梅内劳斯(Menelaus of Alexandria)(大约 98 年)是《球》一书的作者. 此书现有希伯来文和阿拉伯文的本子,但无希腊文的. 他在书里证明了球面三角形的全等定理,并且很像欧几里得处理平面三角形那样的

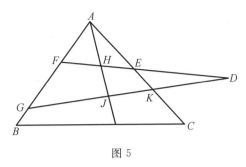

图 5

叙述它们的性质. 书里还找到定理说明球面三角形三边之和小于一个大圆,三角之和大于两直角. 他关于平面三角形、球面三角形的两个定理是有名的. 关于平面三角形的一个是说:"若三边被一直线所截,则无公共端点的三个线段的乘积等于其余三段的乘积." 卡诺(L. N. M. Carnot)将此定理作为他自己的截线理论的基础,并称之为"梅内劳斯预理". 关于球面三角形的对应定理,所谓"regula sex quantitatum"的,可从上述定理得到的,只要将"三个线段"改为"三段倍弧的弦".

有名的天文学家克劳迪多勒梅是埃及人. 不知道他的生平,只知道他在 139 年活动于亚历山大里亚,并且知道在他的著作里有天文观察的纪录,最早的是 125 年的,最迟的是 151 年的. 他的主要著作是《数学汇编》(*Syntaxis Mathematica*)或为阿拉伯人所称的"大汇编"(Almagest)和《地理学》,二书都有现存的本子. 第一本中部分是他自己的研究,但主要是属于希帕克的. 多勒梅似乎不像是一个独立的研究者而是一个前人著作的订正者和改进者. Almagest[①] 是哥白尼(N. Copernicus)以前的一切天文学的基础. "多勒梅系统"的基本概念是地球为宇宙的中心而太阳和行星都是绕着地球转动的. 多勒梅为数学进行了重要的工作. 他为了天文学的应用,创造了一种形式非常完整的三角学. 这门科学的基础是著名的希帕克奠定的.

Almagest 有十三卷. 第一卷的第九章讲弦表的计算. 圆周分成 360 度,每度再二等分. 直径分成 120 份,每份分成 60 小份,每小份再分为 60 更小的部分. 现在将这种小份,更小的份称为"分"和"秒",这是根据拉丁文而来的. 分圆周用六十进制是有巴比伦根源的并且归功于杰米纳斯和希帕克的. 而多勒梅计算弦长的方法却是他的首创. 他先证了现在附录在欧几里得卷四的(D)中的命题:"圆内接四边形二条对角线所成的矩形等于两组对边所成的两个矩形之和". 于是他说明怎样由两弧的弦求两弧和、差的弦,以及由任意弧的弦求其半弧的弦. 他用了这些定理来计算他的弦表. 这些定理的证明是很优美的. 多勒梅关于圆内接正五边形和正十边形边长的做法,后来由克拉维斯(C. Clavius)和玛希洛尼(L. Mascheroni)给出的,至今还被工程师们常用的. 设半径 $BD \perp AC, DE = EC.$ 使 $EF=EB$,则 BF 是(正)五边形的边而 DF 是(正)十边形的边. (图 6)

Almagest 书第一卷的另外一章是专论三角学的,特别是球面三角学. 多勒梅证明了

① 关于 Almagest 在天文学史上的重要性,可参阅 P. Taunery, *Recherches sur l'historie de l'astronomie*, Paris, 1893.

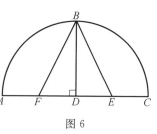
图 6

"多勒梅预理"以及"regula sex quantitatum". 根据这些定理,他建立起他的三角学. 在三角计算中,希腊人不像印度人那样用倍弧的半弦("正弦")的方法;希腊人用全弦来代倍弧. 只在作图法中,多勒梅和他的前辈们用到倍弧的半弦,今后还要提到的. 平面三角学的基本定理,"三角形两边之比等于其对角的倍弧的弦之比",没有被多勒梅明显地说出来,只是隐含在其他定理之中的. 在球面三角学中的定理是更完善些的.

三角学的建立不是为它本身而是为有助于天文学的研究,这说明了奇异的事实,即球面三角学比平面三角学更早地进入了发展的状态.

Almagest 书中其余各卷都是论天文学的. 多勒梅的其他著作中除了涉及几何学外,很少或没有面向数学的. 普罗克斯作了此书的摘要,指出多勒梅不认为欧几里得的平行公理是自明的,并且多勒梅是从古至今许多无效地企图证明它的几何学者中的第一人. 他证明中的不可靠的部分在于要断言:设若平行,则截线一侧的内角和必等于另侧的内角和. 在多勒梅以前,普西多尼(Posidonius,公元前 1 世纪)企图改进平行理论,他把平行线定义为共面而等距的直线. 根据 9 世纪阿拉伯的作者阿尔尼立兹(Al-Nirizi)所说,辛伯利西斯提出了第 5 公理的一个证明,他是根据了这个定义并将此定义归功于他的朋友阿幹尼斯(Aganis,有说可能是杰米纳斯).[①]

多勒梅(随着希帕克之后)用立体投影法做出了地球表面的图和天球图. 假设人眼是一个极点,得到的是赤道平面上的投影. 他设计了一种星盘步天规的仪器,它是天球的立体投影.[②] 多勒梅写了一个关于 analemma 的专论,它是天球在三个相互垂直平面上的正投影(水平的,子午圈和垂直圆的). analemma 是用来决定太阳的位置和星座升没的位置的. 希帕克和古老的天文学家可能知道它的用法. 它提供了球面三角形的图解法,其后印度人、阿拉伯人和 17 世纪的欧洲人亦都用它.[③]

这个时期的两个著名数学家是尼可马邱(Nicomachus)和斯默那的泰恩(Theon of Smyrna). 他们喜爱的研究是数论. 数论的研究后来在丢番图的代数中达到高潮. 但在多勒梅后的 150 年间未有重要的几何学家. 在此间隙里有个萨克脱获利阿非力肯(Sextus Julius Africanus),他写了一本不重要的几何学应用于战争上的书名为"Cestes". 另一人是怀疑论者萨克脱恩披利格(Sexlus Empiricus,200 年),他企图阐明芝诺"箭"的论点,但他用了同样诡辩所以仍不能说明. 它的诡辩是:人永不会死. 因为若人死,他必有为生的时刻,亦必有为不生的时刻,所以他永不会死. 他还提出一个诡辩:在平面上一直线绕其一端旋转时,直线上的点均画成一圆,这些同心圆是不相等的,但是每个圆必与其近

① R. Bonola,非欧几何学,H. S. Carslaw 的译本,Chicago;1912,pp. 3-8. Robert Bonola(1875—1911)是罗马大学的教授.

② 参见 M. Latham,"The Astrolabe",*Am. Math. Monthly*,Vol. 24,1917,p. 162.

③ 参见 A. V. Braunmühl,*Geschichte der Trigonometrie*,Leipzig,I,1900,P. M. Alexander von Braunmühl(1853—1908)是慕尼黑高等工业学校的教授.

傍相切的圆相等.①

帕普斯(Pappus)大约于340年生在亚历山大里亚的.他是亚历山大学派里最后的大数学家.他的天才稍次于500年前的阿基米德,阿波洛尼斯和欧几里得.但处在几何学衰落的时代里,他已是"鹤立鸡群"的了.他是《Almagest 评注》,《欧几里得原本评注》,《第奥多勒 Analemma 的译注》的作者.这些作品都遗失了.普罗克斯可能根据了他的《欧氏原理评注》说,帕普斯反对:"一角等于直角则本身总为直角"这个命题.

现在仅存的帕普斯的著作是他的《数学集成》.此书原为八卷,但卷一和卷二中的一部分已遗失.帕普斯的《数学集成》似为当时的几何学者提供数学难题的简明分析并用一些补充定理使之易读.这种补充定理的选择是十分广泛的,常常是与所研究的问题无关或很少关系的.但他总算给出了他所研究的著作的翔实摘要.由于《数学集成》提供了现已遗失的最早的希腊数学家各种论著里的丰富材料,所以它对我们是有价值的.上一世纪的数学家把它看作是帕普斯个人对已失作品所做的简要.

现在我们叙述几个被认为是帕普斯新创的在《数学集成》中的重要定理.首要的是一个优美的定理,它在1 000年后被哥丁(Guldin)重新发现的:在旋转轴一侧的平面曲线旋转所得的体积等于曲线的面积乘以曲线重心所画圆周的周长.帕普斯还证明了:一个三角形的重心与顶点在此三角形三边上且将三边分成相同比的另一个三角形的重心是相同的.卷四中有新的光辉的关于 quadratrix 的定理,指出它与曲面的密切关系.他得到 quadratrix 的定理,指出它与曲面的密切关系.他得到 quadratrix 为下法:在直圆柱上作一螺线,则由螺线的每一点所作圆柱轴的垂直线成一螺旋面.通过一条垂直线且与圆柱底面成任意角的平面截以螺旋面得一曲线,以曲线在圆柱底面上的正投影即是 quadratrix.第二种作法仍可钦佩的:以阿基米德螺线作为直圆柱的底,设想以过螺线始点的母线为轴的一个旋转锥体,则此锥与圆柱相交于一个双曲率的曲线.由曲线上每一点作锥轴的垂直线,成一螺旋面,帕普斯称此为 plectoidal 曲面.通过一条垂直线且有任意角的平面截此曲面所得的曲线在螺线所在平面上的正投影即所求的 quadratrix.帕普斯深入地研究了双曲率的曲线.他得到一种球面螺线:一点在球的大圆圆周上均匀移动而大圆本身又绕其直径均匀地转动.他再求出由球面螺线所确定的球面部分的面积"这是一种非常值得钦佩的球面求积法,若是考虑到虽在阿基米德时代已经知道了整个球面,而度量其一部分,例如球面三角形,则为当时以及其后长期未解决的问题."② 由于笛卡儿和牛顿使之出名的问题称为"帕普斯问题".平面上已知几条直线,求一点的轨迹,使由此点作各直线的垂直线(或更一般地,与各直线成等角的),则其中某些垂线的乘积与其他垂线乘积之比为已知的比.值得注意,帕普斯是发现抛物线焦点的第一人亦是首先提出点的渐伸线理论的.他用到了准线并且首先将圆锥曲线的定义写成固定的形式:是到定点和定直线距离之比为定数的点的轨迹.他解决了这个问题:过同一直线上的三点作三直线,使此三直线所成的三角形内接于一个已知圆.由《数学集成》中我们可引出很

① R. Bonola,前引的书,1912,pp. 3-8.
② M. Cantor,前引的书,Vol. I,3 Aufl.,1907,p. 451.

多同样困难的定理,这些定理都假想是帕普斯所创立的.但是应该指出:他在有些地方是被人责备的,他抄了定理而未给予应有的光荣,他可能在别种条件下得到相同的结果而使我们没有能判断究竟谁是真正发现者的资料.①

　　亚历山大里亚的泰恩(Theon)大约生于帕普斯的同时.他发表了一个附有注解的欧氏原本,这可能是他讲学时的教科书.他对 Almagest 的评注本中,有许多历史的叙述特别是包括了希腊算术的特例,所以是有价值的.泰恩的女儿呼派蒂(Hypatia)是一个德容并茂的妇人.她是最后的有名的亚历山大的教员.据说是比其父亲更有才能的哲学家和数学家.她有关于丢番图和阿波洛尼斯著作的摘记现已遗失了.她在 415 年悲惨地死去,在金士雷(Kingsley)的《呼派蒂》里有生动的描述.

　　此后,数学在亚历山大里亚停止了发展.基督教的神学成为人类思维的主要方面.偶像教绝迹了,偶像信徒的研究亦消失了.雅典的新柏拉图学派继续坚持了一百多年.普罗克斯,爱西多勒斯(Isidorus)等人持续了"柏拉图继承的金链".苏利纳斯(Syrianus)的承继人,雅典学校的普罗克斯写了一个欧氏原本的评注本.我们现在只有关于卷一的评注;因其所有的报道,它在几何学历史上是有价值的.爱西多勒斯的学生大马士革的达马修斯(Damascius of Damascus)现在被认为是欧氏原本卷十五的作者.爱西多勒斯的另一个学生,阿斯卡隆的欧托西(Eutocius of Ascalon)是阿波洛尼斯和阿基米德著作的评注者.辛伯利西斯(Simplicius)注释了阿基米德的"第塞罗"(DeCaelo).辛伯利西斯提到芝诺时说:"加之不大,减之不小者惟无物而已."据此,否认无限小量的存在将回溯到芝诺了.在许多世纪里都争论着这个重大的问题直到莱布尼兹(Leibniz)的时代,他给出了不同的解释.辛伯利西斯关于安提丰和欠奥的希波克拉底化圆为方问题的报道是在这方面最好的历史来源之一.②529 年杰斯丁(Justinian)反对异教徒的学习,下了敕令,关闭了雅典的学校.

　　总的说来,在此 500 年间的几何学家们显然是缺乏创造力的.与其说他们是发明家,毋宁说他们是注释家.

　　古代几何学的主要特征是:

　　(1) 概念是十分明晰和确实的,结论是有完整严格的逻辑性的.

　　(2) 普遍地缺乏一般原则和方法.古代几何学无疑的是"特殊的".例如,希腊人没有作切线的一般方法."三种圆锥曲线切线的确定未能提供任何合理的帮助去作其他新的曲线如蚌线,蔓叶线等等的切线."在定理的证明中,古代几何学者对于多少种不同位置的直线就当作多少种不同的情况去分别地证明.最伟大的几何学家对于一切可能的情形认为必须将它的每一种独立看待的并给出同样完善的证明.要设计出统一处理各种情况的方法,是超过古代人的能力的."假若我们将解决一个数学问题比作要剖开一块巨大的岩石,则我们看到希腊数学家的工作就好像是一个拿了凿和锤的强壮的石匠的工作,他

---

　　① 关于帕普斯对这些责备的抗辩,参见 J. H. Wearer 在 *Bull. Am. Math. Soc.*,Vol. 23,1916,pp. 131-133 的文章.

　　② 参见 F. Rudio 在 *Bibliotheca mathematica*,3S.,Vol. 3,1902,pp. 7-62 的叙述.

以不倦的坚持将岩石慢慢地弄成碎块. 而近代数学家则好像是一个优秀的矿工, 先将岩石打几个眼, 由此用了强烈的炸药将它爆破成为碎块, 于是就得到了宝藏的光辉. "①

八、希腊的算术和代数学

希腊数学家习惯于区分数的科学和计算的技术. 前者他们称为算术, 后者称为 logistica. 描述二者之间的区别, 是自然和适当的. 它们之间的差别可看作是理论和实践之间的差别. 苏菲学派的人喜爱计算技术的研究. 另一方面, 柏拉图相当重视哲理的算术而宣告计算是一种通俗和幼稚的技术.

在概述希腊计算的历史时, 我们首先要对希腊计算的形式和记数法有个简要的叙述. 像埃及人和东方民族一样, 最早的希腊人亦是用手指或小石子来计算的. 遇到大数目, 小石子可能排列在平行的竖线上. 在第一线上的石子表示单位, 在第二线的表示十位, 第三线的表示百位, 等等. 后来, 用了架子, 架子上用了绳子或金属线. 据传说, 到过埃及还可能去过印度的毕达哥拉斯是将这种有价值的仪器介绍到希腊的第一人. 这种在不同民族、不同时代的算盘有着各种不同程度完善的时期. 中国人至今还用着算盘. 希腊算盘是怎样的, 如何用法的, 我们没有特别的报道. 博埃斯(Boethius)说毕达哥拉斯学派的人用算盘时有九个固定的记号, 它们的形状很像阿拉伯数字的. 但这种说法是值得重大的怀疑的.

最古的希腊记数符号是所谓"海罗迪纳记号". 这是从海罗迪纳斯(Herodianus)的名字来的, 他大约是 200 年拜占庭的一位文法学者, 他描述过这种记号. 这种记号常见于雅典的铭文中, 因此现在一般又称之为雅典的记号(Attic). 不知何故, 这些记号后来又代之字母数字, 这是用了希腊字母和三个古字 ς, ο, T)) 以及记号 M. 这种变更肯定地反而坏些, 因为记忆古老的雅典记号时没有那样繁杂, 它们只有较少的记号并且能较好地适应于数学运算. 下列表示希腊字母数字和它们对应的数值:

α β γ δ ε ς ζ η θ ι κ λ μ υ ξ ο
1 2 3 4 5 6 7 8 9 10 20 30 40 50 60 70

π ρ σ τ υ φ χ ω T) ια ιβ
80 90 100 200 300 400 500 600 700 900 1 000 2 000

ιγ   M   M^β   M^γ   等等
3 000 等等 10 000 20 000 30 000

要注意到了 1 000, 字母又要重新开始了, 但是为了避免混淆, 字母的前面记上一撇, 一般是偏下一些的. 数字的上面划一根线以区别于字母所组成的文字. M 的系数有时写在 M 记号的前面或后面而不记在它的上面. 例如 43 678 是被写成 δM·$\overline{\gamma\chi o \eta}$. 要看出希腊人是没有零号的.

分数的记法是:先写分子的数字加上一个重音符号, 然后写分母的数字加上两个重

---

① H. Hankel, *Die Entwickelung der Mathematik in den letzten Jahrhunderten*. Tübingen, 1884, p. 16.

音符号并且写两次. 例如 $\iota\gamma'\kappa\theta''\kappa\theta'' = \dfrac{13}{29}$. 遇到分子是 1 的分数, a' 是不写的而分母只写一次. 例如, $\mu\delta'' = \dfrac{1}{44}$.

希腊人把比 $\dfrac{n}{n+1}$ 称为伊毕摩令(epimorion). 阿乞塔斯证过定理:若一个伊毕摩令 $\dfrac{\alpha}{\beta}$ 简化得 $\dfrac{\mu}{\upsilon}$ 后,则有 $\upsilon=\mu+1$. 这个定理在后来欧几里得和罗马人博埃斯的音乐著作里找到的. 欧几里得式的算术形式,可能不是用线段来表示数字的,在阿乞塔斯的时候就早已有了.①

希腊的作者很少用字母数字来计算的. 加法、减法甚至乘法都可能是在算盘上完成的. 数学专家可能用那些记号.6 世纪的一位注释家,欧托西给出了许多乘法,下面的是个典型②

σ	ξ	ϵ	2	6	5
σ	ζ	ϵ	2	6	5

$$\overset{\delta}{\mathrm{M}},\overset{}{\mathrm{M}},\beta,\alpha \qquad 40000,12000,1000$$
$$\overset{\alpha}{\mathrm{M}},\beta,\overline{\gamma\chi\tau} \qquad 12000,\ 3600,\ 300$$
$$\overline{\overset{\alpha}{\tau\kappa\epsilon}} \qquad\qquad 1000,\ \ 300,\ 25$$
$$\overset{\zeta}{\mathrm{M}}\overline{\sigma\kappa\epsilon} \qquad\qquad 70225$$

算法由所附的现代的数字已能充分地说明了. 在混合数情况下,算法还要笨拙些. 除法可在亚历山大里亚的泰恩的 Almagest 注本中寻得. 可从想象,过程是冗长而乏味的.

我们在几何学中看到,有研究的数学家常要有开平方的机会的. 例如,阿基米德在他的《圆的度量》中有大量的平方根. 他说,譬如, $\sqrt{3}<\dfrac{1\,351}{780}$ 且 $\sqrt{3}>\dfrac{265}{153}$,但是他没有给出得到这些近似值的线索. 这不是不可能的,早期的希腊数学只是用尝试来求平方根的. 欧托西说开平方法是由海伦、帕普斯、泰恩以及 Almagest 的其他注释者给出的. 这些方法中我们只知道泰恩的方法. 它是与今日的方法相同的,除了用六十进制代替了我们的十进制. 当六十进制分数不用后,开方的步骤形式究竟是怎样的,这是部分现代作者所搞不清的课题.

与算术记号有关的是阿基米德给苏拉格斯及隆王(Gelon)信中提到的有趣的砂粒的计算问题. 信中说一般人认为砂是不可数的或即使可数亦非算术记号所能表示的,这都是错误的. 阿基米德说一堆砂所有的砂粒数不但大如地球且可大如宇宙,仍可用算术表示出来的. 假定 10 000 粒砂所成的体积大如一棵罂粟籽,一棵罂粟籽的直径不小于手指宽的 $\dfrac{1}{40}$;再设宇宙的直径(假定延伸到太阳)小于地球直径的 10 000 倍,地球的直径小

---

① P. Tannery 在 *Bibliotheca mathematica*,3 S.,Vol. VI,1905,p. 228 中的条文.
② J. Gow,前引的书,p. 50.

于 10 000 stadia①.阿基米德找到一个数,这数超过了由砂所成而与宇宙等积的球中的砂粒数.他再继续算下去.设宇宙是到某个固定的星座的,以地心到星座的距离为半径作球,则此球所含的砂粒数将小于 1 000 个连写八次万万的数.用我们的记号,此数②为 10^{67} 或 1 以后有 67 个零号.毋庸怀疑,阿基米德进行这种计算的目的是在于改进希腊记数法.他有没有发明某些简短的记数法来表示上面的数,我们不知道.

从帕普斯书第二卷的片断中我们断定阿波洛尼斯提出过希腊记数法的改进的,但是我们不知道它的实质.由此,我们看到希腊人曾有过一种明白合理的记数法.将这种记数法公之于世的荣誉只得留待给予不知什么时代的不知名的印度人;对于这种促进智慧的重要发明,我们不知道应该感谢谁.③

现在谈算术的问题.我们首先注意毕达哥拉斯关于数的学说.在毕达哥拉斯建立他的学派以前,他曾向埃及祭司们学习了许多年并且熟悉了埃及的数学和神秘主义.若像一些权威所说的他曾去过巴比伦的话,那么他可能在那里学会了六十进制的用法,他可能学到相当的比例理论的知识,他可能发现大量有趣的天文观察.毕达哥拉斯亦富有当时在希腊思想界盛行的怀疑精神,他致力于发现关于宇宙共同性的一些原理.在他以前,爱奥尼克学派的哲学家们曾经由事物的本质来探求这种同一性;毕达哥拉斯则由事物的结构去探求它.他观察到数和宇宙现象之间有着数量关系或者类似的关系.大家相信,毕达哥拉斯是从数以及数的关系之中找到他的哲学基础的,他想找出一切事物的由来是数.例如,他观察到同样长的乐弦被重量之比为 $\frac{1}{2}$,$\frac{2}{3}$,$\frac{3}{4}$ 的重物张紧时分别产生八度、五度和四度的音程.因此,基于音乐比例的和谐只是一种神秘的数的关系.有和谐就有数字.因此宇宙的规律和美观的根源在于数.在音阶里有七种音程而天空中亦有七个行星.前者有什么数的关系,后者亦有同样的数的关系.而哪里有数,哪里就有和谐.因此他的精神的耳朵辨别出行星的运行是一种奇妙的"球体的和谐".毕达哥拉斯学派的人发明了特别的数字有特别的属性.这样,"一"是万物的要素,它是一个绝对的数,所以它是一切数因而是一切事物的起源."四"是最完全的数,并且被神秘地想象为是与人心对应的数.菲洛劳斯相信 5 是色之因,6 是冷之因,7 是思想、健康和光亮之因,8 是爱情和友谊之因.④在柏拉图的著作里亦有类似的信念说明数字的宗教关系的迹象.甚至亚里士多德亦将德行归之于数.

这种神秘的怀疑论已足够说明他们对于数学一定要发生和保持生动的兴趣.数学研究的大道对于他们是敞开的,尽管在那个时候在别的方面仍是不通畅的.

毕达哥拉斯学派的人将数分成奇的和偶的.他们看到从 1 到 $2n+1$ 的一列奇数之和总为一个完全平方数;由偶数之和所得的一列数 2,6,12,20,其中每一个数都可由相差为 1 的两个因数组成的;例如 $6=2\times3,12=3\times4$,等等.这种数是很重要的,它们有个专

---

① 希腊尺度的名称,1 stadium ≈ 184.94 米 —— 译者注.

② 原文误作 10^{63},今改正 —— 译者.

③ J. Gow,前引的书,p. 63.

④ J. Gow,前引的书,p. 69.

名"不等边的"数. 形如 $\frac{n(n+1)}{2}$ 的数称为"三角数",因为它们常可列成 ⋮ 的形

状. 数等于它一切可能的因数之和的称为"完全数",例如 6,28,496 等. 超过一切可能因

数之和的数称为"盈数";不足者称为"不足数". 一数等于其他一数因数之和,则此二数称

为"和协数". 毕达哥拉斯学派的人很注意比例问题. a,b,c,d 四量,当 $a-b=c-d$ 时称为

成算术比例;当 $a:b=c:d$ 时称为成几何比例;当 $a-b:b-c=a:c$ 时,称为成调和比

例. 可能毕达哥拉斯学派的人还知道音乐比例. $a:\frac{a+b}{2}=\frac{2ab}{a+b}:b$. 亚姆利库说毕达哥拉

斯是由巴比伦将它介绍出来的.

与算术有关,毕达哥拉斯作了广泛的几何研究. 他相信每一个算术事实在几何学中

必有其类似的事实,且其逆亦真. 与他的直角三角形定理有关,他设计出一种寻求整数的

规则,使两数平方之和等于第三数的平方. 这样,设一边为奇数 $(2n+1)$,则

$\frac{(2n+1)^2-1}{2}=2n^2+2n=$ 另一边,而 $(2n^2+2n+1)=$ 二斜边. 若 $2n+1=9$,则另二数是

40 和 41. 但是这个规则只适用于斜边与其他二边之一相差 1 的情况. 在直角三角形的研

究中,无疑地要产生难解奇妙的问题. 例如,给定一数等于等腰直角三角形的一边,求其

斜边所表示的数. 边长可取 $1,2,\frac{3}{2},\frac{5}{6}$ 或别的数,但在每种情况下要找出确实等于斜边

的数终是无结果的. 这个问题试之再三,直到最后"想当然的某些奇才在什么恰当的时

候,像高飞的鹰一样超出了人类的思维"得到了巧妙的结论,即此题是不可解的. 与此类

似可以发生无理量的问题,这是由欧德姆斯提供给毕达哥拉斯学派的人的. 这真是一种

非常大胆的想法,设想有直线存在,它们彼此之间不但在长度 —— 即数量上 —— 有差

别,而在性质上亦有差别的,这种直线虽是实在的,但是绝对看不见的.[①]我们必须惊诧

的是:毕达哥拉斯学派的人在极端神秘之中看到了无理数,作为一种不可说的记号? 我

们听说毕达哥拉斯学派的人将无理数作为保密材料,有一人泄露这个秘密,他在船只失

事中被杀了,"因为不可说和看不见的东西应该永远保密的." 无理数的发现是说成是毕

达哥拉斯的,但我们必须记得按照毕达哥拉斯学派的规则,他们的一切重要发明都要回

溯到毕达哥拉斯本人的. 第一个不可公约的比似乎是正方形边长和其对角线的 $1:\sqrt{2}$. 苏

拉纳的西图拉斯补充了:正方形的边长是 $\sqrt{3},\sqrt{5}$ 等等到 $\sqrt{17}$;赛阿梯脱斯以为任何用根

数表示的正方形的边长,都是与单位长度不可分度的. 欧几里得在他的《原本》X.9 更

一般化了:两个量,其平方之比等于(不等于)两数平方之比,则此二量是可分度的(不可

分度的),且其逆亦真. 在其卷十里,他终于研究了不可公度量. 他研究了用 $\sqrt{\sqrt{a}\pm\sqrt{b}}$($a$

和b是可公度量的直线)表示的每一种可能的直线,他得到25种. 每种里的个别情况是与

其他种的一切情况都是不可公度. 棣摩甘说:"这一卷书的完全性腾达其他各卷书(甚

---

① H. Hankel, *Zur Geschichte der Mathematik in Mittelalter und Alterthum*, 1874, p. 102.

至卷五），我们几乎可以认为欧几里得是在心里排列好了材料并且用心写成卷十以后再写前面的几卷的，而在他生前未作过彻底的修订的."① 欧几里得所剩留下来的不可公度量的理论直到 15 世纪才有人再进行下去.

若是回忆起早期的埃及人曾对于二次方程有所知悉的话，那么对于毕达哥拉斯时代的希腊作者亦有类似的知识也就没有什么奇怪的了.公元前 5 世纪的希波克拉底当他求月形面积的时候曾设想它的几何等积形是二次方程 $x^2 + \sqrt{\frac{3}{2}} ax = a^2$ 的根.完全的几何解法是欧几里得在他的《原本》Ⅵ.27 ～ 29 中给出的.在卷二,5,6,11 中他还用几何方法解了某些形类的二次方程.

欧几里得《原本》的卷七、卷八和卷九是专论算术的.其中究竟哪些是欧几里得自己的发明，哪些是他得自其前辈们的，我们是无法知道的.无疑的，欧几里得独创的是较多的.卷七由二十一个定义开始.除了"质数"以外，其余的定义已由毕达哥拉斯学派的人给出过.然后是谈怎样求两个数或更多数的最大公约数的方法.卷八论成连比例的数和论数与其平方、立方间的共同关系.例如,命题 ⅩⅫ:若三数成连比例,第一数是平方数则第三数亦是平方数.卷九续论这个问题.其中有命题说质数的个数大于任何给定的数.

欧几里得死后,数论的研究几乎停滞了 400 年.几何学单独地为希腊数学家注意着.只有两个在算术方面进行研究的人值得提及.埃拉托逊(前 275— 前 194)发明了寻找质数的"筛".一切合数都可用下法"筛下来":从 3 起写下连续的一切奇数.在 3 以后,删去每隔三个的数,我们剔除了 3 的一切倍数.在 5 以后,删去每隔五个的数,我们剔除了 5 的一切倍数.就这样,移去了 7,11,13 等数的倍数,最后仅存质数了.希伯西尔斯(公元前 200 年到公元前 100 年之间)研究过欧几里得所忽视的多边形数和算术级数.在他的《星的上升》书里,他指出:(1)在一个 $2n$ 项的算术级数里,后面 n 项之和比前面 n 项之和多出 n^2 的倍数;(2)有一个 $2n+1$ 项的级数,级数之和等于项数乘以中项;(3)有一个 $2n$ 项的级数,级数之和等于项数之半乘以两个中项.②

希伯西尔斯以后的两百年间,算术在历史上无生气了.大约公元 100 年一个新毕达哥拉斯学派的人尼可马邱(Nicomachus),他是希腊数学最后期的开端人,使算术又放出了光芒.从此算术是一种为人喜爱的研究而几何学被冷淡下去了.尼可马邱写了一本《算术引论》,这是盛行于当时的.它有许多译注的人保证了它的普及性.博埃斯将它译成拉丁文.人们恭维一个计算者无过于用这样的话:"你像尼可马邱一样的计算."《算术引论》是第一本彻底讨论算术而不依赖于几何的书.不像欧几里得那样画直线,他描述事物用具体的数字.当然在此书里仍保留着古老的几何术语,但是用的方法已是归纳法而不是演绎法了."它的唯一的工作是分类而其各类是由实在的数推导得来的,并且亦由数表示出来." 此书所含的结果中属于真正创作的并不多.我们提出一个可能是作者自己的

① 参见棣摩甘(A. De Morgan)在 *Smith's Dictionary of Greek and Roman Biog. and Myth.* 中的条文 "Euclcides".

② J. Gow,前引的书,p. 87.

重要命题.他说立方数总可等于连续的奇数之和.例如,$8=2^3=3+5,27=3^3=7+9+11$,$64=4^3=13+15+17+19$,等等.在此后求立方数之和时要用到这个定理的.斯默那的泰恩是《研究柏拉图的数学必备书》的著者.此书编排不佳且无多价值.其中有一个有趣的定理:任一个平方数或这数减去 1 总可被 3 或 4 或 3 和 4 除尽.亚姆利库在其毕达哥拉斯派哲学的论著中给出过一个值得注意的定理的发现.观察得到毕达哥拉斯学派的人分别地称 1,10,100,1 000 为第一,第二,第三和第四"层"的单位.定理是:若将任意三个连续数相加,其中最大的数是能被 3 除尽的,然后将此和的各位数相加,再将这个和的各位数相加,以此类推;最后的和一定是 6.例如,$61+62+63=186,1+8+6=15,1+5=6$.这个发现是值得注意的,因为通常的希腊记数法不容易使人猜想起这种数的性质好像我们的"阿拉伯"记数法那样.

希普莱脱(Hippolytus)是 3 世纪初叶意大利罗马港的主教,提出过"弃九法"和"弃七法"的"证明".

尼可马邱、斯默那的泰恩、塞马力达斯(Thymaridas)以及其他人的著作中包括了当时的研究,这些实质上是属于代数的课题.塞马力达斯在某处用到过希腊文表示"未知数"的字眼,使人相信很快地就要进入代数的途径了.有趣的是发明代数的踪迹出现在《内庭文集》上关于算术的短诗里,这本《文集》包括了导向一次方程的五十个问题.这些问题是在介绍代数以前作为难题提出的.在《文集》有据说是由欧几里得所提出的难题:"一骡和一驴驮了谷子一齐走.骡和驴说:'假若你给我一升,我驮的是你驮的两倍.假若我给你一升,你我驮得一样.' 我的大几何学家,告诉我,他们各驮多少? "①

Gow 说可以认为这个问题,若是确实的话,不会不是欧几里得的并且是合乎古代几何学的口味的.一个更难的问题是有名的"牛问题",这是阿基米德向亚历山大亚数学家们提出的.这问题是不确定的,因为从七个方程中要解出八个整数未知数.问题是说:太阳有一群不同颜色的公牛和母牛.(1)公牛:白色(W)的是蓝色(B)的和黄色(Y)的$\left(\frac{1}{2}+\frac{1}{3}\right)$,$B$ 是 Y 和杂色(P)的 $\left(\frac{1}{4}+\frac{1}{5}\right)$,$P$ 是 W 和 Y 的 $\left(\frac{1}{6}+\frac{1}{7}\right)$;(2)母牛:亦有同色($w,b,y,p$)

$$w=\left(\frac{1}{3}+\frac{1}{4}\right):(B+b):b=\left(\frac{1}{4}+\frac{1}{5}\right)(P+p):p=\left(\frac{1}{5}+\frac{1}{6}\right)(Y+y):y$$
$$=\left(\frac{1}{6}+\frac{1}{7}\right)(W+w)$$

要求公牛数和母牛数.②这引导到 high numbers,但是增加它的复杂性,可再附上条件:$W+B=$ 一个平方数,$P+Y=$ 一个三角数,则将导致二次的不定方程.《文集》中的另一问题是为小学生所熟悉的:"有四个水管,开第一管一天装满水槽;第二管要两天;第三管要三天;第四管要四天.若四管齐开,多少时间装满水槽? "使算术家迷糊的大量的这种问题是容易被代数学家解决的.它们在丢番图的时代是很普通的并且无疑地给他们强烈

---

① J.Gow,前引的书,p.99.

② J.Gow,前引的书,p.99.

的刺激的.

丢番图是第二个亚历山大学派最后时期中的最多产的数学家之一. 他极盛于公元 250 年左右. 从他的墓志铭上知道他是八十四岁: 丢番图度过生命的 $\frac{1}{6}$ 于其幼年, $\frac{1}{12}$ 于少年, 再加上 $\frac{1}{7}$ 是他未婚的年龄, 婚后五年生一子, 儿子比父亲早死 4 年, 年仅父亲年龄之半. 我们不知道丢番图的籍贯和出生. 若是他的著作不是用希腊文写的, 那么无人能够立刻就想到它们是希腊思维的产物. 他的著作里没有希腊数学古典时期所流传给我们的东西. 他的著作常是一些对于新的问题所用的新的思想. 在希腊数学家中间, 他是特别而孤立的. 除他以外, 我们将不得不说代数学在希腊人中间几乎是一门未知的科学.

他的著作《不定设题论》是遗失了, 但我们有他关于多边形数的片断以及他的巨著《算术》的七卷, 该书据说原是有十三卷的.《算术》的最近版是由勤劳的史学家推纳莱、希思和维修姆 (G. Wertheim) 编辑的.

亚默斯纸草卷里初步暗示了用代数记号以及方程的解法, 等等; 若除它以外, 那么丢番图的《算术》是现存的最早的代数著作了. 在此书中介绍了用代数记号表示代数方程的思想. 他处理的方法是纯粹分析的而完全不用几何方法的. 他说 "减数乘以减数得到一个加数". 这句话是在差的乘法中用的, 例如: $(x-1)(x-2)$. 应该指出, 丢番图并没有负数能单独存在的概念. 他只知道差, 如在 $(2x-10)$ 里 $2x$ 是不能小于 10 的, 否则将引起不合理了. 他是能完成像 $(x-1)(x-2)$ 这样的运算而不借助于几何的第一个人. 如 $(a+b)^2 = a^2 + 2ab + b^2$ 一类的恒等式, 欧几里得是放在几何定理中的; 但在丢番图看来只是代数运算律的简单结果. 他的减号是 ⋀, 等号是 ι。对于未知数他只有一个记号 ς. 他没有关于加法的记号, 只是用并列书写的形式. 丢番图用的记号是不多的, 并且他有时宁可用语言来描述运算, 其实用了记号回答是同样好的.

在解方程组时, 丢番图熟练地只用一个记号表示几个未知数并得到其解; 一般的, 他是用试验法的, 那是给未知数以一些指定的初值, 使之只满足一二个方程的. 这些数值当然使有些式子是不合的, 但往往能提供某种方法使所有的数值适合问题所有的条件.

丢番图亦解了确定的二次方程. 这种方程的几何解法是欧几里得和希波克拉底已有过的. 代数解法是亚历山大里亚的海伦找到的, 他对方程 $144x(14-x) = 6\,720$ 得到过它的近似解 $8\frac{1}{2}$. 在可疑的海伦著作《几何学》里, 方程 $\frac{11}{14}x^2 + \frac{29}{7}x = 212$ 的解已特别地被说成有形式 $x = \frac{r(154 \times 212 + 841) - 29}{11}$ 了. 丢番图始终没有给出解二次方程的整个步骤, 他只是说出了结果. 例如 "$84x^2 + 7x = 7$, 这里求得的 $x = \frac{1}{4}$". 由各处看到的片断解释中知道二次方程总被写成各项都是正的方程. 因此, 从丢番图的观点看来, 有一个正根的方程, 有三种: $ax^2 + bx = c, ax^2 = bx + c, ax^2 + c = bx$; 对于每种方程有一种解法, 它与解其他两种方程的方法略有不同. 要注意, 他只求出一个根. 他看不出一个二次方程有两个根, 甚至二根都是正数他亦不予注意, 这是使我们觉得奇怪的. 但是又必须记得, 一般希腊数学家却能够在问题所有的答数中看出几个来的.另一种说法是丢番图不承认一个负的或无理的量可以作为一个答数的.

丢番图的《算术》中只有第一卷是论述确定的二次方程的解法的.现存的其余各卷主要讨论不定的二次方程,例如 $Ax^2 + Bx + C = y^2$ 或者是两个同样形式的联立方程.他只讨论了几种情况而不是这类问题能有的一切情况.Gow 说,奈赛孟(Nesselmann)分析了丢番图的方法是:(1)他只完全地讨论了没有二次项或者绝对项的不定二次方程;他对方程 $Ax^2 + C = y^2$ 和 $Ax^2 + Bx + C = y^2$ 的讨论在许多场合下是有限制的.(2)对于联立的二次方程,他只讨论二式中都没有二次项的情形,即使如此,他的解答亦不是一般性的.只有在特殊有利的情况下讨论更复杂的方程.因此,他解了方程 $Bx + C^2 = y^2$,$B_1 x + C_1^2 = y^2$.

丢番图特殊的才能不如说是在另一方面的,即他有惊人的天才,能将各种方程化为他所能解的特殊形式.他所考虑的问题的变化是很大的.丢番图巨著中所有的 130 个问题计有 50 多种不同的题目,这种题目仅是集在一起而无意将它们分类的.但解法比起问题来更是五花八门.丢番图几乎完全不知道一般方法的.每个问题有它自己的特殊解法,这个方法对于与它相近的问题往往又是无用的."因此,一个近代的人学了 100 个丢番图解法以后,要去解第 101 个问题仍是困难的."这是希思书中所记的罕克尔的话,是有些夸张的.①

丢番图常满足于方程的一个解,虽然他的方程 是可以有无限多组解的;这使他的著作失去了很大的科学价值.另一个大缺点是没有一般性的解法.近代的数学家为欧拉(L. Euler)、拉格朗日(J. Lagrange),高斯(K. F. Gauss)必须要由重读不定分析开始而不能从丢番图得到解法方式化的直接帮助.虽然有这些缺点,我们仍不能不对著作中解决特殊方程所显示的奇特天才表示钦佩的.

---

① T. L. Heath, *Diophantas of Alexandria* ,2nd. ,Cambridge,1910,pp. 54-97.

中　国　人[①②]

现有的最早的中国数学书是一本不知作者姓名的书,叫作《周髀》,它是公元前 2 世纪的作品,可能还要更早一些. 在一个问答中,人们看出《周髀》揭露了公元前 1000 年时代的数学和天文学的情况,在那个时候已经知道关于直角三角形的毕达哥拉斯定理了.

稍后于《周髀》的有《九章算术》,一般称为《九章》,这是最著名的中国算术书. 著者和成书的时代我们都不知道. 公元前 213 年,专制的秦始皇曾下令"焚书坑儒". 始皇死后,学术活动又重新复原. 张苍找到了古籍,由此辑订了《九章》. 约一百年之后,耿寿昌作了修订,公元 263 年刘徽和 7 世纪的李淳风都给这个经典著作做了诠释. 今日的《九章算术》中 ,究竟哪些是公元前 213 年以前的内容,哪些张苍、耿寿昌所加进去的,已经难以肯定的了.

《九章算术》从度量的研究开始,给出三角形的面积是 $\frac{1}{2}bh$,梯形面积是 $\frac{1}{2}(b+b')h$,圆的面积有 $\frac{1}{2}c \cdot \frac{1}{2}d, \frac{1}{4}cd, \frac{3}{4}d^2$ 和 $\frac{1}{12}c^2$,这里 c 为圆周长, d 为直径, π 是取作 3 的. 圆的弓形面积是 $\frac{1}{2}(ca+a^2)$, c 为弦长, a 为弓形的高. 其次是论述分数,包括百分率、比例和配分的商业算术以及数的开平方和开立方. 有些地方单位分数特别用得多. 分数的除法是将分数颠倒相乘来完成的. 运算方法常是用难懂的文字叙述的. 给出了棱柱、圆柱、棱锥、锥台和圆锥台、四面体和楔形的求积公式. 于是紧接着一些问题. 可以看出已经用到了正数和负数. 下述的问题很有趣,因为几世纪之后见于印度婆罗笈多(Brahmagupta)的著作中:一根竖竹 10 尺高,折断及地,上端离杆 3 尺,求折断处的高度. 解得折断处的高取作 $= \frac{10}{2} - \frac{3^2}{2 \times 10}$. 另一个问题:一个正方形的城,各边中点开门,出此门 20 步有树,出南门 14 步然后往西 1 775 步可望见此门外的树,求城各边之长. 这个问题导致二次方程 $x^2 + (20+14)x - 2 \times 10 \times 1\,775 = 0$. 书中未详述方程的立法和解法. 有一个不甚清楚的叙述说答数是从开方得来,被开方式不是单项式而是有一次项 $(20+14)x$. 有人推测这种方法后来逐渐发展而得到极像霍纳(Horner)求近似根的方法,但是这种方法是用

---

①　F. Cajori. *A History of Mathematics* 2nd Ed. New York 1922 中译稿一部分:中国人. 译者:钱克仁.

②　这里所谈的中国数学完全根据三上义夫(Yoshio Mikami) 的 *The Development of Mathematics in China and Japan* ,Leipzig,1912 和 D. E. Smith 与 Y. Mikami 合著的 *History of Japanese Mathematics* ,Chicago,1914.

算筹来进行的.另一个问题得到一个二次方程,它的解法适合于文字系数的二次方程的.

我们再看 1 世纪的《孙子算经》.作者孙子说:"计算时一定先要知道数的位置.单位是竖的,十位是横的,百位是直立的,千位是躺卧的;千位和十位一样,万位和百位相仿." 这是从太古时代起中国人用算筹的方法而与算盘计算显然是有关系的.这种算筹是木制的或竹制的.在孙子时代是较长的;后来大约是 $1\frac{1}{2}$ 寸长,有红色的和黑色的两种分别代表正数和负数.根据孙子的说法,单位是竖的,十位是横的等,5 用一根单筹.$1\sim 9$ 的数用算筹表示为:Ⅰ,‖,‖‖,‖‖,‖‖,Т,Ⅱ,Ⅲ,ⅢⅢ;十位数字 $10,20,\cdots,90$ 表示为:一,二,三,三,三,⊥,⊥,⊥,⊥.数 6 728 表为 ⊥Ⅱ二Ⅲ.算筹是放在划好行列的板子上的,在计算过程中进行搬动.在 321 被 46 乘的乘法中各个步骤大致如下:

321	321	321
138	1472	14766
46	46	46

乘积是放在被乘数和乘数之间的.46 先被 3 乘,次被 2 乘,再被 1 乘;在每一步骤中 46 往右移一位.孙子不做除法,仅做除数是一位数的除法.求平方根的方法不比《九章算术》说得更清楚.在一个问题提到河边洗碗妇人的回答里涉及了代数:"不知有多少客人.但知每二人用一个饭碗,每三人用一汤碗,每四人用一肉碗.共有 65 年碗.—— 解法:65 乘 12 得 780,用 13 除之即得答数."

有一个不定方程如下:"今有物不知其数.三个三个分它剩下 2 个,五个五个分它剩下 3 个,七个七个分它剩下 2 个,问共有多少个?" 只给出一个答数,即 23.

《九章算术》的注释者刘徽在三国时代的 3 世纪写了一本《海岛算经》.他提出了要用熟练的代数运算解决的复杂问题.第一题要求岛离陆地的距离和岛的高度.已知两个竖杆都高 30 尺,相距 1 000 步,它们与岛峰是在同一直线上的.从较近的杆退行 123 步;人目着地,望岛峰,岛峰与杆端在一直线上,从较远的杆退行 127 步,望岛峰,岛峰与杆端在一直线上.这个问题的解法相当于解相似三角形的比例方法.

此后几百年间少有留下来的数学著作.这里提出 6 世纪的《张邱建算经》,它是涉及比例问题,算术级数和度量的.他提出"百鸡问题",以后的中国作者又重提该题."公鸡每只五个钱,母鸡每只三个钱,三只小鸡一个钱,现用一百钱买一百只鸡,问公鸡、母鸡、小鸡各有多少?"

中国人最早用的 π 值是 3 和 $\sqrt{10}$.刘徽计算圆内接正 12,24,48,96,192 边形的周界,得到 π = 3.141 6.5 世纪的祖冲之令圆直径为 10^8,得到 π 的过剩和不足近似值为 3.141 592 7 和 3.141 592 6,并且从此得到"密率"和"约率"为 355/113 和 22/7.22/7 这个值是阿基米德已得到的 π 的上限而中国人是在此时才知道的.比值 355/113 渐为日本人所知,但在西方要直到大约 1585 年到 1625 年间才由阿特灵梅铁斯(Adriaen Metius)的父亲阿特灵安舒尼(Adriaen Anthonisz)重头推得. 但是,寇前(M. Curtze)考证出似乎奥托(Valentin Otto)在 1573 年已经知道了.[①]

7 世纪上半叶,王孝通写了一本《缉古算术》,其中第一次出现了中国数学里的数字三次方程. 这是在中国第一次处理二次方程以后七、八百年才有的. 王孝通有几个要用三次方程解的问题:"直角三角形两边的乘积为 $706\frac{1}{50}$,斜边比一边长 $30\frac{9}{60}$. 求三边之长."

他的答案是 $14\frac{9}{10}$,$49\frac{1}{5}$,$51\frac{1}{4}$. 方法是:"将二边的乘积(P)平方,以斜边与一边之差(S)的二倍除之作'实'(即常数项);以 S 之半作'廉法'(即二次项的系数);于是按开立方的方法解之. 结果得第一边的长. 加上 S,得斜边. 以第一边除 P,得第二边." 这个方法导致得到三次方程 $x^3+\frac{S}{2}x^2-\frac{P^2}{2S}=0$. 解法是与开立方法相似的,但其过程没有详述.

1247 年秦九韶写了《数书九章》,它在数字方程的解法上作了决定性的发展. 起初秦九韶在蒙古侵入时期从过军. 曾有十年生了病,复原后进行研究工作. 下述问题使他得到过一个十次方程:一个不知直径的圆城,有四个城门. 北门之北 3 里有一树,在南门之东 9 里处可望见此树. 求出的直径是 9 里. 他解不定方程的能力是越过孙子的,要求一数,用 $m_1,m_2,\cdots,m_n$ 除之分别得到余数 $r_1,r_2,\cdots,r_n$.

秦九韶解方程 $-x^4+763\,200x^2-40\,642\,560\,000=0$ 的方法是酷似霍纳法的. 但是,计算是在有分行的算板上用算筹进行的;因此工作的安排上是与霍纳法不同的. 而运算方法则是相同的. 根的第一位数是 8(8 百),进行方程变换后得

$$x^4-3\,200x^3-3\,076\,800x^2-826\,880\,000x+38\,205\,440\,000=0$$

用霍纳法亦得同样的方程. 于是以 4 为根的第二位数,在变换中常数项为零,得到根为 840. 因此,中国人比鲁斐尼(Ruffini)和霍纳早五百多年发明了解数字方程的霍纳方法. 此后李冶和其他的作者亦有解高次方程的问题. 秦九韶胜于孙子的还在他用了 0 作为零的记号. 很可能这个记号是由印度传入的. 正数和负数是用红筹和黑筹表示的. 秦九韶又曾第一次地提出后来为中国人喜爱的问题,它是在周界有某种条件下三等分梯形田的问题.

我们已提到过秦九韶的同时代人李冶,他居住在远方敌对的王国里而独立工作. 他是《测圆海镜》的著者(1248),亦是《益古演段》的作者(1259). 他用 0 作为零的记号. 因为在书写和印刷时用颜色表示正负数的不方便,他在数筹上加一条斜线来表示负数. 例如 ⊥0 表示 60,⍀0 表示 -60. 在算板上用特定的算筹表示未知数的单位. 一个方程的各项是写成直行的而不是横行的. 在《益古演段》和秦九韶的著作中,常数项是放在顶上的而

在《测圆海镜》里,次序是相反的,即常数项放在底线上,未知数的最高项放在最上面.13世纪中国代数学达到前所未有的高度.代数学连同数学方程的解法在中国被称为"天元术".

13世纪第三个著名的数学家是杨辉,他的有些书至今还存在.它们涉及算术级数的求和,亦提到 $1+3+6+\cdots+(1+2+\cdots+n)=n(n+1)(n+2)\div 6$,$1^2+2^2+\cdots+n^2=\frac{1}{3}n\left(n+\frac{1}{2}\right)(n+1)$,还有比例、方程组、二次方程和四次方程.

半个世纪以后,中国代数学卓越的表现在朱世杰的著作中,他有《算学启蒙》(1299)和《四元玉鉴》(1303).第一本书中没有新的内容,但在17世纪时对于日本的数学给出了很大的刺激.有一段时间,中国人遗失了这本书,而在1839年发现了1660年的朝鲜印本后得以复原.《四元玉鉴》是一本创作.它全是讨论天元术的.他提到用二项系数构成的三角形(西方称为巴斯葛三角形的),这个三角形是阿拉伯人在11世纪时已经知道的,可能是传入中国的.朱世杰的代数记号和我们现代的记号是完全不同的.例如 $a+b+c+d$ 写成如图1左.$a+b+c+d$ 的平方,即 $a^2+b^2+c^2+d^2+2ab+2ac+2ad+2bc+2bd+2cd$ 写成如图1右.进一步说明朱世杰时代的中国记号,如图2.[①]

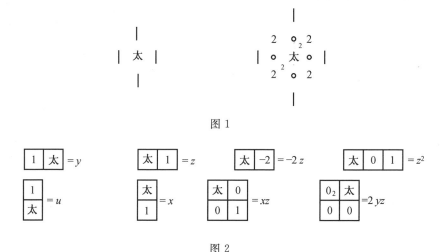

图1

图2

在有极大成就的13世纪之后,中国有几百年的衰落时期.著名的解高次方程的天元术曾被遗忘了.但是还得提起程大位,他在1593年发表了他的《算法统宗》,这是现存叙述算盘样式和用法的最古的著作.中国人在13世纪已知用算盘.像古罗马算盘一样,它有木架连成的数档,算珠可以在档上拨动.算盘代替了古老的算筹.《算法统宗》还以有幻方和幻圆而著名.幻方的历史我们很少知道.茂斯(Myth)说,古代的禹王看见在多灾的黄河里有一只神龟,背上刻有表示1到9数字的图形,排成一个幻方,称为洛书.(图3)

数字是用线上的结节表示的:黑节表示偶数(象征不完全的),白节表示奇数(完全的).

---

① 注意记号"xz",那是在太之下一格,在太之右一格,得到乘积 xz 的.在记号"$2yz$"中,三个"0"表示没有 x,y,xy 项,那个小的"2"表示在太之左、右一格符号乘积的二倍即 $2yz$.这种记号的局限性是显然的.

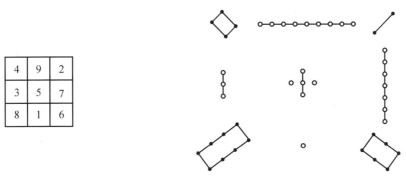

4	9	2
3	5	7
8	1	6

图 3 　洛书

16 世纪时，督基教传教士来到中国. 意大利耶稣会教士利玛窦（Matteo Ricci，1552—1610）介绍了欧洲的天文学和数学. 他和中国学者徐光启在 1607 年合作将欧几里得《原本》的前六卷译成了中文. 不久又编译了一些几何学和测量学的书籍. 教士穆尼阁（Mu Ni-ko）在 1660 年以前就介绍了对数. 阿特灵范拉克（Adriaan Vlacq）的十一位对数表是在 1713 年印刷出来的. 西佛兰窦（West Flanders）的南怀仁[①]（Ferdinand Verbiest）是一位有名的教士和天文学者，他在 1669 年为中国钦天监的副职，1773 年任钦天监正. 欧洲的代数学于是传入中国. 梅瑴成察觉欧洲代数学的原理实与中国以前的天元术相同的，因此重新研究天元术而不用欧洲的代数法. 此后，中国人的研究主要是涉及三个方面：用几何方法和无穷级数来确定 π 之值，解数字方程以及对数的理论.

我们将看到中国数学促使了日本和印度数学的发展. 我们看到它们之间的来往是不多的. 在欧洲科学输入中国以前，中国数学曾多少受到印度和阿拉伯数学的影响. 中国人最突出的成就是数字方程的解法和幻方、幻圆的创造.

[①]　参看 H. Bosmans，*Ferdinand Verbiest*，Louvain，1912. Revue des Questions scientifiques，1912 年 1 月号～4 月号的摘要.

韩信点兵[①]

我国古代有一部数学书叫《孙子算经》(大约是公元 400 年左右的书),其中有一道有趣的题目:"今有物,不知其数,三三数之剩二,五五数之剩三,七七数之剩二,问物几何?""答曰二十三."用我们现在的话来说,就是:某数是 3 的倍数加 2,是 5 的倍数加 3,是 7 的倍数加 2,求这个数.答数是 23.

这道题,我们来解解看.设所求的数是 w(正整数),它是 3 的 x 倍加 2,是 5 的 y 倍加 3,是 7 的 z 倍加 2.那么,按照题意,有三个方程

$$3x + 2 = w \tag{1}$$
$$5y + 3 = w \tag{2}$$
$$7z + 2 = w \tag{3}$$

这里,有四个未知数 x, y, z, w(都是正整数),只有三个方程,先消去 w,

由式(1)＝(2),得到

$$3x - 5y = 1 \tag{4}$$

由式(2)＝(3),得到

$$7z - 5y = 1 \tag{5}$$

由式(3)＝(1),得到

$$7z - 3x = 0 \tag{6}$$

再消去 z,由式(5)－(6),得

$$-5y + 3x = 1 \tag{7}$$

但式(7)就是式(4).我们做不下去了.

现在遇到的是:一个一次方程里有两个未知数的问题.这种方程称为一次不定方程.不定方程的解是不止一组的.

从式(4)

$$3x = 5y + 1$$
$$x = \frac{5y + 1}{3} = y + \frac{2y + 1}{3} \tag{8}$$

因为 x 与 y 都是正整数,$\frac{2y+1}{3}$ 必为整数.设 $\frac{2y+1}{3} = t$(整数),那么

---

① 未刊稿,作于 20 世纪 80 年代.

$$2y + 1 = 3t$$

$$y = \frac{3t-1}{2} = t + \frac{t-1}{2} \tag{9}$$

y 与 t 都是整数, $\frac{t-1}{2}$ 亦必为整数. 设 $\frac{t-1}{2} = p$ (整数), 那么

$$t - 1 = 2p$$

$$t = 2p + 1 \tag{10}$$

从而, 由式(9)

$$y = t + p = (2p+1) + p = 3p + 1 \tag{11}$$

由式(8)

$$x = y + t = (3p+1)(2p+1) = 5p + 2 \tag{12}$$

由式(6)

$$z = \frac{3x}{7} = \frac{3}{7}(5p+2) \tag{13}$$

最后, 由式(1)

$$w = 3x + 2 = 3(5p+2) + 2 = 15p + 8 \tag{14}$$

因为 x, y, z, w 都必须是正整数, 所以从式(13)看出: $5p+2$ 必须是 7 的倍数. 现在把得到的 x, y, z, w 的正整数解列成表 1.

表 1

p	(12) $x = 5p+2$	(11) $y = 3p+1$	(13) $z = \frac{3}{7}(5p+2)$	$w = 15p+8$ $w = 3x+2 = 5y+3 = 7z+2$
1	7	4	3	23
8	42	25	18	128
15	77	46	33	233
22	112	67	48	338
29	147	88	63	443
⋮	⋮	⋮	⋮	⋮

关于《孙子算经》的这个题目, 还有一个故事, 顺便讲一下: 据说汉朝初年的大将韩信某次练兵, 叫士兵排成三人一列, 多出二人; 排成五人一列, 多出三人; 排成七人一列, 多出二人. 问共有士兵多少人? 韩信一下子就算出了最少是 23 人, 亦可以是 $23 + 105 = 128$ 人, 亦可以是 ($23 + 105$ 的倍数) 人. 因此, 这个"物不知数"问题又称为"韩信点兵".

我们再看一个《张邱建算经》里的"百鸡问题":"公鸡每只五个钱, 母鸡每只三个钱, 小鸡一个钱三只, 一百个钱买了一百只鸡. 问其中公鸡、母鸡、小鸡各有多少只?"

设 100 只鸡中有公鸡 x 只, 母鸡 y 只, 小鸡 z 只, 按照题意, 有两个方程

$$x + y + z = 100$$

$$5x + 3y + \frac{1}{3}z = 100$$

这个题目有 3 组解答. 读者同志, 你能求得这些的吗?

函数概念的沿革①

  17 世纪欧洲的科学家为了要解决天文、航海、机械等方面的问题,他们对运动问题做了大量的研究.数学在运动的研究中引出了一个极为重要的基本概念,这就是函数概念,或称变量间的关系.伽利略在他创立近代力学的著作《关于两门新科学的对话》(1638) 中始终贯穿着函数的概念.伽利略是用文字和比例的语言表达函数关系泊,例如"自由落体经过的距离与所用时间的平方成正比",等等.配合当时推行的代数的符号化的风尚,这个关于落体距离的叙述就被写成 $s = at^2$.

  作为数学的课题,研究"变量间的关系"的结果,就产生了解析几何.笛卡儿从点的轨迹开始,研究轨迹图形的方程;费马由方程开始,探求它所表示的轨迹的图形.可以说,17 世纪的数学家所研究的函数大部分都是当作曲线来研究的.

  笛卡儿提出:点的轨迹所成的图形有"几何曲线"与"机械曲线"的区别,引出了代数函数与超越函数的区别.J.格雷哥利于 1667 年证明了圆扇形的面积不能表为圆半径和弦的代数函数更明确了代数函数与超越函数的区别.接着,莱布尼兹又证明了 $\sin x$ 不能是 x 的代数函数.J.格雷哥利于 1667 年的论文中定义函数是这样的一个量:"它是从一些其他的量经过一系列代数运算而得到的,或者经过任何其他可以想象到的运算而得到的."这最后一句话的意思,据他的解释是:除了五种代数运算以外,必须再加上第六种运算,即趋于极限的运算.这是因为格雷哥利所关心的是求面积的问题.

  牛顿在研究微积分的过程中,一直用"流量"(fluent)一词表示变量间的关系.莱布尼兹在 1673 年的手稿里用"函数"(function)一词表示任何一个随着曲线上的点的变动而变动的量,例如:纵坐标,斜率,切线,法线的长度,曲率半径,等等;至于曲线本身,那是由一个方程给出的.莱布尼兹又引进了"常量"和"变量"二词,对于曲线族的研究,他又引进了"参变量"一词.约翰·伯努利 1697 年曾说函数是"按任何方式用变量和常量构成的量",所谓"任何方式",即指代数式和超越式而言.用"函数"一词表示依赖于一个变量的量,这种明确的话,是在 1714 年莱布尼兹的著作中出现的.

  约翰·贝努利用过 X 或 ξ 表示一般的 x 的函数,1718 年他又改写成 ϕx.莱布尼兹用 x' 表示 x 的函数,同时考虑几个 x 的函数时则用 x^1, x^2 等来分别表示它们.记号 $f(x)$ 是 1734 年欧拉引进的.

  欧拉的《无穷小分析引论》(1748)是第一部突出函数概念的著作,该书的第二卷内

---

① 未刊稿,作于 1981 年.

容的基础就是函数概念.欧拉把函数定义为由一个变量与一些常量,通过任何方式形成的解析表达式.他概括了多项式、幂函数、对数表达式和三角表达式,并且还定义了多元函数.欧拉认为代数函数中只有自变量之间的代数运算,而代数运算则可分为两类:只包含四则运算的有理运算和还包括开方的无理运算.欧拉引入了超越函数,即三角函数、对数函数、指数函数、变量的无理数次幂函数以及某些用积分表达的函数.欧拉认为,函数间的原则区别在于组成这些函数的变量、常量的组合法不同.超越函数与代数函数的区别在于超越函数重复着代数函数的运算无限多次,这就是说,超越函数可以表达为无穷级数的形式.欧拉和他同时代的人都不去考虑无限次应用四则运算而得到的表达式是否合宜的问题.

欧拉区分了显函数与隐函数,单值函数与多值函数,他把多值函数当成两个变量的高阶方程的根,这些高阶方程的系数是一个变量的函数.

欧拉和同时代的人还坚信所有函数都能展开成 $Ax^\alpha + Bx^\beta + Cx^\gamma + Dx^\delta + \cdots$ 的形式,其中,$\alpha, \beta, \gamma, \delta, \cdots$ 可以是任何数.事实上,在当时,一切用解析表达式给出的函数都可以展开成级数的.

18 世纪的数学家坚信一个函数一定要用同一个解析式来表示.18 世纪后半叶,由于弦振动问题引起争论的结果,促使欧拉与拉格朗日等人允许函数在不同的区间可以有不同的表达式,在一个表达式能适用的场合,他们称之为连续;在表达式要改变的场合,他们称之为"不连续"(虽然,用现代术语来说,整个函数还是连续的).当欧拉等人要重新考虑什么是函数的时候,他们没有能得到更精确的公认的结论,也没有解决函数可以表示为三角级数的问题.但是,函数的应用和各方面的逐渐发展促使数学家对于函数要有一个更广泛的认识.

高斯在他的早期工作中,认为函数要表示成一个有限的解析表达式.当他论及超越几何级数 $F(\alpha, \beta, \gamma, x)$ 作为 α, β, γ 与 x 的函数时,他说也可认为是一个函数.拉格朗日早已有过一个较广泛的定义,认为幂级数可以视为函数,他在《解析力学》(1811 ~ 1815)中说过一元或多元的函数可以按任何形式给出.拉克洛瓦(Lacroix)在 1797 年的专著的序言中说:"一个依着其他一个或几个量的变动而变动的量称为后者的函数.人们无须知道用什么运算能使从后者得到函数值."他说一个五次方程的根就可看作方程系数的函数.

1822 年,傅里叶的《热的解析理论》是一部数学的经典文献.傅里叶的工作使什么是函数的问题开辟了一个新的天地.一方面,他坚持说函数不一定要用解析表达式给出.他在《热的解析理论》中说,"函数一般表示一些数值或坐标,这些坐标是任意的,不必假设它们是要服从什么规律的."事实上,傅里叶自己只处理了一些在任何有限区间内有有限个不连续点的函数.在另一方面,傅里叶在某种程度上又坚持了他的论点:即一个函数必须用一个解析表达式给出,但这种表达式是一个傅里叶级数.无论如何,傅里叶的工作震动了 18 世纪认为函数必须用代数函数来表达的信条.代数函数甚至初等超越函数已不能作为函数的模型了.代数函数的性质既然不适用于一切函数的领域,那么关于什么是函数,以及关于连续、微分、积分等方面都发生了问题.这就引起了对于分析学的基础要有严密的探究.

柯西在 1821 年说:"一些变量有着联系,如果其中一个变量有定值时,其他的变量的值能随之确定,不妨认为用一个变量来表示其他的变量.前者称为自变量,用自变量表示的其他的量称为那个自变量的函数."柯西还明确地说,无穷级数是表示函数的一种方法,函数也不一定要用一个解析表达式给出的.

1837 年狄利克雷在关于傅里叶级数的一篇论文中给出了我们现在常用的(单值)函数的定义:对于在某区间上的每一个确定的 x 值,y 都有一个确定的值,那么 y 称为 x 的函数.他补充说,可以不管在哪个区间内,y 值是否根据一种或多种规律由 x 值算得的,也可以不论 y 与 x 之间的关系是否用数学运算式表达出来的.1829 年,狄利克雷曾给出一个例子,某个 x 的函数 $f(x)$:当 x 为有理数时,$f(x)$ 之值为 c;当 x 为无理数时,$f(x)$ 之值为 d.

经过 19 世纪许多数学家的研究,许多基本概念如连续、极限、微分、积分等逐渐获得了精确的定义.自从 19 世纪 70 年代,G.康托的集合论出现以后,函数定义为集合之间的对应关系.即:如果对于集合 M 中的每一个元素 x,都有集合 N 中的一个元素 y 与之对应,那么 y 称为 x 的函数.这就是目前一些教科书里所用的函数的定义.

公理化的抽象^①

  1870 年前后不单是集合论的开始,亦是近代公理化的起点. 当然,这是在几何学方面的事. 大家知道,几何学从古以来是建立在基本假设、公理上的一种演绎系统. 可以诱发出近代公理法的非欧几何是在 1830 年左右发明的,但在 1870 年前未被重视. 在 18 世纪 40 年代和 80 年代,斯陶特(Chr. K. G. von Staudt) 想搞射影几何学和复射影几何学的公理化. 帕施(Pasch) 建立了欧氏几何学的第一个无可指责的公理系统,他告诉人们怎样立出公理. 1899 年希尔伯特(D. Hilbert) 发表了深奥的 *Foundations of Geometry*,使帕施的工作显得逊色. 今天,特别是从希尔伯特以来,什么是公理和公理系统是一种新的概念. 在古希腊到 20 世纪初的哲学文献中,"公理"是指一种不能证明亦无须证明的命题 ,因为它们是任何证明的基础和前提而且比由之导出的任何命题具有更广泛的必要性、明晰性和一般性. 确实的,像几百年来人们想去证明的平行线公设的陈述在欧氏《原本》和以后的书中亦不在公理之列. 就是帕施自己对几何学中的基本命题亦不称之为公理并且在这世纪初期法国和英国的文献里还习惯地称这种陈述为"公设". 大概 Helmholtz 是把几何公设称为公理的第一个人,也许这是出于他对于 Kant 思想的误解. Helmholtz 之后有 Poincare,有希尔伯特,希尔伯特在他的 *Foundations of Geometry* 中"公理"和"公理系统"的新的意义得到了崇尊.

  希尔伯特的 *Foundations of Geometry* 是由下述格式开始的:"我们设想三种不同的东西,点、线、面 ……" 我们设想点、线、面之间有某种相互的关系,如"在上"、"介于"、"平行"、"重合","连续"…….几何学的公理中有这种关系的精确和完整的叙述.

  希望看到像 Euclid 原本中"点是不可分的"这样的叙述的人将会感到失望的. 在希尔伯特的公理中是没有明显定义的,这些公理中含蓄地叙述了点、线、面的假定的某些性质以及它们之间的关系. 例如:"两点之间只有一直线." 弗雪格(Frege) 严肃批评过希尔伯特的系统,因为它不让他知道什么是一个点,他的一块表算不算一个点. 据说希尔伯特曾强烈地反驳了弗雪格和其他一些人,说这就是公理系统的精髓,人们用桌子、椅子、啤酒瓶代替点、线、面亦是完全可以的. 与演绎思维有关的只是那些在公理中明显涉及的性质. 正像下棋一样,人们要遵守下棋的规则而不必理会棋子的形状.

  这种对隐定义的认识是一个重要的步骤,它已一般地成为近代科学方法论的典范.

---

  ① 未刊译稿,钱克仁译自 Hans Frendenthal,*Math. as an Educational Task*,D. Reidel Co. ,(1973),32-38. 汉斯·弗勒登塔尔(Hans Frendenthal)(1905—1990),荷兰数学家,数学教育家.

隐定义的重要性首先是几何学家热尔冈(Gergonne,1818)强调的. 这是与亚里士多德(Aristotle)科学理论分道扬镳的决定性的一着. 从亚里士多德到热尔冈,人们未曾实现过由明显的公式化的原则导出科学(即使是近似的)的理想,但是也很少怀疑过.

在希尔伯特完成了公理化地建立欧氏几何学并且隐含地定义了几何概念的同时,公理化转向到另一方面,其实这已是希尔伯特的 Foundations 预料中的事. 希尔伯特的最主要的目的是在研究他的各条公理之间的关系,如果排除了这条或那条公理,将会怎样? 如果没有什么影响,那么这条公理是可以省却的. 如果是不能省却的,那么省却了这条公理而得到的较弱的公理系统定义出来的不是欧氏几何,一般地只是一种满足这种截缩公理系统的较弱的几何学. 希尔伯特之后,很多这种公理系统,非同构"模型",是很得势的. 严格地说,人们在以前已理会到这种公理系统的,但那时候没有人提起它. 今天,对一个集合给出的一些使之成一个群的假设亦称为公理 —— 群公理. 这是从传统的公理迈进了一大步.

这些公理系统是怎样产生的可以由群的概念的历史中奇妙地显示出来. 在 19 世纪几何学的复兴中,变换是个关键. 人们发现射影的、仿射的、相似的和其他的映射,它们的组合以及它们是成群的,这是在用"群"字标记这种思想之前的事,甚至还早在人们认识和说出什么是群以前的事. 当群的概念还停留在想象范围之中的时候,置换群是人们研究的其他的群. 大约 1870 年,系统地提出了群的概念,那时,不但积累了大量的群而且在群的理论上也有了广泛的经验,虽然各种理论是用不同情况的名称系统地提出来的. 群论作为把一大堆特殊结果组织起来的一种方法而兴起,步骤是明显地列出各种"群"的共同的性质和它们之间的关系. 这些性质连同单元、逆元的存在,和它们之间的乘法结合律,后来就称为"群公理". 选定了某些假定,就说明了一个群 —— 这就像几何学一样. 只是几何学的公理主要是通过一种模型来了解的,而群公理则被多种模型所满足的. 事实上,这就是群公理的基本原则:在很多情况中运用一种工具工作,使事情简便得多.

这里所谈的群的事是一种概念构造的范例,它是与外延法相悖的. 群的概念不是从集纳了我们认为是一个群的一切东西而产生的,而是由于强调种种已知的群的共同现象并称有这些现象的对象成群. 这就是公设化的或公理化的概念构造. 当然,这种思想在我们上述例子之前早已有过了,但是直到 20 世纪,公理化的概念构造的事例才被强调到这样无法估计的地步.

域的概念有类似的历史. 几百年来,人们熟知有理数系和它的四则运算:加、减、乘、除,以及某些运算律. 人们亦知道实数系的四则运算和运算律,虽然通晓不多而且亦不够系统. 复数除了没有顺序性质之外,与前二者没有多大区别. 复数系亦是代数的基础,在复数系中能进行代数运算,亦能解代数方程. 事实上,对 19 世纪的代数而论这个范围是太大了些. 在代数研究中涉及的是较小的数系,其中能行四则运算,即戴德金(Dedekind)称之为体的. 戴德金发明现代的体的概念的故事你是不会相信的,戴德金只知道数域即复数的子域,他的"环"是四则运算中前三者能够进行的数系. 域的概念扩张到函数域确实是 19 世纪的事(Weber,1893). 此外,在数论,有限域是早知道的,虽然名之为"伽罗瓦域"(德文 Galoisfeder,有别于数体 EahlKörper). 但是这些还不足以探讨域概念的发现.

直到作为一个新的范例的 p 进数域形成之后,才能把所有的那些范例统括在一个标题——Steinitz(1910) 的一般的域概念之下. 所谓抽象的或近世的代数学盖始于此. 在一个集合里,规定加法和乘法具有在原来的域里类似的性质,那么这样的系统称为一个域. 一个"抽象的"域是与原来的域比较而论的,因为后者是为我们熟知的,是更"具体"的.

别的代数概念的历史是差不多的. 我只想谈其中的一个,第一次的亦能适用到代数以外的题材中去了. 它就是模(在数环或数体上的)的代数概念,现代的说法就是一个与环(体) 的元可乘的加法子群,通常只考虑有限生成的模. 1914 年前后,分析学家发明了线性空间,在此标题 下,他们提出各种熟悉的函数空间. 30 年代,解析几何进行了教学改革,用一般的和公理化的术语定义了通常的几何向量空间. 经常是同一个概念,但时至今日尚无统一的名称. 代数学家称之为模,几何学家称之为向量空间(如果作为基础的环是一个体,代数学家亦用这名称),分析学家称之为线性空间. 如果用最后一词取代其他将是合适的.

希尔伯特之后,第一批被公理化了的数学领域是代数(我们已由之举过范例了) 和拓扑学(Fréchet, Hausdorff). 这是同一种现象:提出欧氏空间的子集的趋向,黎曼曲面,流形,在同一标题 下的函数集,先是度量的和当今的拓扑空间. 抽象代数学可以是原来代数概念的合理的继续,拓扑学则是理论化地从画线开始的. 有必要而引出的原先从未被注意过的新的概念非常奇特地探讨了一些概念,像完备性、紧性、可分性或是一些只有在更宽广的探讨中才能理解的概念如连通性,维和空间乘积. 当然,代数学亦同时随伴着新的概念而获得充实丰满.

"抽象"的观点对分析来说,也许更是有决定意义的,因为抽象的途径导得了很多成果,它们有具体的意义而且可用原来分析学的方法表达的,但用老方法却是得不到的. 我清楚地记得我被殆周期函数理论的例题震惊得如遇到了晴天霹雳一样. H. Bohr 把一个一元的实变数连续函数称为殆周期函数,如果对每一 $\varepsilon > 0$,有一 $l(\varepsilon)$ 且在长度为 $l(\varepsilon)$ 的每一区间里有一"殆周期" $\tau(\varepsilon)$,使对一切 x 有 $|f(x+\tau(x))-f(x)| < \varepsilon$. 如果你懂得的话,这是一个了不起的发明,可是我应该坦白,当我是个学生参加一次关于殆周期函数的讨论会时我并没有真正地理解什么是殆周期函数. 后来,我学了 S. Bochner 关于这个概念的抽象化的改造. 假设超标准(sup-norm) 的有界连续函数的线性空间 Φ,其中有平移 T_a(即 $(T_a f)(x) = f(x+a)$),如果空间 $T_a f$ 有一个紧的闭包,那么 Φ 的一个 f 称为殆周期的. 我眼中的翳障除去了. 我豁然领悟了 Bohr 的定义和证明的实质. 在我的经验里,Bochner 对 Bohr 定义的抽象化的翻译是抽象方法作用的最有说服力的明证. 事实上,它比 Bobr 定义推得更广,涉及任意群上的殆周期函数,推广了实数线的平移群上的殆周期函数.

直到 20 年代之末,代数学、拓扑学、分析学的公理化成就已经各自独立地表达出来了. 包括代数的和拓扑的元素的分析学提供了组合结构的建议. 已知的实体为实数域,可看作一个拓扑域,或是一个有序域,或是一度量域. 这是二种或多种能相容的结构在适当的方法下的混合物. 一个拓扑域是一个有拓扑结构的域,在此拓扑结构中,域运算是连续

的.对一个有序域,它需要有一种次序,在与一个正元素的加法和乘法下,这种次序是不变的.一个度量域有模式 $|\cdots|$,如 $|a+b| \leqslant |a| + |b|$ 与 $|ab| = |a| \cdot |b|$.同样,人们可得拓扑群,有测度的群,拓扑线性空间和度量线性空间.由于将对象的性质进行了分析和分类,公理化的抽象法产生了更多的明确性和更深奥的理解.就是在最基本的实数论中,公理化的抽象法使人们知晓哪些性质是依据环公理的,哪些是依据域公理的,哪些依据乘法交换性,哪些依据完备性,哪些依据局部紧性,等等.

钱克仁自传

我的那些 30 年代浙江大学黑白文艺社①的社友们要我写一些自己的"人生历程".我给他们去过一封简短的信,大意是:我 1934 年考入浙江大学土木系,1936 年转数学系.1938 年在长沙参加抗日救亡运动,1939 年到宜山复学,是"拓荒社"②的发起人之一,又是第一任的核心负责人.在浙江大学毕业后,曾在贵阳、重庆、嘉兴、上海、南京与苏州等地的中学、大学任教.新中国成立后,在历次运动中,均平安无事,未遭冲击.1987 年退休.

钱克仁(1915—2001)

一、老家情况及我幼年时期

我是浙江省嘉兴人.我曾祖父名叫钱笙巢,是个商人,有许多田产,房屋.我祖父是他的第六个儿子.分家时,我祖父分得许多田地,房产.我祖母说,在她结婚时,媒人说我的祖父分得号称有三百亩的,这些是在嘉兴南门外真如乡一带,房产在槐树头.

我的祖父名叫钱迪祥,祖母名叫陈兰徵,有儿女四五人(我出生后只知有叔叔一人,姑母一人,其他的都是未成年就死去的),我父亲是最大的.祖父一生没有做过什么事,但相信当时的"洋务",卖掉些田地,供给儿女进"洋学堂"念书,自己又吸鸦片烟,玩什么照相机等洋玩意儿.祖母说,祖父是个"败家子".祖父于 1918 因病去世(48 岁),地租(大约每年一百多元)归祖母应用,抗战开始后,祖母随家去内地,田租由族中人收用,他们又卖掉了一些田.我叔叔、我姑母二人因糖尿病和肺病于 1923 ~ 1924 年在苏州去世.

父亲钱宝琮生于 1892 年,少年时在嘉兴府公立秀水县学堂、苏州铁路学堂读书,16 岁时顺利通过浙江省官费留学生考试,去英国伯明翰、曼彻斯特读书.1912 年父亲在英

---

① 20 世纪 30 年代,浙江大学学生自发成立的进步组织,目的是宣传抗日思想,进行马列主义理论的启蒙教育.

② 1939 年,浙江大学学生在宜山成立的一个秘密小组,作为"黑白文艺社"的核心领导,1941 年,更名"马列小组".

国大学毕业后回国,在上海南洋公学、苏州的江苏省第二工专教书,1925～1927年在天津南开大学教书,1927～1928年在国立中央大学,1928～1956年在浙江大学教书.1956年春,经竺可桢极力推荐,调入北京中国科学院中国自然科学史研究室任一级研究员.

我父亲于1914年结婚的,我母亲名叫朱慧真,出生于一个画家的家庭,朱家无田地,外婆早守寡,在上海开了个小学校.母亲毕业于教会的中学,英文很好,曾任过多年小学教师.舅父朱福仪(字志鹏)南洋公学①毕业后,去美国WISCONSIN大学深造,回国后在汉冶萍(汉口)当工程师十年,以后在上海电话局任主任工程师直到去世.父亲当时是苏州工业专门学校的土木科主任,工资有近二百元之数(当时的米价只有四五元一担),除了供给姑母在北京上学,叔叔在苏州工业专门学校读书费用之外,还给祖父、祖母些钱,供他们"享福"的.

我是1915年生于苏州天赐莊妇孺医院.1921～1925年在苏州平直小学读初小.1925年因为父亲去天津教书,我住到上海舅舅家,就在上海大南门育才中学读小学和初中一年级,直到1928年我家南迁嘉兴,转入嘉兴秀州中学读书.

二、中学、大学时期

1928～1934年,我在嘉兴秀州中学读初二到高三.秀州中学是基督教办的学校,我入校时已无宗教课,亦不强迫学生"做礼拜"了,课程与省立中学一样,有些宗教活动,自由参加的,我不信教,星期天总是在家玩的.1931年"九·一八事变"后,我亦参加了校里的宣传队,宣传抗日、抵制日货等活动.高中时期阅读上海出版、邹韬奋编辑的《生活》周刊,看了些鲁迅先生的小说、文章,同时亦看过胡适的《独立评论》,林语堂编的《论语》.因为秀州是教会学校,有几个美国人在教英文,受到一些宣传,有一定的崇洋思想.但是我不愿参加宗教活动,有空就看些科学方面的书籍.高中二三年级,我曾被选为学校膳食委员会主席,学生自治会主席,当过几次班长.

1934～1940年,我在浙江大学读书.1934年夏,我高中毕业后,投考浙江大学,第一志愿是土木工程系,第二志愿是数学系,结果我考取了土木工程系.那时候土木系的课程很重,一年级每周上课40多小时,我应付起来是很吃力的.1935年"一二·九"运动开始后,杭州学生发起到南京去请愿,反动校长郭任远镇压学生运动,浙江大学三个学院学生联合起来组成了统一的学生会,把郭任远赶走了.我曾经担任过送信、寄信工作,因为杭州邮局要检查,我将浙江大学寄往外地的宣传品乘火车沿途投寄出去.1936年春,新来的校长是竺可桢,校内有了民主空气.

我嫌土木系的课程太繁重,读起来有困难,于1936年春季转读数学系为一年级学生.因为有许多公共课(外语之类)我在土木系已读过了,不必重读的,所以我除了复习,加强一年级的教学课内容之外,又选读了一些史地系的课程,如文化史、近百年史,等等.

---

① 1911年,南洋公学叫上海实业学堂.朱福颐(后更名为朱福仪)等八位电机科毕业生由邮传部公费派往美国深造.

1937年,"七·七"抗战开始,"八·一三"上海亦打起来了,浙江大学于9月份开学,到11月份杭州吃紧,决定南迁建德.我家里共有十个人(祖母、父、母、我、六个妹妹)亦迁建德.浙江大学在建德只住一个多月又迁到江西吉安去了.因为当时交通情况较乱,我家无法全家搬去,就将家里的祖母、母亲和六个妹妹移到建德乡下暂住.1938年2月我从吉安赶回建德,设法将家搬到长沙,我就此休学,照顾家庭,此时父亲仍在浙江大学教书.1938年2~8月,我在长沙期间,参加了基督教全国青年会的军人服务部,这部分工作是由刘良模领导的.刘良模当时一直是与沈钧儒、邹韬奋等在一起,经常为沈、邹办的《生活》写稿,宣传抗日思想.刘知道我是大学生,告诉我说服务部牌子是青年会,做的是救亡工作.于是,我就跟着他干,为伤兵医院办俱乐部,教群众歌咏,时常能听到"左派"名人的讲演,还曾和他一起当译员随史沫特莱去医院慰劳.当时国共合作局面未破裂,长沙、武汉的救亡空气是较好的,十八集团军在长沙还有办事处,徐特立同志曾在基督教青年会举办的讲座中演讲几次,我亦去听过.

1938年夏,长沙几次被炸.浙江大学又由江西迁到广西宜山,我与家人就在8月离开长沙,搬到宜山.我亦就此到浙江大学复学,为数学系三年级学生.1937年秋离校的黑白社社友周存国、姚凤仙也来复学.由周存国等人介绍,我就加入了黑白文艺社,并成为核心成员,又因我在长沙搞过救亡宣传和群众歌咏,我当上了黎明歌咏队的队长.黑白文艺社分为三个小组,我在黑白社的哲学组,大家读"大众哲学""科学的哲学""国家与革命"刊物、文章,大约两星期集中讨论一次.黑白文艺社出有墙报,提名为"卫星".另有政治经济学组和文艺组两个组.我们的公开活动是组织文艺座谈会,开过纪念鲁迅逝世二周年会.黎明歌咏队搞些民众夜校、义卖捐献、教群众歌咏等工作,队员最多的时候到过七八十人.黑白与黎明两个组织的骨干分子经常在一起开会研究工作,我们经常在周存国住处开会.当时有特务注意着这两个组织.经过几个月的校内工作,一般同学对我们有了好感,于是就在1939年春季开学后,浙江大学学生会改选时,我被选为学生自治会的主席.从此一些工作都可由学生会的名义去做了.我们曾去怀远镇办民校、去重伤医院慰劳伤兵、挫败过三青团分子预谋赶走竺可桢校长的活动、组织过反对汪精卫的降日,从而打击了反动的国民党立法委员张其昀(当时的史地系主任)等工作.1939年11,12月日本侵略军侵入广西,学生会组织了战地服务团,举行义卖.

三、1940 ～ 1949 年服务时期

1940年7月,我毕业于浙江大学数学系,想留在遵义做事,可以照顾家庭,但是不愿当浙江大学数学系的助教.经过浙江大学教授费巩的介绍,去了遵义的私立豫章中学教书并任教务主任.后因与校长意见不合,11月份离校,12月份去贵阳高中教书(该校当时避轰炸迁至修文县).修文县的阳明洞当时有张学良将军关在里面,所以该地特务很多,我初来乍到,除了上课教书之外,不敢活动.该时贵州教育界,地方观念很重,要排挤外地籍的教师.该校校长刘薰宇是个老资格的数学教员,我跟他较接近,假日常陪他打打牌玩玩.1943年,在刘薰宇的鼓励、帮助下,我完成了自己的第一本著作《最新实用三角

学》(由开明书店 1946 年出版).在刘先生的介绍下,我还为文光书店编写一本《初中算术教程》.1944 年 2 月我从修文去了白沙.

　　1944 年 2 月至 1944 年 7 月,我在四川江津县白沙镇大学先修班教书,这是我父亲的老同事,先修班的教学科主任张纯①荐我去的.该先修班里的教员多是江苏省立中学的"名教员".1944 年夏天,先修班换班主任,我去重庆玩.住在南岸的私立广益中学里面(当时老同学莊自强在广益教化学),结果被广益的校长杨芳龄留住了,我就在广益任教了.广益是个"贵族"学校,收的都是些有权有势有名望人的子弟,杨芳龄亦就靠着这批"家长"来宣传、扩大自己的学校.由于我在该校教书还受欢迎,杨校长就要我另外再为几个学生补习功课,这些学生中间有杜月笙之子杜维宁、朱学范之子朱培根、顾佳堂之子顾龙胜等人.

1991 年,钱克仁与浙大老同学程民德合影于苏州大学

　　1944 年 2 月我在重庆遇到了几个嘉兴秀州中学同班毕业的老同学.当时大家觉得远离家乡,在外工作,最怕失业、生病,有人还想结婚,等等,因此我们就组织了一个"秀州甲成级(1934 级)级友互助会",大家每月拿出工资 5% 左右的钱交给在金城银行工作的沈永绥,由他调剂运用.当时愿意参加的有沈永绥,朱冇圻,朱炳祥、朱僧、金兴中、侯希忠、蒋礼鸿,还有我,共八个人.这笔互助金是起作用的,金兴中的病费,好像朱僧的结婚费用都用的这笔款.1945 年以后,用处不多,大家就不再交了.1946 年后,秀州中学复校,我们就将余款捐助给秀州中学.

　　1945 年 8 月抗战胜利了,我仍在广益教书.后因白沙的大学先修班缺数学教员,我又怕继续在广益教书,不能回家乡了,就于 1945 年 10 月又回到白沙先修班,直到 1946 年 7 月先修班解散.我拿到了"复员费",于 1946 年夏天由重庆乘公路车到宝鸡,经陇海线到南京,转返嘉兴原籍.

---

　　① 　张纯(字从之)曾任教于苏州工专和第四中山大学,与钱宝琮同事.1932 年,程民德考入苏州工业学校,深受兼课数学老师张纯的影响.

1946年8月,我回到嘉兴,适逢我的母校秀州中学筹备复校,我就被留在秀州教书了.我的家人在贵州遵义、湄潭住了六七年,于1946年11月亦随浙江大学搬回了杭州.我虽在嘉兴教书,基本上每个星期要到杭州家里去休息的.

1947年,我的女友邹德蓁(上海民立女中教员)想与我结婚,鼓励我去上海教书.我就辞去秀州的教职,去上海正始中学工作,筹备结婚.我1948年7月与邹德蓁在上海金门饭店举行了婚礼,我们住在正始中学里,后因住房与校方发生争吵,我们离开正始中学,去民立女中教书,直到暑假.

1949年5月,上海解放时,教育界情况比较复杂,中共华东局的贝纹同志(她是我妹妹钱炜的同学)想介绍我去大连教书,而我因邹德蓁怀孕,不想走远路了.刚好此时浙江大学老同学胡玉堂被任命为绍兴上虞白马湖春晖中学的校长,约我去.我1949年9月就到上虞春晖中学,邹德蓁留在杭州老家待产.

钱宝琮夫妇与儿钱克仁、
媳邹德蓁同游无锡鼋头渚(1963年)

四、新中国成立以后

1949年8月,我应老同学胡玉堂之约去浙江上虞春晖中学任教,因为胡玉堂原请的教务主任不来,10月起就由我任教务主任.春晖是个私立学校,1950年春,学生减少,校董会又不肯多拨经费,学校极难维持,虽亦搞些劳动生产工作,亦无济于事.1950年夏,学校紧缩编制,教职员另有出路者,学校不能强留.当时我的妹妹钱煦在南京第一中学教书,来信说一中缺数学教师,于是我就去了南京.

1950年8月,我到南京一中后,校长朱刚对我很重视,我加入了教育工会.为了让我安心在南京工作,朱刚校长提出把邹德蓁也调入南京一中当教师,这样我们就在南京定居了.1951年春,我被提拔为教研组长,后又为副教导主任,专管数、理、化等科的教学工作.1951年春,南京要成立中国数学会南京分会,因为一中在南京是有名的学校而我又是数学教研组组长,所以我就被推为筹备委员,后来成为南京分会的常务理事.1952年2~8月,我调到南京市师专,1952年9月,师专并入南京师范学院.那时的南京师范学院是由原金陵大学、金陵女大、南大、师专等校的人员合成,一些原来在大学教书的人对我们这些原来是中学教师的人是不大看得起的,我们对于校方房屋分配等事什么都依"学衔"来定的做法亦不大习惯.数学教员人多,学生只有科、班各一班(1953年才有科、系),我没有什么适当的功课可教,就选了两门大家都是"外行"的科目,一门是数学教学法,另一门是"计算的理论和实践",大家都觉得新奇,所以有人来问我,我亦因此常常出去"做报告",特别是"近似计算"这一部分,我讲了多次.后来,1954年江苏人民出版社就来约我写《近似计算》的小册子(该书再版多次),还要我写教学法方面的书.那时我还在南京师范学院附设的工农速成中学教了一年书.1953年秋季起我教系的解析几何,科的数学教学法课.

1990年,钱克仁在南京第一中学作数学史报告

　　1955年,第二次院系调整,南京师范学院数学系并入在苏州的江苏师范学院(现苏州大学),我们一家就搬到苏州.这次调整,我觉得满意,加之苏州是我幼年生活过的地方,更觉亲切.当时我仍教解析几何,数学教学法,还做些班主任的工作和教育实习工作.1956年8月我参加了中国民主促进会,后来成为民进江苏师范学院的支部委员.也就在1956年,江苏人民出版社有人来问我,是否可以写些东西,我说没有,但看到一本苏联的习题集还好,问他是否可以翻译.后来该社来信希望我来翻译,并预付了我部分稿费,我花了不到一年的时间将译稿送到江苏人民出版社,1958年春,《高等学校入学考试数学试题汇编》一书出版.因为当时我们的教材是学苏联的,因此该书很畅销,一度成了高考学生的重要参考书籍.1958年在苏州我带领两位助教着手编写我国自己的中学数学教材教法讲义.

　　1962年起,我因胆囊结石,经常病假在家或住院治疗,1965年在带学生去虎丘社会实践时,急性阑尾炎发作,进医院动手术,同时将我的胆囊也割除了.主刀医生是我在嘉兴秀州中学的老同学黄炳然,手术很成功,除去了隐患.手术后又患肠粘连症,治疗、休养,一直到1966年4月份才上班.1972~1974年,我去南京参加江苏省中学教学课本的

钱克仁在工作

编审工作.1974～1978年,在校参加初等数学教育工作,中学数学教学调查研究工作.我是中国数学会会员,中国数学会数学史分会会员,苏州市数学会副理事长.

1982年8月,钱克仁(前排左二)参加中、日数学史学术交流会

五、有关数学史研究

我当过十多年的中学教师,调进师院后仍钻研中学数学问题,深感数学史知识对数学教学的重要性.我父亲钱宝琮从1920年起就潜心研究中国数学史,是国内外有名的数学史专家.我从1960年起钻研一些数学史书刊,先是精读卡约黎(CAJORI)的数学史专著 *A HISTORY OF MATHEMATICS*,并翻译此书二百多页内容(现有存稿).1962年起,每年给学生做几个专题讲座,介绍国内外数学历史.从1979年起着手编写数学史讲义,着重两点:(1) 为数学教学服务;(2) 内容要正确,尽可能地做到"贯通中、外""古为今用".

1981年讲义编好后,被邀请出席中国数学会数学史分会的成立大会(大连),我在大会上阐明了对数学史课的观点和做法,得到与会专家们的赞赏.1982年8月,我应中国科学院邀请去北京参加中、日数学史学术交流会,与日本同行切磋研究成果.1982年10月,

1984 年 8 月，钱克仁与李约瑟在北京

在江苏省数学年会（无锡）上，我也宣传了我的主张，得到许多同行的好评. 从 1981 年起，直到 1985 年，我在苏州大学，开设了数学史选修课，在江苏省内外反响较大，我被邀请去南京、无锡、扬州和苏州的大学、师范院校及中学演讲. 嘉兴秀州中学也请我去学校给他们高年级学生作数学史报告. 在此期间，我在《中学数学》《上海教育》《中学生》《中学数学教育》等杂志上发表专题论文十多篇. 在 1984 年，我的论文"秦九韶大衍求一术中的求定数问题"被国际中国科学史会议组委会专家选中，8 月份去北京出席第三届国际中国科学史讨论会，在会上宣读论文，并在会议期间与组委会特邀嘉宾，世界著名中国科技史专家李约瑟博士（Dr. Joseph Needham，父亲钱宝琮 20 世纪 30,40 年代的老朋友，李约瑟在其专著《中国科学技术史》第三卷中写道："在中国的数学史家中，李俨和钱宝琮是特别突出的. 钱宝琮的著作虽然比李俨的少，但质量旗鼓相当"）和鲁桂珍博士亲切交谈，畅叙友情. 我的最后著作《数学史选讲》在经过多次反复修改后，1989 年终于由江苏教育出版社出版，著名数学史家严敦杰先生为书写了序. 该书在 1989 年 11 月被中国科学技术史学会评选为首届全国科技史优秀图书二等奖.

钱克仁、邹德蓁金婚（1948—1998）

　　我于 1987 年退休,过起平头老百姓的老年生活,经常与老伴邹德蓁一起去公园散步,在家读书、看电视,与家人交流思想,与亲朋好友联系.

钱克仁夫妇与六个子女合影(1999 年春节)

【编者注:自传是根据钱克仁各个时期所写的简历、工作汇报和日记由钱永红汇编而成,并添加了脚注】

编 者 后 记

◎

经陕西师范大学张友余老师的介绍,我与哈尔滨工业大学出版社刘培杰老师得以相识.刘老师有一个刘培杰数学工作室,专门从事数学类图书的出版工作.他给我的第一封 e-mail 是想重新出版先父钱克仁的旧著《数学史选讲》,真让我喜出望外.没过几天,刘老师又寄来了亲自撰写的出版说明,更让我由衷感谢.

父亲钱克仁(1915—2001)将毕生精力献给了中学数学教育和大学师范教育,曾受聘副教授职称.由于长期受到祖父钱宝琮的熏陶与指导,他从 20 世纪 60 年代起,利用课余时间潜心钻研中外数学史,译读数学史名著,撰写数学史论文,开办数学史专题讲座.20 世纪 80 年代,他在江苏师范学院(今苏州大学)开设了数学史选修课程,课题的重点是与中、小学数学教材关系密切的中、外数学史料,课程的特点是将中、外数学家对同一课题的研究成果一并讲述、互相比较,让学生了解中、西方古代数学的优、缺点,从而弥补以往中、外数学史书籍各讲一方面的缺陷,纠正过去国外数学史著作中对中国古代数学成就的误解或偏见.

《数学史选讲》(1989 年江苏教育出版社)是父亲晚年的精心之作.我记得出版社早就向他催稿,但他就是不肯草率收笔.书稿是以其教学讲义为基础的.他在苏州大学讲过 6 次,每次都对讲义作了补充和修订,还将部分内容先行发表于《中学数学》《中学数学教学》《上海教育》等专业刊物上,以征求同行及读者的意见.1986 年底,出版社已收到了数学史家严敦杰写来的序言,此时的父亲仍在推敲书稿的文字与数字,力求做到准确无误.为了扩大影响,利于销售,出版社请到江苏一位著名书法家题写了书名,却遭到父亲的拒绝.他对我说:"我与书法界没有联系,我的书不需要借用别人的名气."为了增加发行量,出版社希望他以个人的名义发信去自己熟悉的大专院校和学术机构,欢迎大家认购自己的新著.这又让他不能接受,认为知识不靠推销,好书自会有人要.书于 1989 年 1 月最终问世,谁也没有料到,当年 11 月就得了奖.父亲自然很高兴,写信告诉朋友:"我的那本书获得全国科技史著作评比二等奖.据说出版社声誉日高,但我写书的人仅得证书一份,秀才人情一张纸,确实如此."

原版《数学史选讲》(1989 年)

此次的重版《数学史选讲》,除了原书作为第一编外,又增添了第二编,收录父亲 30 年间发表的和未发表的部分数学史论文、译文,目的是让读者可以更好地阅读原书,更多地了解中、外数学的发展历史.1960 年,父亲翻译过美国著名数学史家卡约黎(F. Cajori)1922 年版的《数学史》(*A History of Mathematics*)原著,祖父还曾审阅过译稿的部分章节.我将译稿中"希腊人"和"中国人"两个章节刊出,是想弥补他生前未能出版该书的遗憾.南宋秦九韶的"大衍求一术"是我国独创的数学理论,在世界数学史上有很高的地

钱克仁译卡约黎《数学史》手迹

位,一千多年来,中外数学家研究不衰,应用广泛.早在 20 世纪一二十年代,傅仲孙、高均学、钱宝琮、李俨就先后发表过"求一术"的研究性论文.父亲也极为重视此项研究,将"孙子定理和大衍求一术"列为自己数学史课程讲义之第九讲,在《中学数学教学》杂志 1983 年第 4 期上发表了"中国剩余定理和大衍求一术"论文.1984 年初,他又撰写"秦九韶大衍求一术中的求定数问题"一文,提交第三届国际中国科学史讨论会学术委员会审查,以争取参会资格.3月,他致函委员会评审专家杜石然,信曰:"关于大衍求一术中求定数问题,一稿改之再三,费时良多,目前基本上可以定稿了.自己以为说清了一些事情,亦指出了原文、原术不足之处.我是按秦氏原文立论的,某些说法恐仍有不妥之处,这将请兄等专门研究者指正了."6 月接到会议通知,得知其文成功入

选,成为讨论会数学史学科六篇论文之一.8月赴北京与会宣读论文,后该文收录于杜石然主编的《第三届国际中国科学史讨论会论文集》(1990年科学出版社).现刊出"秦九韶大衍求一术中的求定数问题",以飨读者.

还有不到一个月的时间,就是父亲的百寿寿辰了,他离开我们也有十二年了,已96岁高龄老母亲和我们兄弟姐妹六人的怀念之情无时或息.重新出版父亲的著作是我们全家人对他最好的纪念.

行文至此,我要再次感谢哈尔滨工业大学出版社.为了学术,他们不顾成本,这种执着的敬业精神值得钦佩!

本人学识与能力有限,书中错误或不当之处在所难免,还望读者、专家不吝赐教.

钱永红写于南京银达雅居

人名索引

中国古代数学史研究——数学史选讲　　286